Ilya Prigogine / Isabelle Stengers
Das Paradox der Zeit

Ilya Prigogine
Isabelle Stengers

Das Paradox der Zeit

Zeit, Chaos und Quanten

Aus dem englischen Manuskript
übersetzt von Friedrich Griese

Mit 60 Abbildungen

Piper
München Zürich

Titel der englischsprachigen Ausgabe: »Time, Chaos and the Quantum. Towards the Resolution of the Time Paradox« (in Vorbereitung)

ISBN 3-492-03196-X

Gesetzt aus der Baskerville-Antiqua
Satz: Uwe Steffen, München
Druck und Bindung: Jos. C. Huber KG, Dießen
Printed in Germany

Inhalt

Einleitung

I

Die Zeit ist die grundlegende Dimension unseres Daseins. Sie hat von jeher Künstler, Philosophen und Wissenschaftler fasziniert. Mit ihrer Einbeziehung in das theoretische Schema der Galileischen Physik beginnt die moderne Wissenschaft. Mit diesem Erfolg beginnt aber auch das Problem, von dem dieses Buch handelt, *die Leugnung des Pfeils der Zeit* [1]. Die Zeit, die in den großen Gesetzen der Physik – von der klassischen Dynamik über die Relativität bis zur Quantenphysik – vorkommt, kennt keinen Unterschied zwischen Vergangenheit und Zukunft! Viele Physiker sind heute der Überzeugung, daß es auf der fundamentalen Ebene der Beschreibung keinen »Pfeil der Zeit« gibt.

Doch bei allen Erscheinungen, mit denen wir es zu tun haben, sei es in der makroskopischen Physik, der Biologie, der Geologie oder den Humanwissenschaften, haben Zukunft und Vergangenheit eine unterschiedliche Bedeutung. Der Pfeil der Zeit ist unübersehbar. Wie ergibt sich der Zeitpfeil aus dem grundlegenden theoretischen Schema der Physik? Wie kann er aus einer zeitlich symmetrischen Welt hervorgehen? Oder ist die Zeit, wie wir sie wahrnehmen, eine Illusion? Diese Fragen führen zum Paradoxon der Zeit, dem zentralen Thema dieses Buches.

Nichtphysikern mag dieses Problem merkwürdig vorkommen. Wie kann die Physik, die ja hohe experimentelle Anforderungen stellt und von einem engen Zusammenhang zwischen Theorie und Erfahrung ausgeht, den Unterschied zwischen Vergangenheit und Zukunft leugnen? Um diese Frage zu beantworten, muß man auf den ideologischen Hintergrund der Physik eingehen. Wie wir im I. Teil dieses Buches zeigen werden, wurde das Zeitparadox erst in der zweiten Hälfte des 19. Jahrhunderts erkannt. Die Gesetze der Dynamik galten damals seit langem als Ausdruck des Ideals objektiver Erkenntnis. Da Vergangenheit und Zukunft in ihnen gleichwertig waren, wehrte man jeden Versuch, dem Pfeil der Zeit eine fundamentale Bedeutung zuzuschreiben, als einen Angriff auf das Ideal objektiver Erkenntnis ab. Damit verbannte man den Zeitpfeil in den Bereich der Phänomenologie. Den Unterschied zwischen Vergangenheit und Zukunft schaffen wir selbst durch die Näherungen, die wir in unsere Beschreibungen der Natur einführen.

Diese Auffassung ist heute nicht mehr zu halten. In den letzten Jahrzehnten ist eine neue Wissenschaft entstanden, die Physik der Nichtgleichgewichtsprozesse, mit der sich Begriffe wie Selbstorganisation und dissipative Strukturen verbinden. Vorher war der Pfeil der Zeit in der Physik durch einfache Prozesse wie Diffusion oder Viskosität aufgetreten, von denen man tatsächlich annehmen konnte, sie beruhten auf einer zeitlich reversiblen Dynamik. Das ist heute nicht mehr der Fall. Wir wissen, daß einer Fülle von neuen Phänomenen, etwa der Entstehung von Wirbeln, chemischen Oszillationen und dem Laserlicht, Irreversibilität zugrunde liegt. Sie spielt eine wichtige *konstruktive* Rolle. Die Entstehung von Leben ist unvorstellbar in einer Welt ohne die Kohärenz, die auf Nichtgleichgewichtsprozessen beruht. Damit wird es wissenschaftlich unhaltbar, den Pfeil der Zeit für »nur phänomenologisch« zu erklären und auf uns selbst zurückzuführen. Wir sind die Kinder des Zeitpfeils, der Evolution, und nicht seine Urheber.

Das Zeitparadox konfrontiert uns mit der zentralen Rolle der »Naturgesetze«. In der Gleichsetzung von Wissenschaft mit der Suche nach den »Naturgesetzen« muß man wohl den

Urgedanken der abendländischen Wissenschaft sehen. Der Prototyp eines universalen Naturgesetzes ist das Newtonsche Gesetz, nach dem die Beschleunigung der Kraft proportional ist. Es hat zwei grundlegende Merkmale. Es ist deterministisch: Wenn wir die Anfangsbedingungen kennen, können wir die Bewegung vorhersagen. Und es ist zeitlich reversibel: Es gibt keinen Unterschied zwischen Vorhersage und rückwirkender Vorhersage *(retrodiction)*; die Bewegung hin zu einem zukünftigen Zustand und die umgekehrte Bewegung, die von diesem Zustand aus zu den Anfangsbedingungen zurückführt, sind gleichwertig.

Newtons Gesetz bildet die Grundlage der klassischen Mechanik, das heißt der Wissenschaft der durch Trajektorien (Bewegungsbahnen) beschriebenen bewegten Materie. Seit Anfang des 20. Jahrhunderts hat sich die Physik stark erweitert. Wir haben jetzt die Quantenmechanik und die Relativitätstheorie. Wie wir jedoch sehen werden, sind die Hauptmerkmale des Newtonschen Gesetzes, der Determinismus und die zeitliche Reversibilität, geblieben.

Der Begriff des »Naturgesetzes« verdient eine eingehendere Untersuchung. Wir haben uns so an ihn gewöhnt, daß er uns als trivial, als etwas Selbstverständliches erscheint. Und doch gibt es Arten der Weltbetrachtung, die ihn nicht kennen. Nach Aristoteles sind Lebewesen nicht Gesetzen unterworfen. Ihr Tun entspringt aus ihnen innewohnenden autonomen Ursachen. Jedes Wesen strebt danach, seine eigene spezifische Wahrheit zu verwirklichen. In China herrschte die Ansicht vor, daß der Kosmos sich in einer ursprünglichen Harmonie befinde, einer Art von statischem Gleichgewicht, das Natur, Gesellschaft und Himmel umfaßt. Die Idee, daß die Welt Gesetzen unterworfen sein könnte, trat nach und nach im abendländischen Denken hervor. Sie kann teilweise auf die Stoiker zurückgeführt werden, die das Schicksalhafte betonten. Eine wichtige Rolle spielte aber auch der christliche Gott, der als allmächtiger Gesetzgeber aufgefaßt wurde.

Für Gott ist alles gegeben. Neues, Handlungsalternativen und spontane Handlungen gibt es nur aus unserer menschlichen Sicht. Diese theologische Sichtweise schien durch die Entdeckung der dynamischen Bewegungsgesetze vollkommen bestätigt zu werden. Theologie und Wissenschaft stimmten überein. Leibniz schrieb: »Augen, die so durchdringend wären wie die Gottes, könnten den gesamten Gang der Dinge im Universum, *que sunt, quae fuerint, quae mox futura trahantur* (die sind, die waren und die in Zukunft geschehen werden), in der geringsten Substanz ablesen.«[2] Mit der Entdeckung der unwandelbaren deterministischen Gesetze der Natur kam die menschliche Erkenntnis folglich der göttlichen, zeitlosen Sicht näher.

Dieses Programm hat sich als ungeheuer erfolgreich erwiesen. Dennoch ist während der ganzen Geschichte des abendländischen Denkens immer wieder die eine Frage gestellt worden: Wie ist das Neue, das im menschlichen Leben eine so zentrale Bedeutung hat, in einer von deterministischen Gesetzen beherrschten Welt zu erklären?

Weit vor dem Anfang der modernen Wissenschaft wurde diese Frage aufgeworfen. Schon Platon hatte Wahrheit und Vernunft mit dem Zugang zum »Sein« verknüpft, der unwandelbaren Realität jenseits des »Werdens«. Das Werden, der unaufhörliche Fluß der Erscheinungen, die wir wahrnehmen, war für ihn der Bereich der bloßen Meinung. Platon war sich jedoch der Widersprüchlichkeit dieser Auffassung bewußt, bedeutete sie doch eine Herabsetzung des Lebens und des Denkens, die vom Prozeß des Werdens nicht zu trennen sind. Im *Sophistes* kommt er zu dem Schluß, daß wir beides brauchen, Sein und Werden.

Vor der gleichen Schwierigkeit standen die Atomisten. Damit Neues entstehen kann, führte Lukrez den »clinamen« ein, der den deterministischen Fall der Atome durch die Leere stört: »Wenn die Körper senkrecht nach unten durch die Leere bewegt werden durch ihr eigenes Gewicht, dann weichen sie zu unbestimmter Zeit und an einem unbestimmten Orte nur eben ein wenig von ihrer Bahn ab, gerade nur so viel, daß man sagen könnte, die Bewegung habe sich verändert.«[3] Diese Berufung auf den *clinamen* ist vielfach kritisiert worden; damit werde ein fremdes, willkürliches Element in die atomistische Beschreibung eingeführt. Doch 2000 Jahre später lesen wir bei Einstein im Zusammenhang mit der spontanen Emission von Licht durch angeregte Atome eine ähnliche Äußerung: »Die Zeit und die Richtung der elementaren Prozesse sind vom Zufall bestimmt.«[4] Eine höchst unerwartete Parallele, wenn wir bedenken, daß zwischen Lukrez und Einstein das steht, was vermutlich die größte Umwälzung in unserem Verhältnis zur Natur gebracht hat – die Geburt der modernen Wissenschaft.

Der »clinamen« und die spontane Emission von Licht sind *Ereignisse*, die einer probabilistischen Beschreibung entsprechen. Ereignisse und Wahrscheinlichkeiten werden gefordert von einer evolutionären Beschreibung, sei es die der Darwinschen Evolution oder die der menschlichen Geschichte. Ereignisse sind, wie wir noch sehen werden, auch mit dem thermodynamischen Pfeil der Zeit im Bereich der gleichgewichtsfernen Prozesse verbunden. Können wir über Lukrez und Einstein, die den deterministischen Gesetzen Ereignisse »hinzufügten«, hinausgehen? Können wir den Begriff des physikalischen Gesetzes dahin gehend abändern, daß Irreversibilität, Ereignisse und der Pfeil der Zeit zu Bestandteilen unserer fundamentalen Beschreibung der Natur werden?

Das würde bedeuten, daß wir die Naturgesetze grundlegend anders formulieren müßten. Dank der bemerkenswerten Fortschritte, die mit den Begriffen der Instabilität und des Chaos zusammenhängen, ist das jetzt möglich geworden.

Betrachten wir zunächst die klassische Dynamik. Es schien, als seien alle durch Newtons Gesetz beschriebenen Systeme gleich. Natürlich wußte jeder, daß die Trajektorie eines fallenden Steins leichter zu berechnen ist als die Trajektorie eines »Drei-Körper-Systems«, wie es zum Beispiel Sonne, Erde und Jupiter darstellen. Man sah darin jedoch ein rein technisches Problem, eine bloße Rechenaufgabe. Daß dies nicht zutrifft, wissen wir seit einigen Jahrzehnten. Es sind nicht alle dynamischen Systeme gleich. Es gibt *stabile* dynamische Systeme und *instabile.* Ein reibungsloses Pendel ist stabil, da geringe Störungen nur geringfügige Folgen haben, doch bei einer sehr großen Klasse, ja sogar bei der großen Mehrheit aller dynamischen Systeme werden geringe Störungen verstärkt. Ein extremer Fall sind »chaotische Systeme«, wo die Beschreibung durch Trajektorien versagt, da Trajektorien, die anfangs beliebig eng benachbart sind, mit der Zeit exponentiell voneinander abweichen.

Wir kommen schon im 4. Kapitel auf das Chaos zu sprechen, da es auch bei makroskopischen irreversiblen Prozessen auftritt. Wir gehen dort auf die »negativen« Aspekte des Chaos ein, auf die Tatsache, daß eindeutige Vorhersagen wegen der exponentiellen Divergenz benachbarter Trajektorien unmöglich sind. Dies entspricht der »Empfindlichkeit gegenüber den Anfangsbedingungen«, wie das Chaos gewöhnlich definiert wird. Chaos beruht nicht nur auf Empfindlichkeit gegenüber Anfangsbedingungen. Wie wir sehen werden, können auch Resonanzen – in der klassischen wie in der Quantenmechanik – zu Chaos führen. Das Chaos hat – und das ist ein noch wichtigeres neues Element – aber auch »positive« Aspekte. Wenn Trajektorien zu einer allzu starken Idealisierung werden, müssen wir auf eine *probabilistische* Beschreibung durch ein Ensemble von Trajektorien zurückgreifen. Eine solche Beschreibung ist nichts Neues – mit ihrer Hilfe gingen Gibbs und Einstein an die statistische Physik heran. Jetzt kommt aber der wesentliche Punkt: Die probabilistische Beschreibung, die wir für chaotische Systeme ableiten, ist *irreduzibel,* sie kann nicht auf einzelne Trajektorien angewandt werden. Dies ergibt sich zwingend aus der Verknüpfung des Chaos mit der modernen Funktionalanalysis. Außerdem spielen Vergangenheit und Zukunft in dieser irreduziblen probabilistischen Darstellung eine unterschiedliche Rolle. *Das Chaos führt zur Einbeziehung des Pfeils der Zeit in die grundlegende dynamische Beschreibung.*

Das Chaos bringt die Auflösung des Zeitparadoxons, aber damit nicht genug. Es führt obendrein die Wahrscheinlichkeit in die klassische Dynamik ein, die doch der Prototyp einer deterministischen Wissenschaft ist. Wahrscheinlichkeit ist hier nicht ein Resultat von Unwissenheit, sondern der unumgängliche Ausdruck von Chaos. Das führt wiederum zu einer neuen Definition des Chaos. Wir haben gezeigt, daß das Chaos, wie es üblicherweise definiert wird, zu einer irreduziblen probabilistischen Beschreibung führt. Jetzt kehren wir die Behauptung um. Alle Systeme, die einer *irreduziblen* probabilistischen Beschreibung gehorchen, *bezeichnen wir definitionsgemäß als chaotisch.* Derartige Systeme können daher nicht durch einzelne Trajektorien (bzw. einzelne Wellenfunktionen in der Quantenmechanik) beschrieben werden, sondern nur durch Ansammlungen (Bündel) von Trajektorien (oder Ensembles).

Unter operationalem Aspekt wird der Bereich des Chaos also enorm ausgeweitet, da er große Klassen von klassischen und Quantensystemen umfaßt, genau genommen alle Systeme, die der fundamentalen Naturbeschreibung durch wechselwirkende Felder im heutigen Sinne entsprechen. Diese starke Ausweitung des Chaosbegriffs gestattet die Feststellung, daß wir zu einer neuen Formulierung der physikalischen Gesetze kommen müssen. Zwei Formulierungen der physikalischen Gesetze gab es bereits; die eine beruhte auf der Untersuchung von Trajektorien beziehungsweise Wellenfunktionen, die andere auf der Ensembletheorie von Gibbs und Einstein. Diese zweite Formulierung führte jedoch aus dynamischer Sicht *kein neues Element* ein, da sie sich, auf einzelne Trajektorien beziehungsweise Wellenfunktionen angewandt, auf die erste Formulierung reduziert. Wir erhalten jetzt eine *dritte* Formulierung, die einen völlig anderen Status hat: Sie bezieht sich *nur* auf Ensembles, und sie gilt *nur* für chaotische Systeme. Diese Formulierung führt, wie wir noch sehen werden, zu Resultaten, die weder mit der Newtonschen Mechanik noch mit der orthodoxen Quantentheorie abgeleitet werden können. Sie bildet die Grundlage für eine die Eigenschaften der Mikrowelt und der Makrowelt umfassende Synthese, denn sie bezieht die Irreversibilität in die fundamentale Beschreibung der Natur ein.

Diese neue Formulierung der Dynamik bringt einen einschneidenden Wandel des Konzepts der »Naturgesetze« mit sich. Diese drücken jetzt nicht länger *Gewißheiten*, sondern *Möglichkeiten* aus, und sie führen in die Sprache der Physik ein narratives Element ein, das mit der Idee des Ereignisses zusammenhängt, die von der herkömmlichen Formulierung nur als Illusion oder als Ergebnis einer approximativen Beschreibung verstanden werden konnte. Die Auflösung des Zeitparadoxons ist daher wesentlich für die Überbrückung der Kluft zwischen den von C. P. Snow charakterisierten »zwei Kulturen«. Sowohl die dynamische Welt – Bastion der zeitlosen geometrischen Beschreibung, die in den »harten« Wissenschaften dominierte – als auch die historische Welt der menschlichen Angelegenheiten unterliegen jetzt einer gemeinsamen evolutionären Sichtweise.

Den Anstoß zu unserer Arbeit gab das Zeitparadox. Das Zeitparadox steht jedoch nicht allein. Mit der Verleugnung des Zeitpfeils hängen, wie wir sehen werden, zwei weitere Paradoxa eng zusammen: das »Quantenparadox« und das »kosmologische Paradox«.

In der Quantenmechanik ist die Beschreibung durch »Wellenfunktionen« grundlegend. Der große Unterschied zwischen der klassischen Dynamik und der Quantenmechanik besteht darin, daß klassische Trajektorien direkt »Observablen« entsprechen, während Quanten-Wellenfunktionen Wahrscheinlichkeitsamplituden entsprechen. Zu Wahrscheinlichkeiten im eigentlichen Sinne gelangen wir erst durch einen »Zusammenbruch« der Wellenfunktion, der in der grundlegenden Gleichung der Quantenmechanik (es handelt sich um die Schrödinger-Gleichung, die eine ähnliche Rolle spielt wie Newtons Gleichung in der klassischen Dynamik) nicht enthalten ist. In der Quantenmechanik erscheint daher eine Doppelstruktur, einerseits die Schrödinger-Gleichung für die Wellenfunktion und andererseits der Zusammenbruch der Wellenfunktion, der Irreversibilität und Wahrscheinlichkeit in die Quantenbeschreibung einführt. Diese Doppelstruktur hat, seit die Quantentheorie vor rund 60 Jahren formuliert wurde, Kontroversen ausgelöst, die bis heute anhalten. Man hat die Quantenmechanik mit Recht als die erfolgreichste aller physikalischen Theorien bezeichnet, doch was sich physikalisch hinter dem »Zusammenbruch« verbirgt, hat sie nicht zu erhellen vermocht. Viele Physiker sind zu dem Schluß gekommen, daß es der Beobachter ist, der durch seine Messung den Zusammenbruch bewirkt. Dies ist das *Quantenparadox*, das ein subjektives Element in unsere Beschreibung der Natur einführt.

Zwischen dem Zeitparadox und dem Quantenparadox besteht eine enge Analogie. Beide schreiben uns eine ganz erstaunliche Rolle zu. Danach ist der Mensch sowohl für den Pfeil der Zeit als auch für den Übergang der Quanten-»Potentialität« in »Aktualität« verantwortlich, das heißt für alle Erscheinungen, die in unserer physikalischen Beschreibung mit dem Werden und mit Ereignissen zusammenhängen.

Wir können der Quantentheorie jetzt eine *realistische* Interpretation geben. Da chaotische Quantensysteme nicht durch Wellenfunktionen, sondern durch Wahrscheinlichkeiten beschrieben werden, ist ein »Zusammenbruch der Wellenfunktion« nicht erforderlich. Wir werden im Detail zeigen, wie die zeitliche Entwicklung von chaotischen Systemen Wellenfunktionen in Ensembles transformiert. Es ist das in unserer generalisierten Formulierung die Existenz einer irreduziblen probabilistischen Beschreibung implizierende *Quantenchaos*, das uns den Zugang zur Natur verschafft, und nicht der Akt der Beobachtung.

Elemente, die sowohl das Chaos als auch den Zeitpfeil und die Lösung des Quantenparadoxons enthalten, führen uns zu einem einheitlicheren Naturbegriff, der auf allen Ebenen der Beschreibung das Werden und »Ereignisse« einbezieht. Daher der englische Titel dieses Buches: *Time, Chaos and the Quantum.* Die herkömmlichen Naturgesetze waren Gesetze, die ein geschlossenes, deterministisches Universum beschrieben, dessen Zukunft und Vergangenheit als gleichwertig definiert waren. Darin sah man einen Triumph des menschlichen Geistes, der über die äußeren Erscheinungen des Wandels hinausgeht. Allerdings wurde die im Sinne solcher Gesetze verstandene theoretische Physik dadurch allen übrigen Wissenschaften entfremdet, die ihren Beschreibungen einen Zeitpfeil zugrunde legen. Inzwischen haben wir erkannt, daß deterministische, zeitlich symmetrische Gesetze lediglich ganz besonderen Fällen entsprechen. Sie gelten nur für *stabile* klassische und Quantensysteme, die tatsächlich eine sehr begrenzte Klasse physikalischer Systeme darstellen. Sie werden ersetzt durch irreduzible probabilistische Gesetze, die uns ein »offenes« Universum zeigen, in dem in jedem Augenblick neue Möglichkeiten ins Spiel kommen.

Wir erwähnten ein drittes Paradox, das kosmologische Paradox. Die moderne Kosmologie schreibt unserem Universum ein Alter zu: Es entstand vor rund 15 Milliarden Jahren mit dem »Urknall«. Bei ihm handelt es sich unverkennbar um ein *Ereignis.* In der herkömmlichen Formulierung der Naturgesetze kommen Ereignisse jedoch nicht vor. Trajektorien und Wellenfunktionen haben keinen Anfang und kein Ende. Deshalb hat die Urknallhypothese die Physik vor »ihre größte Krise« gestellt. Stephen Hawking und andere haben die Vermutung geäußert, daß der Urknall rein geometrischen Charakter haben könnte. Die Zeit wäre demnach eine »unwesentliche Eigenschaft« (an »accident«) in einem geometrischen Universum. Die kosmologische Zeit wäre eine Illusion; der in Einsteins allgemeiner Relativitätstheorie enthaltene Unterschied zwischen Zeit und Raum würde eliminiert durch die Einführung einer »imaginären« Zeit, die man als die reale Zeit aufzufassen hätte. Dies ist es, was wir als das »kosmologische Paradox« bezeichnen. Die Folge wäre die endgültige Auflösung eines jeglichen Zusammenhangs zwischen Sein und Werden. Das Universum »würde einfach SEIN«, wie Hawking schreibt[5].

Aus unserer Sicht sind Ereignisse das Resultat von Instabilitäten, von Chaos. Dies gilt auf allen Ebenen, auch auf der kosmologischen Ebene. Nach deterministischer Auffassung wäre alles, das Schreiben dieses Buches eingeschlossen, seit dem Urknall vorherbestimmt. In unserer Formulierung der Naturgesetze beziehen sich diese auf Möglichkeiten. Wir gelangen so zu einem Bild des frühen Universums, das dem eines Kindes ähnelt. Wenn es seine ersten Schritte wagt, kann es noch Musiker, Rechtsanwalt oder Zahnarzt werden, aber nicht alles zugleich. Es ist ein Glück für uns, daß die Entwicklung des Universums Leben auf der Erde und letztendlich den Menschen hervorgebracht hat.

II

Nun zum Aufbau unseres Buches. Es ist organisiert um das Zeitparadox, seine Entdeckung, seine Folgen und seine Auflösung. Wichtige Themen sind ferner die Zusammenhänge zwischen dem Zeitparadox und den beiden anderen Paradoxa, dem Quantenparadox und dem kosmologischen Paradox. Großen Raum nehmen außerdem Instabilität und Chaos ein, denn dies ist das aus unserer Sicht entscheidende Element, das zur Auflösung aller drei Paradoxa führt.

Im I. Teil wird der historische und ideologische Hintergrund des Zeitparadoxons beschrieben. Wie war es möglich, den Pfeil der Zeit entgegen dem phänomenologischen Augenschein zu leugnen? Man kann die Tatsache, daß das

Zeitparadox hingenommen wurde, nur verstehen, wenn man das Streben der abendländischen Wissenschaft nach Intelligibilität berücksichtigt. Die Formulierung der großen zeitlich symmetrischen Naturgesetze schien dieses Streben zu befriedigen, allerdings um einen enormen Preis – eine grundlegende Kluft zwischen den Menschen und der Welt, die die Menschen zu beschreiben und zu verstehen lernen. Die Kluft zwischen einem Universum, das als ein Automat beschrieben wird, und dem Menschen mit seiner Geschichte und seiner Kreativität ist durch nichts zu überbrücken.

Doch das Streben nach Intelligibilität ist nicht abgeschlossen. Neue Entwicklungen in der Physik selbst verlangen, daß wir unser Naturverständnis ändern. Da ist vor allem die schon erwähnte in den letzten Jahrzehnten entstandene Physik der Nichtgleichgewichtsprozesse. In Hunderten von Laboratorien auf der ganzen Welt wird heute an solchen Fragen gearbeitet. So kam es zur »Wiederkehr des Zeitparadoxons«, weil in Nichtgleichgewichtsprozessen der Pfeil der Zeit eine wesentliche Rolle spielt. In den letzten Jahren sind zahlreiche Bücher erschienen, die den neuen Zugang zur Natur beschreiben, der durch die Erforschung gleichgewichtsferner Prozesse eröffnet wird. Gleichzeitig sind aber auch Bücher von hervorragenden Physikern erschienen, in denen an der Idee festgehalten wird, daß der Pfeil der Zeit ein Resultat *unserer* Näherungen, *unserer* unvollständigen Erkenntnis sei. Ein beträchtlicher Teil der wissenschaftlichen Gemeinschaft hat sich demnach die neuen Perspektiven, welche die Physik der Nichtgleichgewichtsprozesse eröffnet, noch nicht zu eigen gemacht. Aus diesem Grund beschreiben wir im zweiten Teil einige der Perspektiven, welche die Nichtgleichgewichtsphysik erschließt.

Zum Kern unserer Arbeit kommen wir jedoch im III. Teil. Im 5. Kapitel wird zunächst das einfachste Beispiel eines Chaos beschrieben, das bei »diskreten Abbildungen« auftritt, das heißt bei Systemen, deren zeitliche Entwicklung diskrete Stufen durchläuft. Wir schildern die Schwierigkeiten, die entstehen, wenn man diese Systeme mit Hilfe von Trajektorien beschreibt, und greifen auf die probabilistische Beschreibung zurück. Es hat schon frühere Versuche gegeben, doch eine strenge Formulierung der zeitlichen Entwicklung im Rahmen einer probabilistischen *irreduziblen* Beschreibung ist uns erst vor kurzem gelungen. Auf die mathematischen Aspekte dieses Problems werden wir in dieser Einleitung noch eingehen.

Im 6. Kapitel befassen wir uns mit den dynamischen Systemen, um die es in der Physik hauptsächlich geht. Die zeitliche Entwicklung ist hier, anders als bei den Abbildungen, stetig. Ein geeigneter Ausgangspunkt für unsere Erörterung ist das grundlegende Theorem, das der große französische Mathematiker Henri Poincaré vor rund hundert Jahren aufgestellt hat. Poincarés Frage lautete, etwas vereinfachend: Können wir Wechselwirkungen »eliminieren«? Systeme, bei denen das möglich ist, nannte Poincaré »integrabel«. Solche Systeme werden dann nämlich isomorph mit Systemen freier Teilchen, und die sehr einfache Form, welche die Bewegungsgleichung annimmt, macht ihre Integration, das heißt die explizite Berechnung ihrer Trajektorie, zu einem Kinderspiel.

Die in Lehrbüchern für Anfänger behandelten dynamischen Systeme sind allesamt integrable Systeme, zum Beispiel das Erde-Sonne-Problem. Für die meisten dynamischen Systeme zeigte sich jedoch, daß Poincarés Frage verneint werden muß. In seinem 1889 formulierten Theorem bewies Poincaré, daß dynamische Systeme im allgemeinen *nicht integrabel* sind. Die Wechselwirkungen können nicht eliminiert werden.

Das trifft sich gut. Wäre die Antwort auf Poincarés Frage positiv ausgefallen, so wäre die Kluft zwischen einer in dynamischen Termini beschriebenen Welt und unserer eigenen Welt mit ihrer Kohärenz, ihren chemischen und biologischen Prozessen unüberbrückbar gewesen. Eine dynamische Welt, die einem System freier Teilchen isomorph ist, kann mit dem Werden nichts anfangen. Außerdem zeigte Poincaré, warum die meisten dynamischen Systeme nicht integrabel sind und Wechselwirkungen nicht eliminiert werden können. Es liegt am Auftreten von *Resonanzen.*

Der Gedanke der Resonanz ist uns vertraut, denn schon als Kinder wissen wir, wie wir die Schwingungen einer Schaukel verstärken können. Poincaré zeigte, daß Resonanzen zu Divergenzen führen, wenn wir die Wechselwirkungen zu eliminieren versuchen: Dies ist das Problem der »kleinen Nenner«, das schon den Begründern der klassischen Dynamik wie Lagrange und Laplace bekannt war. Es gibt, wie Poincaré zeigte, keinen Ausweg – dies ist das *grundlegende ungelöste Problem der Dynamik.* Poincarés Resultat stieß aber zunächst nur in einem begrenzten Kreis von Fachleuten auf Interesse. Die meisten Physiker sahen darin ein technisches Problem, das sich, wenn man nur genügend mathematischen Scharfsinn einsetzte, letztlich würde lösen lassen. Eine einschneidende Änderung brachte jedoch die Formulierung der KAM-Theorie (KAM ist das Kürzel für Kolmogoroff, Arnold und Moser) um 1950. Die KAM-Theorie zeigte, daß Resonanzen zu zwei Arten von Trajektorien führen: solchen, die sich »normal« verhalten, wie wir es von der Untersuchung der planetarischen Zweikörperbewegung kennen, und solchen, die sich zufällig verhalten.

Es muß darauf hingewiesen werden, daß die KAM-Theorie das Problem der Poincaréschen Divergenzen nicht gelöst hat. Was sie brachte, war eine Klassifikation von Trajektorien. Wir müssen nun über das Resultat Poincarés und die KAM-Theorie hinausgehen, also *Poincarés Divergenzen eliminieren,* um zu einer neuen Beschreibung der zeitlichen Entwicklung nichtintegrabler chaotischer Systeme zu gelangen. Damit ändert sich wiederum die Bedeutung des Poincaré-Theorems. Es galt jahrzehntelang als ein Hindernis für die Anwendung von Methoden, die sich bei integrablen Systemen als sehr erfolgreich erwiesen haben. Uns verschafft es jedoch die Gelegenheit, zwischen zwei scheinbar getrennten

Gebieten, dem der Dynamik und dem der traditionell mit der Zunahme der Entropie verbundenen irreversiblen Prozesse, eine Verbindung herzustellen. Es stimmt schon, daß die Bewegungsgesetze, angewandt auf ein reibungsloses Pendel, zeitlich reversibel sind, doch kann das Pendel, wie das Poincaré-Theorem zeigt, nicht als Symbol des klassischen dynamischen Systems gelten. Es ist ein integrables System. Was wir benötigen, um zwischen dem alten Kontinent der stabilen dynamischen Systeme und der Welt der dissipativen, die Entropie steigernden Prozesse eine Brücke zu schlagen, sind nichtintegrable chaotische Systeme.

Das 7. Kapitel befaßt sich mit der Quantenmechanik. Sie verlangt durch die Einführung von Operatoren eine neue Denkweise. Physikalische Größen wie Energie, Koordinaten und so weiter werden jetzt durch Operatoren ersetzt, deren numerische Werte man durch die Lösung eines »Eigenwertproblems« erhält. Was hinter diesen Fachausdrücken steckt, wird im 7. Kapitel erklärt. Hier sei nur darauf hingewiesen, daß dieses auf Heisenberg zurückgehende Ziel, das Eigenwertproblem zu lösen, große Ähnlichkeit hat mit dem Ziel, »die Wechselwirkungen zu eliminieren,« um Bewegungsgleichungen zu lösen. So ungeheuer erfolgreich die Verfolgung beider Ziele auch war, gibt es doch in der Quantenmechanik viele bedeutende Sachverhalte (wie etwa die Wechselwirkung zwischen Materie und Licht), die erneut zu Poincaréschen Divergenzen führen. Wir stoßen hier auf Fragen, die direkt an die Grundlagen der Quantenmechanik rühren. Wie wirken sich die Poincaréschen Divergenzen auf die Gültigkeit der Beschreibung durch Wellenfunktionen aus? Was ist ein Quantenchaos? Das klassische Chaos ist begrifflich sehr einfach zu fassen: Benachbarte Trajektorien divergieren exponentiell. Dies entspricht der »Empfindlichkeit gegenüber den Anfangsbedingungen«. Diese Definition des Chaos läßt sich jedoch nicht übertragen auf die Wellenfunktionen, um die es in der Quantenmechanik geht. Wir werden dagegen zeigen, daß sich das Poincaré-Theorem auf wichtige Klassen von Quantensystemen anwenden läßt (dabei denken wir an »große« Systeme wie etwa die Materie-Feld-Wechselwirkungen). Wir gelangen dann wiederum zu einer *irreduziblen* probabilistischen Beschreibung, die nicht auf die Untersuchung einzelner Wellenfunktionen reduziert werden kann. Dies sind die Systeme, die wir chaotisch nennen.

Diese Definition des Chaos umfaßt daher sowohl klassische als auch Quantensysteme. Sie bedeutet in beiden Fällen nicht, daß die fundamentalen Gleichungen (Newtons bzw. Schrödingers) falsch werden, sondern daß es im allgemeinen unmöglich ist, aus diesen Gleichungen das Verhalten einzelner Trajektorien oder einzelner Wellenfunktionen abzuleiten. Die zeitliche Entwicklung chaotischer Systeme erfordert eine irreduzible probabilistische Beschreibung.

Im 8. Kapitel fassen wir noch einmal die herkömmliche statistische Beschreibung der Mikrowelt zusammen, um uns dann der mathematischen Formulierung der Theorie des Chaos zuzuwenden. Es ist, wie schon erwähnt, fast 100 Jahre her, daß Gibbs und Einstein eine zweite Formulierung der Physik einführten, nicht im Sinne von Trajektorien wie in der klassischen Mechanik (oder im Sinne von Wellenfunktionen wie in der Quantenmechanik), sondern im Sinne von *Ensembles* und Wahrscheinlichkeitsverteilungen. Dieser wichtige Schritt war erforderlich, um den Begriff des thermodynamischen Gleichgewichts einzubeziehen. Aus der Sicht der Dynamik wurde damit jedoch keine neue Erkenntnis gewonnen. Die probabilistische Beschreibung von Gibbs und Einstein ist in der Tat *reduzibel.* Jedes dynamische Problem, das mit dieser Methode zu lösen ist, kann im Sinne von Trajektorien oder von Wellenfunktionen *und umgekehrt* gelöst werden. Die statistische Physik hat keine Antwort auf die Frage, die uns ihr Gegenstand aufgibt: Wie beschreiben wir die Annäherung an das Gleichgewicht? Was ist der dynamische Ursprung des Pfeils der Zeit?

Gibbs und Einstein benutzten die Ensembletheorie im wesentlichen als Recheninstrument. Für uns wird sie dagegen als Resultat der Instabilität zu einem wichtigen begrifflichen Instrument. Viele Physiker haben bekanntlich gehofft, das probabilistische Element in der Quantentheorie (die Schrödinger-Gleichung ist zwar ebenso deterministisch wie Newtons Gleichung, beschreibt aber die Entwicklung von Wahrscheinlichkeitsamplituden) eines Tages eliminieren und zur klassischen Orthodoxie zurückkehren zu können. Wir schlagen die umgekehrte Richtung ein. Das statistische Element wird jetzt sowohl in klassischen als auch in quantenphysikalischen »chaotischen« Systemen fundamental.

Die Kapitel 5 bis 8 machen den Leser bekannt mit der Naturbeschreibung, wie sie von der orthodoxen, klassischen Dynamik, der Quantendynamik und der statistischen Mechanik praktiziert wird. Dabei werden die Grenzen der in der Vergangenheit entwickelten Methoden betont. Nur so wird die Bedeutung der Methoden verständlich, die im IV. Teil in den Kapiteln 9 und 10 vorgestellt werden.

Wir gehen wieder, wie schon im 5. Kapitel, von der Untersuchung von Abbildungen aus. Dank einer geeigneten Erweiterung der Methoden, die erstmals mit der Quantentheorie in die Physik Einzug hielten, können wir die zeitliche Entwicklung der Wahrscheinlichkeitsverteilung beschreiben, um die es bei der Beschreibung chaotischer Systeme im Grunde geht. Hier bringen wir ein erstes Beispiel einer für chaotische Systeme geltenden *irreduziblen* probabilistischen Beschreibung. Diese Irreduzibilität ist eine direkte Folge der Instabilität.

Der Schritt, den wir getan haben, erinnert ein wenig an den Schritt, den Einstein tun mußte, um zwischen der Raumzeit und der Materie einen Zusammenhang herzustellen. In der Newtonschen Beschreibung war der Raum euklidisch, und die Zeit floß gleichförmig. Zwischen dem »Inhalt« (der Materie) und dem »Behälter« (Raum und Zeit) gab es keinen Zusammenhang. In der allgemeinen Relativitätstheorie ist die Geometrie nicht mehr euklidisch, sie hängt von der Verteilung der Materie ab. In der orthodoxen Quantenmechanik ist der Raum, in dem sich die Wellenfunktionen entwickeln, der Hilbert-Raum. Von fundamentaler Bedeutung ist der Hilbert-Raum auch für die statistische Beschreibung durch Ensembles. Wir werden auf seine Eigenschaften näher eingehen. Hier sei nur erwähnt, daß der Hilbert-Raum als eine Erweiterung des euklidischen Raums aufgefaßt werden kann. Wir werden zeigen, daß das Chaos uns zwingt, den Hilbert-Raum zu verlassen und zu generalisierten Räumen (oft spricht man von »rigged« Räumen) überzugehen, deren Struktur von der spezifischen Form der Instabilität abhängt. Die Entwicklung der Wahrscheinlichkeitsverteilung muß beschrieben werden in einem Raum, *der von der Dynamik abhängt.* Die Lösung des Zeitparadoxons und der anderen Paradoxa ist nur deshalb möglich, weil der Raum »temporalisiert« wird, so daß Vergangenheit und Zukunft nicht länger die gleiche Rolle spielen.

Generalisierte »rigged« Räume wurden um das Jahr 1960 von I. M. Gelfand und Kollegen in die mathematische Literatur eingeführt. Daß sie etwas mit dem Chaos zu tun haben, ist jedoch eine ganz junge Erkenntnis. Sie bilden den Rahmen für unsere Aussage, daß Systeme, die einer *irreduziblen* probabilistischen Beschreibung gehorchen, definitionsgemäß *chaotisch* sind.

Im 10. Kapitel übertragen wir unsere Resultate auf verschiedene Sachverhalte, die in der klassischen und der Quantentheorie von Interesse sind. Die größte Aufgabe besteht hier darin, über die negative Aussage Poincarés (»Nichtintegrierbarkeit«) hinauszugehen, das heißt die auf Resonanzen beruhenden Divergenzen zu eliminieren. Für eine wichtige Klasse nichtintegrabler Systeme, nämlich die, die wir als »große Poincaré-Systeme« bezeichnen, kann dies geleistet werden. Wir übergehen hier die Definition und erwähnen nur, daß diese Klasse unter anderem Probleme in der Quantentheorie umfaßt, darunter »Quantensprünge«, das heißt die Emission von Strahlung, die Absorption von Strahlung und wechselwirkende Felder, sowie alle Probleme, die üblicherweise in der statistischen Mechanik untersucht werden. Damit umfaßt sie die Mehrheit der dynamischen und quantenmechanischen Systeme, die wir in der Natur antreffen.

Es gibt mittlerweile stringente Verfahren, mit denen die Poincaréschen Divergenzen eliminiert werden können. In diesem Buch werden wir eine einfache Methode benutzen, die auf der *zeitlichen Anordnung* beruht. Wir gehen von der Beobachtung aus, daß die Zeit in der klassischen wie in der Quantenphysik auf zweierlei Weise in die Beschreibung eingeht: erstens als Parameter in den Bewegungsgleichungen und zweitens bei der Einführung einer »zeitlichen Anordnung«. Betrachten wir als Beispiel der zeitlichen Anordnung eine ebene Welle, die an einem Hindernis gestreut wird und eine Kugelwelle hervorruft. Unter dem Aspekt der Zeit *als Parameter* können wir ebensogut den Fall einer einlaufenden Kugelwelle betrachten, die gestreut wird und zu einer ebenen Welle führt, doch in der Natur beobachten wir diesen Fall nie. Wir beobachten *direkte* Streuung, niemals *inverse* Streuung. Direkte und inverse Streuung unterscheiden sich durch ihre *zeitliche Anordnung*. Dieser Unterschied hängt in der Regel mit »Randbedingungen« zusammen: Unter dynamischem Aspekt (wobei die Zeit nur ein Parameter ist) wären beide Möglichkeiten äquivalent, doch die Herstellung eines Systems, das zu inverser Streuung führt, wäre nicht zu verwirklichen. Doch worauf beruht diese Unmöglichkeit? Vielfach ist die phänomenologische Brechung der zeitlichen Symmetrie auf eine praktische Beschränkung zurückgeführt worden, wonach *wir* außerstande sein sollen, Systeme mit solchen Randbedingungen darzustellen, die zu inverser Streuung führen.

Unsere Methode zeichnet sich dadurch aus, daß beide Aspekte der Zeit – die Zeit als Parameter und die zeitliche

Anordnung – eine wesentliche Rolle spielen. Die Randbedingungen sind nicht hinreichend. Tatsächlich können die Poincaréschen Divergenzen nur mit Hilfe der zeitlichen Anordnung eliminiert werden. In speziellen einfachen Situationen kann diese zeitliche Anordnung auf der Ebene der Trajektorien beziehungsweise Wellenfunktionen hergestellt werden. Die Eliminierung von Poincaréschen Divergenzen äußert sich in einer gebrochenen zeitlichen Symmetrie. Bei stabilen dynamischen Systemen sind die Bewegungsgleichungen und ihre Lösungen zeitlich symmetrisch. Bei instabilen dynamischen Systemen bleiben die Gleichungen symmetrisch, doch haben wir zwei Lösungsmengen mit gebrochener zeitlicher Symmetrie. Diese Symmetriebrechung liegt der Lösung des Zeitparadoxons zugrunde: Die Natur ist nicht so symmetrisch, wie nach den Gleichungen der klassischen und der Quantenphysik erwartet wurde.

Betrachten wir zum Beispiel den Zerfall eines instabilen Teilchens. Eine der erhaltenen Lösungsmengen sagt diesen Zerfall in unserer Zukunft voraus, die andere in unserer Vergangenheit, so als würde das Teilchen in der gleichen Weise spontan entstehen, wie bei inverser Streuung eine gestreute Kugelwelle zu einer ebenen Welle führen würde. In der Natur wird nur eine Lösungsart realisiert, nämlich die, die dem Zerfall in unserer Zukunft entspricht.

Im allgemeinen muß die zeitliche Anordnung jedoch auf der Ebene der *statistischen* Beschreibung hergestellt werden, bei der es um Ensembles geht. Im Rahmen dieser statistischen Beschreibung können wir die Poincaréschen Divergenzen eliminieren und eine konsistente dynamische Beschreibung sowohl für klassische als auch für quantenphysikalische chaotische Systeme formulieren.

Da Irreversibilität und Wahrscheinlichkeit immer wieder mit dem Näherungscharakter unserer Erkenntnis in Verbindung gebracht worden sind, muß betont werden, daß unser Ansatz demgegenüber die operationalen Möglichkeiten sowohl der klassischen als auch der Quantenphysik erweitert. Klassen von Problemen, die ungelöst blieben, weil sie nichtintegrable Systeme betrafen, können jetzt auf eine neue Weise angegangen werden. Außerdem besteht zwischen unseren Resultaten und denen der orthodoxen klassischen und Quantentheorie ein grundlegender Unterschied. Der herkömmlichen Quantenmechanik zufolge erhält man die mit einer physikalischen Größe zusammenhängenden numerischen Werte als *reelle* Eigenwerte von Operatoren, und sie entsprechen daher Frequenzen (wie man sie in der Spektroskopie beobachtet). In unserer Darstellung chaotischer Systeme werden die Eigenwerte dagegen *komplex*, und sie repräsentieren zusätzlich Zerfalls- oder Relaxationsprozesse, die irreversible Prozesse sind. Dies ist nur möglich, weil wir auf die Verwendung des Hilbert-Raums verzichtet haben. In den generalisierten Räumen gehen, ausgehend von der Dynamik und ohne die Einführung von Ad-hoc-Annahmen, irreversible Prozesse in die Beschreibung der zeitlichen Entwicklung ein.

Wenn wir einmal erkannt haben, wie wichtig die irreversiblen Prozesse sind, wird die Erörterung der Kosmologie aus dieser Sicht zu einer faszinierenden Angelegenheit (11. Kapitel). Wir kommen hier an die Grenzen unseres derzeitigen Wissens. Um die allerersten Anfänge des Universums zu verstehen, die sogenannte Plancksche Ära, bedürfte es in der Tat einer konsistenten Theorie, welche die Quantenmechanik und die allgemeine Relativitätstheorie in sich vereint. Diese Vereinigung stößt auf zahlreiche Schwierigkeiten. Eine davon hängt mit der Rolle des Beobachters in der herkömmlichen Quantentheorie zusammen. Wer beobachtet das Universum? Bei unserem Ansatz fällt diese Schwierigkeit fort, da wir ohne einen Zusammenbruch der Wellenfunktion auskommen. Eine andere Schwierigkeit ist die, wie das Ereignis, das wir mit der »Geburt des Universums« in Verbindung bringen dürfen, charakterisiert werden soll. Ist es eine Singularität, wie es das »Standardmodell«

der Kosmologie zu implizieren scheint, oder ist es eine Instabilität? Wir werden bei der Charakterisierung des Urereignisses immer auf Extrapolationen angewiesen sein, weil die physikalischen Bedingungen damals so verschieden waren von allem, was wir – selbst in den größten Teilchenbeschleunigern – beobachten können. Die Alternative »Singularität oder Instabilität« verweist auf zwei ganz unterschiedliche gedankliche Ansätze, die ausgelotet zu werden verdienen.

Die Vorstellung, der Urknall sei eine Singularität, gehört in die große klassische Tradition, in die sich die allgemeine Relativitätstheorie und das Standardmodell der Kosmologie als integrale Bestandteile einfügen. Diese Beschreibung kennt keine bevorzugte Zeitrichtung: Die gegenwärtige Entwicklung des Kosmos stellt eine Expansion dar, doch bei anderen Anfangsbedingungen könnte sie ebensogut eine Kontraktion sein. Dagegen mißt die Vorstellung von einer Instabilität, einer Art von Phasenübergang, der das Universum aus einem Zustand in einen anderen übergehen läßt, der Irreversibilität entscheidende Bedeutung zu. Was könnte in der Tat irreversibler sein als das Hervortreten von Materie aus einem vormateriellen »Vakuum«? Außerdem bringt uns die Instabilität zurück zum Problem des Chaos.

Das Chaos, so sagten wir, zwingt uns, erneut über die Bedeutung der Naturgesetze nachzudenken. Hier, in der Welt der Quantengravitation, treten die Implikationen unseres neuen theoretischen Ansatzes in aller Klarheit zutage. Auch das Universum ist kein abgeschlossenes System. Es ist in das Quantenvakuum eingebettet. Seine Geburt gehorcht nicht einem deterministischen Gesetz, sondern realisiert eine »Möglichkeit«. Nichts spricht dagegen, daß nicht auch andere Realisierungen in unmittelbarer Nähe zum Zeitpunkt des Urknalls mit den Gesetzen der Quantengravitation vereinbar gewesen wären. In diesem Sinne beziehen sich alle Gesetze der Physik letztlich auf Möglichkeiten. Natürlich ist die von uns vorgefundene Realisierung der Welt, die den genetischen Code und das menschliche Gehirn enthält, ein Resultat dieser Möglichkeiten. Doch was immer das menschliche Gehirn noch an theoretischem Wissen hervorbringen mag, es wird nicht imstande sein, die Offenheit, den probabilistischen Charakter der Geschichte, die zu seiner Entstehung führte, zu transzendieren.

Desgleichen ist die Zukunft nicht länger gegeben, sie ist nicht mehr in der Gegenwart enthalten. Das klassische Ideal der Allwissenheit ist somit nicht mehr zu halten. Die Welt der Prozesse, in der wir leben und die ein Teil von uns ist, kann nicht länger abgetan werden als bloßer Schein, als Illusion, die unserer begrenzten Beobachtung zuzuschreiben ist. In der Frühzeit des abendländischen Denkens führte Aristoteles eine grundlegende Unterscheidung ein: Der göttlichen und unvergänglichen Welt des Himmels stand die wandelbare und unvorhersagbare sublunare Welt gegenüber, zu der unsere Erde gehört. Die klassische Wissenschaft hat gewissermaßen den Himmel, wie Aristoteles ihn verstand, auf die Erde heruntergeholt. Der Wandel, den wir heute erleben, kann als eine Umkehrung dieser Geste verstanden werden: Wir bringen jetzt den Himmel der Erde näher.

III

Dieses Buch ist zwar das Ergebnis langjähriger Forschung (der ältere der Autoren begann damit Ende der vierziger Jahre), doch erst jetzt haben wir den Eindruck, zu einem kohärenten Entwurf gelangt zu sein. Das Problem der Zeit hat uns immer fasziniert, und wir haben immer geglaubt, die Ursache der Irreversibilität in der Instabilität suchen zu müssen. Dem standen jedoch zahlreiche Hindernisse technischer und ideologischer Art entgegen. Dirac hat einmal gesagt, der Fortschritt in der theoretischen Physik habe oft mit der Überwindung von Vorurteilen zu tun. Das gilt auch hier. Doch dem zentralen Problem, der Herausforderung des Zeitparadoxons, war mit den herkömmlichen Mitteln, von der reversiblen Dynamik zur Irreversibilität überzugehen, nicht beizukommen. Sobald wir uns nämlich mit einer geeigneten approximativen (»grobkörnigen«) Version der klassischen oder auch der quantenphysikalischen Beschreibung befassen, können wir auf den Pfeil der Zeit stoßen. Hinter solchen Näherungen verbarg sich nach unserer Überzeugung eine tiefere Wahrheit. Wir erwähnten bereits die spektakulären Ergebnisse der Nichtgleichgewichts-Physik. Sie belegen unzweideutig, daß die Irreversibilität eine fundamentale, konstruktive Rolle spielt. Warum sind wir dann auf Näherungen angewiesen, um die fundamentale Theorie mit den Versuchsergebnissen bezüglich der dissipativen Eigenschaften der Welt in Einklang zu bringen? Wir haben das Zeitparadox und die mit ihm zusammenhängenden Paradoxa als eine Herausforderung aufgefaßt, als ein Problem, zu dessen Lösung das grundlegende Begriffsschema der theoretischen Physik *erweitert* werden muß. Wir stehen natürlich erst am Anfang. Die von uns behandelten Beispiele sind wegen ihrer Einfachheit ausgewählt worden, doch wir sind überzeugt, daß wir nunmehr den Ausgangspunkt für ein einheitlicheres, deshalb auch befriedigenderes Naturverständnis erreicht haben.

In der Formulierung dieses kohärenten Schemas fließen drei wissenschaftliche Entwicklungen zusammen. Zum einen brachte die statistische Mechanik des Nichtgleichgewichts ein besseres Verständnis der physikalischen Bedeutung des Zeitpfeils und führte zur Formulierung einer Dynamik der Korrelationen, die eine Vorstufe der irreduziblen, probabilistischen Beschreibung bildet, des zentralen Gegenstandes dieses Buches (8. Kapitel). Wesentlich war zweitens die Theorie des Chaos, die nach der Grundlegung durch Poincaré von Kolmogoroff und seinen Kollegen fortentwickelt wurde. Schließlich verknüpften wir das Chaos mit der Funktionalanalysis, die, ausgehend von Gelfand, von zahlreichen

Autoren, darunter A. Böhm und G. Sudarshan, weitergeführt wurde. So gelangten wir endlich zu den »Gesetzen des Chaos«, der Definition der zeitlichen Entwicklung chaotischer Systeme durch eine irreduzible, probabilistische Darstellung, die wir im 9. und 10. Kapitel umreißen.

Wir kommen bei der Darstellung unserer Methoden nicht ohne Fachtermini aus; das ist unvermeidlich, weil jeder Schritt sorgfältig begründet werden muß. Wir haben jedoch die Beweise ausgespart und methodisch-technische Erörterungen auf ein Mindestmaß reduziert; sie sind in den zugrundeliegenden Abhandlungen nachzulesen. Der nicht einschlägig vorgebildete Leser findet zum leichteren Verständnis eine knappe inhaltliche Zusammenfassung des III. und IV. Teils im Schlußteil. Dennoch mag der eine oder andere Abschnitt für den Durchschnittsleser Schwierigkeiten aufwerfen. Jede Gleichung, hieß es in einem kürzlich erschienenen Buch, halbiere die Zahl der Leser. Vielleicht bleiben dann nicht mehr viele Leser übrig. Wir sehen das jedoch anders. Es gibt so etwas wie eine Leidenschaft, unser Verhältnis zur Natur, so wie es von der modernen Wissenschaft beschrieben wird, zu verstehen und gründlicher zu analysieren. Dieses Buch wurde für solche Leser geschrieben, die von dieser Leidenschaft erfüllt sind.

Das Buch hat eine merkwürdige Vorgeschichte. Ursprünglich sollte es als Übersetzung unseres 1988 erschienenen Werkes *Entre le temps et l'éternité*[6] angeboten werden. Dort – wie auch schon in dem zuvor veröffentlichten Werk *Dialog mit der Natur*[7] – haben wir die Bedeutung des Zeitparadoxons unterstrichen und darauf hingewiesen, daß instabile dynamische Systeme für seine Auflösung eine wichtige Rolle spielen. Die raschen Fortschritte dieses Programms sind über den Erkenntnisstand von *Entre le temps et l'éternité* hinweggegangen, so daß wir, mit Ausnahme der ersten Kapitel, nun ein wesentlich verändertes Buch mit einem anderen Titel vorlegen. Wir tragen hier eine konsistente, Irreversibilität und Wahrscheinlichkeit einschließende Formulierung der fundamentalen Gesetze der Physik vor. Einige der wesentlichen Vorhersagen dieser Formulierung sind bereits durch Computersimulation verifiziert worden. Zahlreiche Anwendungen wurden publiziert, oder ihre Veröffentlichung steht bevor. Wir glaubten sie jedoch in diesem Buch nicht mehr berücksichtigen zu können, denn das hätte eine weitere Verzögerung mit sich gebracht. So haben wir uns entschlossen, unsere Arbeit nach dem heutigen Stand (1992/93) vorzulegen und die Darstellung der zahlreichen neuen Anwendungen der »Gesetze des Chaos« der Zukunft zu überlassen.

In der vorliegenden Form fußt das Buch weitgehend auf der Arbeit, die in vier Jahrzehnten von unseren Forschungsgruppen in Brüssel und Austin geleistet wurde. Wir können nicht alle, die daran beteiligt waren, namentlich anführen, möchten aber den Drs. I. Antoniou, H. Hasegawa, T. Petrosky und S. Tasaki, die an der letzten Phase unserer Arbeit entscheidenden Anteil hatten, unseren besonderen Dank aussprechen.

Unser Dank gilt ferner der Europäischen Gemeinschaft, der Welsh Foundation, Texas (USA), den Instituts Internationaux de Physique et de Chimie Solvay in Brüssel, dem Energieministerium der Vereinigten Staaten und der Communauté française de Belgique, die unsere Arbeit über viele Jahre hin gefördert haben. Dankbar erkennen wir die Hilfe von Carlo Rubino an, der die französischen Teile dieser Arbeit ins Englische übersetzte. Wertvoll waren für uns die zahlreichen Korrekturen und Anregungen von Dr. Dean Driebe, der die Endfassung unseres Textes einer sorgfältigen Prüfung unterzog.

Erster Teil
Der ideologische Hintergrund

Erstes Kapitel
Die Zeit steht zur Debatte

1. Die Infragestellung des Werdens

Gegen Ende des 19. Jahrhunderts wurde die Existenz des Zeitparadoxons fast gleichzeitig aus wissenschaftlicher und aus philosophischer Sicht wahrgenommen. Im Werk des Philosophen Henri Bergson war die Zeit oder »Dauer« sowohl für das Verhältnis zwischen Mensch und Natur als auch für die Grenzen der Wissenschaft von großer Bedeutung. Der Wiener Physiker Ludwig Boltzmann betrachtete es als das Ziel seines Lebenswerks, die mit der Entwicklung verknüpfte Zeit in die Physik einzuführen.

Vor 80 Jahren erschien Henri Bergsons *Schöpferische Entwicklung*[1]. Darin behauptete Bergson, die Wissenschaft sei nur dort erfolgreich gewesen, wo sie den Gang der Natur auf eine monotone Wiederholung reduzieren konnte, und nannte als Beispiel die deterministischen Gesetze der klassischen Dynamik. Wann immer die Wissenschaft versucht habe, die schöpferische Potenz der Zeit, die Entstehung von Neuem zu beschreiben, habe sie scheitern müssen.

Bergsons Folgerungen wurden als ein Angriff auf die Wissenschaft gewertet. Man räumte gern ein, daß es der Wissenschaft nicht gelungen war, in die Bereiche einzudringen, die traditionell der Philosophie vorbehalten waren, etwa die Frage der Freiheit und die Ethik. Doch selbst auf den Gebieten, wo man hätte erwarten können, daß die Wissenschaft erfolgreich sein würde, war sie nach Ansicht Bergsons äußerst beschränkt. Unser Naturverständnis solle sich, so Bergson, nicht auf die Objekte stützen, die wegen ihres repetitiven zeitlichen Verhaltens von der Wissenschaft bevorzugt werden, sondern auf unsere subjektive Erfahrung, die in erster Linie in der Erfahrung der Dauer und der Kreativität bestehe. Die mit unserer Erfahrung der Dauer verbundene »erlebte Zeit« bringt uns Bergson zufolge nicht in einen Gegensatz zu einer Welt, die zeitlich invarianten Gesetzen unterworfen ist. Sie ist vielmehr Ausdruck der Tatsache, daß wir in die Natur eingebettet, daß wir ein Teil der Wirklichkeit sind. Bergson wollte mit der *Schöpferischen Entwicklung* unter anderem »zeigen, daß das Ganze von gleicher Natur ist wie das Selbst und daß man es durch eine noch umfassendere Ergründung seiner selbst erfaßt«[2].

Mit dem Vorhaben, ein Verfahren darzustellen, das es mit der naturwissenschaftlichen Erkenntnismethode aufnehmen könnte, ist Bergson gescheitert. Das »Gefühl, das wir von unserer Entwicklung, von der Entwicklung aller Dinge in der reinen Dauer besitzen«[3], hat nicht zu einer Forschungsmethode geführt, die es mit jener der Wissenschaft aufnehmen könnte. Doch gerade weil wir nicht mehr an die von Bergson befürwortete Lösung glauben können, beherrscht das von Bergson aufgeworfene Problem dieses Buch.

Im Unterschied zu Bergson glauben wir nicht, daß wir eine »andere« Wissenschaft brauchen, um die kreative Entwicklung der Natur zu verstehen. Wir sind jedoch überzeugt, daß die Wissenschaft erst am Anfang steht und daß die Physik gerade im Begriff ist, Beschränkungen zu überwinden, die ihrer Frühgeschichte zuzuschreiben sind. Ihr Beginn fiel zusammen mit einigen wunderbaren Entdeckungen: Die Natur schien die Fragen, welche die großen Begründer der modernen Wissenschaft wie etwa Galilei oder Newton an sie richteten, zu beantworten, und bestätigte dadurch, daß ihr Ansatz richtig war. Inzwischen können wir jedoch besser verstehen, wie stark diese großen Erfolge vom spezifischen Charakter unserer Umwelt abhingen. Nehmen wir zum Beispiel die Bewegung der Erde um die Sonne. Die Geschichte unserer Physik wurde entscheidend dadurch geprägt, daß die Wechselwirkungen zwischen der Erde, dem Mond und den übrigen Planeten bei der Erforschung des Umlaufs der Erde um die Sonne in erster Näherung vernachlässigt werden können. Andernfalls hätte man die Erdbahn nicht als ein einfaches Zweikörpersystem (Erde–Sonne) beschreiben können, und der Himmel hätte uns nicht das Schauspiel regelmäßiger periodischer Bewegungen geboten. Vielleicht hätte man, um die Komplexität der Planetenbewegungen zu berücksichtigen, einen probabilistischen Ansatz vorgeschlagen. Vielleicht wäre auch früher die Idee der *instabilen* dynamischen Systeme aufgetaucht, die jetzt zentrale Bedeutung erlangt hat. Wir verdanken die großen theoretischen Visionen der klassischen Physik nicht allein den kulturellen Grundüberzeugungen, sondern auch der Tatsache, daß es in unserer komplexen Umwelt bestimmte einfache Sachverhalte gibt, die von selbst ins Auge springen, unsere Aufmerksamkeit fesseln und dazu anregen, eine Sprache zu entwickeln, in der ihr Verhalten angemessen beschrieben werden kann.

Heute ist die Physik imstande, sich von den spezifischen Bedingungen ihrer Entstehung zu lösen. Wir können die Einfachheit der Planetenbewegung bewundern, aber wir haben gelernt, ihren ungewöhnlichen, beinahe singulären Charakter einzuordnen. Diesen Wandel unserer Betrachtungsweise möchten wir im vorliegenden Buch beschreiben, um dem Leser das Gefühl zu vermitteln, daß unsere Gegenwart uns einen privilegierten Ausblick bietet. Die Physik steht heute an einer Schwelle: Sie erschließt uns eine Welt voller neuer Fragen, und zugleich läßt sie uns ihre eigenen Anfänge besser verstehen.

Nicht zufällig haben gerade zu Beginn des 20. Jahrhunderts Bergson und andere Philosophen die Zeit zu ihrem entscheidenden Problem gemacht. Man erkannte damals, daß das Werden eine für das Verstehen der Natur grundlegende Kategorie ist; die Erde und das Leben, aber auch alle Erscheinungen der menschlichen Kultur – Sprache,

Religion, politische Institutionen, ethische und ästhetische Urteile – sind Produkte der Geschichte.

Im *Dialog mit der Natur*[4] haben wir die Geschichte der Physik im 19. Jahrhundert unter dem Blickwinkel des Zeitproblems geschildert und gezeigt, wie in der zweiten Jahrhunderthälfte zwei Konzeptionen entstanden, die entgegengesetzten Anschauungen von der physikalischen Welt entsprachen. Die eine ging auf die im 17. und 18. Jahrhundert entstandene Dynamik, die andere auf die Thermodynamik des 19. Jahrhunderts zurück. Aus der Sicht der Dynamik ist die Zeit frei von jeder Konnotation des Werdens. So wie das ideale, reibungslose Pendel endlos um seine Gleichgewichtslage schwingt, bekräftigt die von den Gesetzen der Dynamik beherrschte Welt ihre eigene, unwandelbare Identität. Das thermodynamische Universum schließt dagegen ein Werden ein, das allerdings ein begrenztes, negatives Werden ist: Das Universum befindet sich in einem fortschreitenden Verfallsprozeß, der zu seinem Wärmetod führt, zur Nivellierung aller Unterschiede. Zwei Doktrinen prallten also aufeinander: die zeitlich reversiblen Gesetze der Dynamik und der Zweite Hauptsatz der Thermodynamik, der mit der irreversiblen Entwicklung zum Gleichgewicht verbunden ist.

Für den Wiener Physiker Ludwig Boltzmann war das 19. Jahrhundert »das Jahrhundert Darwins«, das Jahrhundert desjenigen, der das Leben als Ergebnis einer nie endenden Evolution darstellte und damit das Werden in den Mittelpunkt unseres Naturverständnisses rückte. Allerdings steht der Name Boltzmanns für die meisten Physiker von heute für das Gegenteil dessen, was Darwin vertrat; sie meinen, er habe gezeigt, daß die Irreversibilität nur eine »Illusion« ist. Es war die Tragödie Boltzmanns, daß er in der Physik versuchte, was Darwin in der Biologie gelungen war – und daß er dabei in eine Sackgasse geriet.

Es springt sofort ins Auge, daß diese beiden Giganten des 19. Jahrhunderts einen ganz ähnlichen Ansatz verfolgen.

Darwin hatte gezeigt, daß man, indem man statt der Individuen *Populationen* untersucht, verstehen lernt, wie die individuelle Variabilität, der Selektion unterworfen, eine »Drift« erzeugt. Im gleichen Sinne behauptete Boltzmann, daß man den Zweiten Hauptsatz der Thermodynamik und die von ihm vorhergesagte spontane Entropiezunahme nur verstehen könne, wenn man nicht von einzelnen dynamischen Trajektorien, sondern von einer großen Teilchenzahl ausgeht. Die Entropiezunahme entspräche der globalen »Drift«, die sich aus den zahlreichen Stößen zwischen Teilchen ergibt.

Boltzmann trug 1872 sein berühmtes »$\mathcal{H}$-Theorem« vor, auf das wir wiederholt zurückkommen werden. Die $\mathcal{H}$-Funktion drückt die Wirkung der Stöße aus, die in jedem Augenblick die Geschwindigkeiten der Teilchen eines Systems modifizieren. Das Theorem besagt, daß die Stöße die Verteilung der Teilchengeschwindigkeiten ihrem Gleichgewichtswert (der sogenannten Maxwell-Boltzmann-Verteilung) näherbringt. Während dieser Annäherung an das Gleichgewicht nimmt die Boltzmannsche $\mathcal{H}$-Funktion ab und erreicht ihr Minimum im Gleichgewicht; bei diesem Minimalwert wird die Geschwindigkeitsverteilung der Teilchen durch weitere Stöße nicht mehr verändert. Die Stöße zwischen den Teilchen sind für Boltzmann also jener Mechanismus, der das System zum Gleichgewicht führt.

Im 3. Kapitel werden wir auf den scheinbaren Widerspruch zwischen den Ansätzen Darwins und Boltzmanns zurückkommen. Beide untersuchten statt Individuen Populationen beziehungsweise große Teilchenzahlen und zeigten, daß »kleine« Variationen (Variabilität der Individuen, mikroskopische Stöße) über einen größeren Zeitraum eine Evolution auf kollektiver Ebene hervorrufen können. Aber während Darwin das Auftreten neuer Arten zu erklären versuchte, beschrieb Boltzmann eine Entwicklung zum Gleichgewicht und zur Gleichförmigkeit. Ein wichtiger Punkt, den wir hier hervorheben möchten, ist jedoch das unterschiedliche Schicksal, das beiden Theorien beschieden war. Darwins Evolutionstheorie sollte sich nach erbitterten Kontroversen durchsetzen. Sie ist noch heute Grundlage unseres Verständnisses der Entwicklung der Lebewesen. Boltzmanns Interpretation der Irreversibilität hielt dagegen der Kritik nicht stand, und Boltzmann mußte schließlich einen Rückzieher machen. Er konnte die Möglichkeit »antithermodynamischer« Entwicklungen, bei denen die Entropie abnimmt und Unterschiede nicht nivelliert werden, sondern spontan entstehen, nicht ausschließen.

2. Die Leugnung der Zeit

Damit stand Boltzmann vor einer dramatischen Situation. Er war überzeugt, daß man die Natur nur verstehen könne, wenn man evolutionäre Erscheinungen berücksichtigt, und daß die durch den Zweiten Hauptsatz der Thermodynamik gegebene Irreversibilität ein entscheidender Schritt in diese Richtung sei. Zugleich war er aber der großen Tradition der Dynamik verpflichtet, und er erkannte, daß diese Tradition seinem Bemühen, dem »Pfeil der Zeit« eine mikroskopische Bedeutung zu geben, im Wege stand.

Das Drama Boltzmanns, der zwischen seiner Überzeugung, die Physik müsse das Werden verstehen, statt es zu leugnen, und seiner Treue zur physikalischen Tradition wählen mußte, erscheint uns im Rückblick besonders schmerzlich. Einerseits erscheint es heute geradezu evident, daß er mit seinem Bemühen scheitern mußte; jeder Physikstudent weiß heute, daß eine Trajektorie reversibel ist, daß sie keine Unterscheidung zwischen Zukunft und Vergangenheit erlaubt. Die Irreversibilität mit reversiblen Prozessen, und seien sie noch so zahlreich, erklären zu wollen ist also, wie Poincaré[5] bemerkte, ein Fehler, den schon die Logik verbietet. Andererseits hatte Boltzmann die richtige Intuition. Es besteht nämlich, wie wir noch sehen werden, ein wesentlicher Unterschied zwischen individuellen stabilen Trajektorien und Systemen kollidierender Teilchen, die nach der schon in der Einleitung erwähnten Einteilung Poincarés nichtintegrable Systeme darstellen. Es ist ein betrübliches Paradox der Wissenschaftsgeschichte, daß Poincaré, dessen Werk für die moderne Chaostheorie von grundlegender Bedeutung ist, sich entschieden gegen Boltzmanns Auffassung aussprach. Doch die Zeit war noch nicht reif. Um die revolutionären Vorstellungen Boltzmanns anerkennen zu können, mußte sich erst unser Verständnis der Dynamik grundlegend wandeln, und diesen Wandel konnte Boltzmann nicht vorhersehen.

Mit dem Scheitern Boltzmanns wurden die radikalen Implikationen der klassischen Dynamik, insbesondere die Leugnung des Pfeils der Zeit, erstmals deutlich. Warum mußten nach der Schaffung der Dynamik fast 200 Jahre vergehen, bis man zu dieser Erkenntnis gelangte? Wie konnte Boltzmann mit der Mehrheit seiner Zeitgenossen hoffen, der Irreversibilität eine dynamische Bedeutung zu geben? Warum haben sie nicht von Anfang an »gesehen«, was uns heute so evident erscheint, daß nämlich die grundlegenden Gesetze der klassischen Dynamik die zeitliche Reversibilität einschließen, also die vollkommene Äquivalenz zwischen beiden Richtungen der Zeit – der vorwärtsgerichteten, die unsere Zukunft festlegt, und der entgegengesetzten, die wir uns vorstellen, wenn wir von einem System sagen, daß es in seinen Anfangszustand »zurückkehrt«? Tatsächlich wurde ja von der klassischen Dynamik, die seit dem 17. Jahrhundert das Paradigma der Wissenschaft schlechthin war, implizit die radikale Leugnung der Zeit postuliert. Es ist ein Beleg für den paradoxen Charakter dieser Leugnung, daß sie bis zu Boltzmanns Scheitern nie explizit ausgedrückt wurde. Keiner der großen Philosophen, sei es nun Leibniz oder Kant, die die Dynamik als Muster menschlicher Rationalität anerkannten, hatte je gewagt, diese Implikation auszusprechen oder auch nur ins Auge zu fassen.

Es muß betont werden, daß die Idee der dynamischen Reversibilität etwas nahezu Unvorstellbares ist. Seit jeher haben die Frage der Zeit und die Frage, was sie bewahrt, schafft und zerstört, die Menschen beschäftigt. Gewiß haben mystische Lehren geleugnet, daß diese wandelbare und ungewisse Welt Realität besitze, und eine Existenz, die es erlauben würde, dem Leiden des Daseins zu entrinnen, als Ideal hingestellt. Auch war die Vorstellung von einer zirkulären Zeit, die periodisch zu ihren Ursprüngen zurückkehrt, in der Vergangenheit sehr verbreitet. Die Mystiker haben jedoch nie behauptet, positive Naturerkenntnis zu lehren, und Vorstellungen von einer »ewigen Wiederkehr«, inspiriert vom Rhythmus der Jahreszeiten oder der Abfolge menschlicher Generationen, sind offenkundig von einem Pfeil der Zeit geprägt. Bis zum Ende des 19. Jahrhunderts hat es in der ganzen Menschheitsgeschichte kein Gedankengebäude gegeben, das behauptet hätte, es gebe eine Äquivalenz zwischen einer Pflanze, die wächst, blüht und verwelkt, und einer Pflanze, die wieder auflebt, sich verjüngt und wieder zu dem ursprünglichen Samen wird, oder zwischen einem Menschen, der heranreift und lernt, und einem Menschen, der im Laufe der Zeit wieder Kind, dann Embryo und schließlich zu einer einzelnen Zelle wird.

Das Gedankenschema, dank dessen die Dynamik die Zeit in eine mathematische Beschreibung einbeziehen konnte, implizierte dagegen die Äquivalenz von Vergangenheit und Zukunft. Das Prinzip, von dem Galilei, Huyghens und ihre Nachfolger sich leiten ließen und das seine explizite Formulierung durch Leibniz erfuhr, ist der »Satz vom zureichenden Grunde«, wie Leibniz ihn nannte[6]. Es besagt, daß in der Natur die »volle« Ursache einer Veränderung ihrer »ganzen« Wirkung äquivalent sei.

Der Satz vom zureichenden Grunde war bis hin zu Boltzmann immer als eine deterministische Verknüpfung zwischen Ursache und Wirkung verstanden worden. Er behauptet jedoch sehr viel mehr. Wir kennen eine Vielzahl von deterministischen kausalen Beschreibungen, die nicht diesem Satz entsprechen. So beschreibt das »Fouriersche Gesetz« den durch einen Temperaturunterschied bedingten Prozeß der Wärmeleitung. Bei diesem Prozeß wird jedoch – wie bei allen Entropie erzeugenden Prozessen – nicht eine »Ursache« in Gestalt ihrer Wirkungen erhalten, sondern diese Ursache verschwindet immer mehr. Wenn nämlich der Prozeß der Wärmeleitung beendet ist, hat sich der Temperaturunterschied nach und nach ausgeglichen, ohne jedoch eine Wirkung erzeugt zu haben, die ihm äquivalent wäre, die also genutzt werden könnte, um den ursprünglichen Temperaturunterschied wiederherzustellen.

Die Äquivalenz zwischen Ursache und Wirkung, wie sie der Satz vom zureichenden Grunde behauptet, ist für die Dynamik keine Nebensächlichkeit, sondern ihr Ausgangspunkt. Als er das erste Gesetz der modernen Physik, das Fallgesetz, formulierte, postulierte Galilei, daß ein Körper, der ohne Reibung eine schiefe Ebene hinabrollt, gerade so viel Geschwindigkeit gewinnt, um wieder seine ursprüngliche Höhe zu erreichen. Was verlorengeht, die Höhe, wird durch das, was gewonnen wird, die Geschwindigkeit, voll ausgeglichen. Huyghens verallgemeinerte diese Überlegung und bestimmte die beiden Glieder der Äquivalenz: Das, was ein Körper bei seinem Fall gewinnt, wird gemessen durch das Quadrat der Geschwindigkeit, die er erlangt (wir schreiben heute $mgh = \frac{mv^2}{2}$, wobei *m* die Masse des Körpers, *h* die verlorene beziehungsweise gewonnene Höhe, *g* die Gravitationsbeschleunigung und *v* die gewonnene beziehungsweise verlorene Geschwindigkeit ist).

Die Geschichte der Dynamik hat – von Galilei bis hin zu Lagrange und Hamilton – die Auffassung von Leibniz bestätigt, daß die Äquivalenz von »Ursachen« und »Wirkungen« der Ariadnefaden der Dynamik sei. Erst mit Loschmidts Einwand gegen Boltzmanns $\mathcal{H}$-Theorem, seinem »Paradox der Geschwindigkeitsumkehr«, wurde explizit anerkannt, daß diese Äquivalenz die Äquivalenz von Vergangenheit und

Zukunft impliziert. Loschmidt argumentiert folgendermaßen: Stellen wir uns vor, die Geschwindigkeiten aller Teilchen eines Gases würden zu einem gegebenen Zeitpunkt umgekehrt. So wie der Körper auf Galileis schiefer Ebene, die er herabgerollt ist, wieder hinaufrollt und seine ursprüngliche Höhe wiedergewinnt, wird auch die Entwicklung des Gases bewirken, daß jedes Molekül sich in genau entgegengesetzter Richtung bewegt, und das Gas wird in seinen Ausgangszustand zurückkehren. Stöße werden erneut das hervorbringen, was durch Stöße zerstört wurde. Loschmidts Einwand zufolge kann die durch Stöße hervorgerufene Entwicklung nicht wirklich irreversibel sein. Es besteht kein wesentlicher Unterschied zwischen einem Gas, das sich auf das Gleichgewicht hin entwickelt, und einem Gas, das sich vom Gleichgewicht fort entwickelt.

Boltzmann hatte die thermodynamische Irreversibilität dynamisch erklären wollen, aber die Grundprinzipien der Dynamik verurteilten sein Bemühen zum Scheitern, da den Entwicklungen, bei denen die Entropie zunimmt, kein Vorzug eingeräumt werden konnte. Der Dynamik zufolge besitzt jeder mit einer Entropiezunahme verbundene Prozeß als Gegenstück einen äquivalenten, umgekehrten Prozeß, bei dem die Entropie abnimmt. Der einzige Unterschied hängt demnach, wie wir noch sehen werden, von den Anfangsbedingungen ab. Die Dynamik erklärt jedoch nicht, warum wir in der Natur wie in unseren Labors nur solche Anfangsbedingungen antreffen beziehungsweise herstellen können, die zum Gleichgewicht hinführen.

Heute haben die Argumente, die Boltzmanns Bemühen scheitern ließen, an Gewicht verloren. Was ist eine »volle« Ursache, was ist eine »ganze« Wirkung, wenn wir es mit instabilen, chaotischen Systemen zu tun haben? Bei chaotischen dynamischen Systemen versagt der Begriff der Trajektorie nach einer charakteristischen Zeit (der Ljapunow-Zeit, auf die wir noch öfter zurückkommen werden). Was besagt dann noch Loschmidts Geschwindigkeitsumkehr? Mit dem bloßen Hinweis auf diese Schwierigkeit ist es jedoch nicht getan. Das klassische Schema muß modifiziert werden, um den neuen Erscheinungen des dynamischen Chaos Rechnung zu tragen.

Zuvor aber noch einmal zu der Situation, vor der Boltzmann stand. Er mußte sich entscheiden zwischen der Hoffnung, die Physik für die Zeitlichkeit zu öffnen, und seiner Loyalität gegenüber der klassischen Dynamik. Er wählte die Dynamik. Er ersetzte seine mikroskopische Interpretation des Zweiten Hauptsatzes durch eine *probabilistische* Interpretation, die mit unseren mangelhaften Kenntnissen zusammenhängt.

Bei komplexen Systemen, die aus einer riesigen Zahl von Molekülen (in der Größenordnung von 10^{23}) bestehen, sei es ein Gas oder eine Flüssigkeit, können wir natürlich nicht das Verhalten jedes einzelnen Moleküls berechnen. Boltzmann machte deshalb die Annahme, daß alle mikroskopischen Zustände solcher Systeme, so wie sie von der Dynamik beschrieben werden, die gleiche A-priori-Wahrscheinlichkeit besitzen. Der Unterschied würde dann abhängen von dem *makroskopischen* Zustand, der durch Temperatur, Druck und andere makroskopische Parameter bestimmt wird. Boltzmann definierte die Wahrscheinlichkeit eines makroskopischen Zustands durch die Anzahl der mikroskopischen Zustände, die ihn entstehen lassen.

Stellen wir uns zum Beispiel einen Behälter vor, der in zwei gleich große, miteinander verbundene Abteilungen aufgeteilt ist und eine große Zahl, nennen wir sie *N*, von Molekülen enthält. Wir können nicht den Weg jedes einzelnen Moleküls verfolgen. Indem wir eine makroskopische Größe wie den Druck in einer Abteilung messen, können wir lediglich die Anzahl der in ihr vorhandenen Moleküle ermitteln. Wir können nun einen »Ausgangszustand«, wie die Physiker zu sagen pflegen, herstellen, in dem eine der beiden Abteilungen nahezu leer ist. Was werden wir wohl beobachten? Mit der Zeit wird die leere Abteilung von Molekülen bevölkert werden. Tatsächlich entspricht die große Mehrheit aller möglichen mikroskopischen Zustände einer makroskopischen Situation, in der beide Abteilungen die gleiche Anzahl von Molekülen enthalten. Dieser Zustand entspricht dem »Gleichgewicht«, bei dem der Druck in beiden Abteilungen gleich ist. Ist dieser Zustand erreicht, werden die Moleküle weiterhin von der einen Abteilung zur anderen übergehen, aber im Mittel werden ebenso viele Moleküle nach links wie nach rechts wandern. Bei geringfügigen kurzen Fluktuationen wird also die Anzahl der Moleküle in beiden Abteilungen zeitlich konstant und das Gleichgewicht erhalten bleiben. Eine spontane langfristige Abweichung vom Gleichgewicht ist nicht unmöglich, doch wäre sie, wie Boltzmann folgerte, »unwahrscheinlich«.

Boltzmanns wahrscheinlichkeitstheoretische Interpretation führt die von uns beobachtete Irreversibilität auf den »makroskopischen« Charakter unserer Beobachtungen zurück: Wer die Bewegung jedes einzelnen Moleküls verfolgen könnte, würde ein zeitlich reversibles System sehen, in dem jedes Molekül den Gesetzen der Newtonschen Physik gehorcht. Da wir nur die Anzahl der Moleküle in jeder Abteilung messen können, kommen wir zu dem Schluß, daß sich das System zum Gleichgewicht hin entwickelt. Nach dieser Interpretation ist die Irreversibilität kein grundlegendes Naturgesetz, sondern lediglich eine Folge des makroskopischen Charakters unserer Beobachtung.

Zermelo trug nach Loschmidts Umkehreinwand einen weiteren Einwand vor. Er führte ein von Poincaré formuliertes Theorem an, das »Wiederkehrtheorem«, dem zufolge wir, wenn wir nur genügend lange warten, die spontane Rückkehr eines dynamischen Systems in einen Zustand beobachten sollten, der dem Ausgangszustand beliebig nahe kommt. Der Physiker Smoluchowski folgerte daraus: »Würden wir unsere Beobachtung unendlich lange fortsetzen, so würden alle Prozesse reversibel erscheinen.«[7] Für Boltzmanns Beispiel folgt daraus unmittelbar, daß die anfangs leere Abteilung nach hinreichend langer Zeit wieder leer sein wird. Die Irreversibilität ist nur ein »Schein« und ohne fundamentale Bedeutung.

Boltzmanns Interpretation hatte eine weitere Konsequenz: Die Irreversibilität der Prozesse, die wir ringsum beobachten, bedeutet, daß sich die Welt nicht in ihrem »wahrscheinlichsten« Zustand befindet, der dem berühmten »Wärmetod« entspräche, bei dem alle Unterschiede erzeugenden Prozesse zum Stillstand gekommen wären. Wir leben in einer »unwahrscheinlichen« Welt, und der »Pfeil der Zeit«, die Unterscheidung zwischen Vergangenheit und Zukunft, ist einfach die Konsequenz dieser Tatsache. Das, was wir »Natur« nennen, die Gesamtheit der miteinander verflochtenen Prozesse, die mit uns die gleiche Zukunft teilen, von der brennenden Sonne bis hin zu der wachsenden Pflanze und dem fliegenden Vogel, sind nur Erscheinungsformen eines und desselben Prozesses: des fortschreitenden Verschwindens der anfänglichen Abweichung vom Gleichgewicht.

Aber wie ist diese Abweichung vom Gleichgewicht, der die Natur und wir selbst die Existenz verdanken, zu erklären? Boltzmann formulierte das Problem folgendermaßen: »Man hat die Wahl zwischen zweierlei Vorstellungen. Man kann [...] annehmen, daß sich das gesamte Universum gegenwärtig in einem sehr unwahrscheinlichen Zustand befindet. Man kann sich aber auch die Äonen, innerhalb derer wieder unwahrscheinliche Zustände eintreten, winzig gegen die Dauer, die Siriusfernen winzig gegen die Dimensionen des Universums denken. Es müssen dann im Universum, das sonst überall im Wärmegleichgewicht, also tot ist, hier und da solche verhältnismäßig kleine Bezirke von der Ausdehnung unseres Sternenraums (nennen wir sie Einzelwelten) vorkommen, die während der verhältnismäßig kurzen Zeit von Äonen erheblich vom Wärmegleichgewicht abweichen, und zwar ebenso häufig solche, in denen die Zustandswahrscheinlichkeit [und daher die Entropie] [...]

zu[nimmt wie solche, in denen sie] abnimmt. Für das Universum sind also beide Richtungen der Zeit ununterscheidbar, wie es im Raum kein oben oder unten gibt. [...] Diese Methode scheint mir die einzige, wonach man den 2. Hauptsatz, den Wärmetod jeder Einzelwelt, ohne eine einseitige Änderung des ganzen Universums von einem bestimmten Anfangs- gegen einen schließlichen Endzustand denken kann.«[8]

Das war Boltzmanns Schlußfolgerung. Sein Versuch, die Irreversibilität mit Hilfe der fundamentalen Gesetze zu erklären, war gescheitert. Der Zeitpfeil wurde zu einer kontingenten Tatsache und die Welt, die wir beobachten, reduziert auf eine lokale Fluktuation in einem Universum, das als Ganzes keine Richtung der Zeit kennt. In anderen Gebieten dieses Universums würde die Entropie abnehmen, und man würde keine Entwicklung zum Gleichgewicht hin beobachten, weil die Regel gelten würde, daß mit der Zeit spontan Temperatur- und Druckunterschiede entstehen.

Man kann sich diese anderen, vom Gleichgewicht fortgetriebenen Welten kaum vorstellen: Was dort die Norm wäre, käme für uns einem »Wunder« gleich. Eine Flüssigkeit würde an einer Stelle gefrieren, an einer anderen zu sieden beginnen und so weiter[9]. Und das ist nicht die einzige Schwierigkeit. Wie sollen wir erklären, daß wir in unserer Welt nie einem solchen Verhalten begegnen, das einem Pfeil der Zeit entspricht, der dem unseren entgegengesetzt wäre? Die astronomische Beobachtung beschränkte sich Ende des 19. Jahrhunderts auf unsere eigene Galaxie. Inzwischen umfaßt die beobachtbare Welt Milliarden von Galaxien, und sie alle scheinen den Pfeil der Zeit mit uns zu teilen. Warum ist das gesamte beobachtbare Universum von einem einzigen Pfeil der Zeit gekennzeichnet?

3. Planck und die schwarze Strahlung

Boltzmanns Auffassung vom Pfeil der Zeit stützte sich auf Situationen, bei denen im Sinne der kinetischen Theorie Stöße zwischen Molekülen die Geschwindigkeitsverteilung der ganzen Population verändern. Konnte man vielleicht durch die Betrachtung von anderen Arten von Situationen zu einem befriedigenderen Ausgangspunkt kommen? In dieser Hoffnung wandte sich Max Planck dem Problem der »schwarzen Strahlung« zu.

Die schwarze Strahlung (oder Strahlung eines schwarzen Körpers) hatte seit den Arbeiten Kirchhoffs um die Mitte des 19. Jahrhunderts große Aufmerksamkeit auf sich gezogen. Wenn Strahlung in einen Hohlraum mit einer absorbierenden inneren Oberfläche eindringt, wird sie umgewandelt in eine Strahlung mit universalen Eigenschaften, die nicht von der Beschaffenheit des absorbierenden Materials abhängt. Wir können diese Strahlung beobachten, indem wir die Spektralverteilung (die Intensität als Funktion der Wellenlänge bzw. Frequenz) der Strahlung messen, die durch eine kleine Öffnung aus dem Hohlraum austritt. Die Intensität der jeweiligen Frequenz hängt dann nur von der Temperatur des Hohlraums ab. Man bezeichnete diese Strahlung als »Schwarzkörper-Strahlung« oder kurz »schwarze Strahlung«, weil schwarze Objekte verwendet wurden, die alle Farben beziehungsweise Frequenzen der Strahlung absorbieren.

Die Umwandlung einer einfallenden Strahlung mit einer wohldefinierten Spektralverteilung in eine »schwarze« Strahlung ist, auch wenn man es nicht auf den ersten Blick erkennt, durchaus vergleichbar mit der irreversiblen Entwicklung zur Maxwell-Boltzmannschen Gleichgewichtsverteilung der Geschwindigkeiten. In beiden Fällen vergißt die Entwicklung die Anfangsbedingungen, hier die Spektralverteilung der einfallenden Strahlung. Die schwarze Strahlung ist jedoch noch universaler als die Maxwell-Boltzmannsche Verteilung: In der Gleichung für die schwarze Strahlung kommen außer der Temperatur nur Universalkonstanten vor, die Lichtgeschwindigkeit *c* und die Boltzmann-Konstante *k*.

Die schwarze Strahlung ist heute von größtem Interesse. Die von der Sonne emittierte Strahlung läßt sich recht genau beschreiben als eine schwarze Strahlung von etwa 6000 K. Am interessantesten ist jedoch die kosmische Hintergrundstrahlung, eine schwarze Strahlung von etwa 3 K, die unmittelbar nach dem Urknall entstanden ist und sich seitdem ständig abgekühlt hat. Wir werden auf diesen Überrest eines »heißen« Urereignisses des öfteren zurückkommen.

Bei der Umwandlung von Strahlung in schwarze Strahlung handelt es sich, genau wie bei der Entwicklung kollidierender Teilchen hin zum Gleichgewicht, um einen irreversiblen Prozeß, nur geht es hier um die Wechselwirkung zwischen Materie und Strahlung. Die Entstehung von schwarzer Strahlung ist somit ein spektakuläres Beispiel eines Vorgangs, der die Entropie zunehmen läßt, und aus diesem Grund weckte sie Plancks Interesse.

Planck hatte sich zuvor hauptsächlich mit der Thermodynamik befaßt, besonders mit irreversiblen Prozessen. Nach seiner Überzeugung war der Zweite Hauptsatz der Thermodynamik ebenso universal und objektiv wie der Erste, der die Erhaltung der Energie postuliert. Er prägte sogar den Ausdruck »natürliche Prozesse« für solche Prozesse, die die Entropie steigern, im Gegensatz zu den »neutralen Prozessen«, die die Ausnahme bilden und, wie etwa die dynamische Bewegung, die Energie erhalten. Nach dem Rückzug Boltzmanns war, wie T. Kuhn hervorhebt[10], Planck der einzige Physiker des 19. Jahrhunderts, der sowohl von einem mechanischen Weltbild als auch vom objektiven Charakter des Zweiten Hauptsatzes überzeugt war. Die grundlegenden Naturprozesse waren für Planck irreversibel, und er wies alle Versuche, die Irreversibilität mit menschlichen Beschränkungen in Verbindung zu bringen, zurück: »Es wäre absurd, anzunehmen, daß die Geltung des Zweiten Hauptsatzes in irgendeiner Weise von der Geschicklichkeit des Physikers oder Chemikers beim Beobachten oder Experimentieren abhängt. Das Wesen des Zweiten Hauptsatzes hat nichts mit dem Experiment zu tun: Er behauptet kurz und bündig, daß es in der Natur eine Größe gibt, die sich bei natürlichen Prozessen immer im gleichen Sinne verändert. Die in dieser allgemeinen Form ausgedrückte Behauptung mag richtig oder unrichtig sein, und ob nun das eine oder das andere zutrifft, es ändert sich daran nichts, gleichgültig, ob es denkende und messende Wesen auf der Erde gibt oder nicht, oder ob sie, angenommen, es gibt sie, imstande sind, die Details physikalischer und chemischer Prozesse um eine, um zwei oder um hundert Dezimalstellen genauer zu messen als wir. Falls der Hauptsatz eine Beschränkung aufweist, muß sie auf demselben Gebiet gesucht werden wie seine Grundidee, in der beobachteten Natur, nicht beim Beobachter.«[11]

Angesichts seiner Einstellung lag es nahe, daß Planck sich für die mikroskopische Interpretation des Zweiten Hauptsatzes engagierte. Während Boltzmann vor Zermelos Einwand, der den Zweiten Hauptsatz als unvereinbar mit dem Wiederkehrtheorem von Poincaré bezeichnete, zurückwich, machte Planck sich seine Sache zu eigen. 1897 schrieb er in einem Brief an seinen Freund Leo Graetz, er stimme mit Zermelo überein, daß es aussichtslos sei, physikalische Effekte mit wohldefinierten Werten wie die Viskosität aus Wahrscheinlichkeitsüberlegungen ableiten zu wollen, und fuhr dann fort: »Zermelo geht jedoch weiter, und ich denke, zu Unrecht. Er glaubt, der Zweite Hauptsatz sei, als Naturgesetz aufgefaßt, mit einem mechanischen Bild der Natur nicht in Einklang zu bringen. Das Problem wird jedoch ein völlig anderes, wenn man nicht diskrete Massenpunkte wie die Moleküle der Gastheorie betrachtet, sondern kontinuierliche Materie. Ich glaube und hoffe, daß auf diesem Weg eine strenge mechanische Deutung für den Zweiten Hauptsatz gefunden werden kann, aber das Problem ist natürlich äußerst schwierig und zeitraubend.«[12]

Nach Plancks Meinung war Boltzmann also gescheitert, weil er ein dynamisches System betrachtet hatte, das aus einer diskreten Anzahl von Teilchen besteht. Er beschloß, die bahnbrechenden Ideen Boltzmanns zu übernehmen, sie aber auf die Wechselwirkung zwischen Teilchen und einem Feld anzuwenden. Was geschieht beispielsweise, wenn ein Teilchen von einer einfallenden Welle angeregt wird und seinerseits eine Welle aussendet? Könnte durch diesen Prozeß nicht eher Irreversibilität entstehen als durch Boltzmanns Stöße? Zwischen einfallenden und ausgehenden Wellen besteht tatsächlich ein auffallender qualitativer Unterschied. Wir würden, hat Popper argumentiert[13], wenn wir in einem Film sehen, daß konzentrische Wellen im Wasser auf einen Punkt zulaufen, an dem ein Stein herausspringt, niemals glauben, daß der Film einen natürlichen Prozeß zeigt.

Interessanterweise wandte sich Boltzmann gegen Plancks Auffassung und machte darauf aufmerksam, daß die gegen ihn selbst vorgetragenen Argumente sich auch gegen Planck verwenden ließen, sofern er das Feld und die Teilchen als ein einheitliches dynamisches System auffasse. Aus der Sicht der klassischen Feldtheorie, in der die grundlegenden Gleichungen zeitlich symmetrisch sind, hatte er recht. Die Äquivalenz zwischen dem, was die Physiker »retardierte« Wellen nennen, die beispielsweise entstehen, wenn ein Stein in einen Teich geworfen wird, und »avancierten« Wellen, die auf den Stein zulaufen und ihn aus dem Wasser schleudern, hat dennoch immer wieder Generationen von Wissenschaftlern irritiert. Gewiß sind beide Arten von Wellen Lösungen der Wellengleichung, aber in der Natur spielen sie offenkundig nicht die gleiche Rolle. Dieses Argument führte Ritz 1909 gegen Einsteins probabilistische Deutung der Irreversibilität an. Selbst Pauli sah sich veranlaßt, über die avancierten Wellen zu schreiben: »Sie sind Lösungen derselben Differentialgleichungen, aber dennoch in der Natur nicht einfach zu realisieren. Im unendlichen Raum bevorzugt die Natur die erste Menge von Lösungen (nämlich retardierte Wellen).«[14] Dies ist ein Eingeständnis, daß die Gesetze der Elektrodynamik nicht vollständig sind. Das Problem, der »Vorliebe« der Natur für die retardierten Wellen einen objektiven Ausdruck zu geben, war genau das, was Planck ursprünglich wollte. Auch in unserem Ansatz spielt es eine wesentliche Rolle.

Planck befaßte sich vier Jahre lang, von 1896 bis 1900, mit den Wechselwirkungen zwischen Materie und Licht. Er gelangte schließlich zu der Überzeugung, daß Boltzmann recht hatte, mußte aber seinerseits einen Rückzieher machen. Seine Untersuchung über die schwarze Strahlung hatte aber, wie man weiß, eine unerwartete Konsequenz. Durch sie entdeckte Planck die nach ihm benannte Universalkonstante und die Quantelung der Strahlung, womit er einem neuen Abschnitt in der Geschichte der Physik, der Quantenmechanik, den Weg ebnete.

Sowohl die kinetischen Systeme Boltzmanns als auch Plancks System der Wechselwirkung zwischen Materie und Strahlung führen, wie wir im III. und IV. Teil sehen werden, zur Brechung der zeitlichen Symmetrie und zu einer irreduziblen probabilistischen Beschreibung. Der Zusammenprall der beiden von der Physik hervorgebrachten rivalisierenden Zeitkonzeptionen führte zu Beginn dieses Jahrhunderts zum Unvermögen Boltzmanns und Plancks, die Dynamik einerseits mit der Vorstellung der Entwicklung hin zum thermodynamischen Gleichgewicht andererseits in Einklang zu bringen.

Boltzmanns Drama ist von seinen Erben in einen Sieg verwandelt worden. Die Leugnung des Zeitpfeils ist für die meisten Physiker geradezu zum Symbol dessen geworden, worin sie die Bestimmung der Physik sehen: über den Anschein des Wandels hinaus zu einer zeitlosen Beschreibung der Realität vorzudringen. Einstein hat wohl am offensten diese Einstellung zur Physik vertreten. Sein höchstes Ziel war, zu einer Beschreibung der Welt zu gelangen, die von jeder menschlichen Subjektivität frei war. Seit jeher ist es das Ziel der Mystiker gewesen, sich von den Ketten des Lebens, von den Qualen und Enttäuschungen einer wandelbaren und trügerischen Welt zu befreien. Einstein hat dieses Bestreben in einem gewissen Sinne zum Ziel des Physikers gemacht. Während die Mystiker danach trachteten, in dieser Welt so zu leben, als sei sie eine Illusion, wollte Einstein beweisen, daß sie eine Illusion ist, und Gesetze formulieren, die aus unserer Welt ein transparentes und intelligibles Universum machen würden, gereinigt von allem, was das Leben der Menschen berührt, von der Erinnerung an die Vergangenheit wie von dem Blick in die Zukunft.

Wie Boltzmann, Planck und ihre Zeitgenossen stehen auch wir heute wieder an einem Scheideweg. Ihre Entscheidung für die klassische Dynamik scheint durch die spektakuläre Entwicklung der Physik im 20. Jahrhundert bestätigt zu werden, denn sowohl Einsteins Relativitätstheorie als auch die Quantenmechanik sind Erben der zeitlich reversiblen Gesetze der Dynamik. Die neueste Entwicklung in der Physik – mit der Entdeckung der Selbstorganisation, des Chaos und der kosmologischen Entwicklung – weist jedoch eindeutig in die Richtung einer zeitorientierten Physik, einer Physik, die frei ist von den Paradoxa, die wir in der Einleitung erwähnten: dem Zeitparadox, dem Quantenparadox und dem kosmologischen Paradox. Doch bevor wir die neuen Wege erkunden, die uns jetzt offenstehen, möchten wir ein wenig innehalten und das eigentümliche Schicksal der Physik beleuchten, die von Anfang an fasziniert war von der Möglichkeit, so etwas wie ein übernatürliches Wissen von der Welt zu erlangen; ein Wissen, wie es Gott besitzen würde, falls Er existiert.

Zweites Kapitel
Von Göttern und Menschen

1. Die einzigartige Stellung der Physik

Es erscheint recht merkwürdig, daß die Schlußfolgerung, zu der sich Boltzmann und die auf ihn folgenden Physiker genötigt sahen – daß die Irreversibilität lediglich auf der approximativen, makroskopischen Art, in der wir eine zeitlich reversible Realität beschreiben, beruht –, keine Krise in der abendländischen Wissenschaft ausgelöst hat. Besonders auffällig ist der Kontrast zu der Reaktion, mit der einige Jahre später Einsteins Relativitätstheorie aufgenommen wurde. Während diese als ein bedeutendes kulturelles Ereignis begrüßt wurde, fand Boltzmanns Schlußfolgerung nur unter den Physikern Widerhall. Der Kontrast ist um so auffälliger, als die Relativitätstheorie eine Vorstellung umstieß, die im Leben der Menschen letztlich nur von untergeordneter Bedeutung ist, die Vorstellung von der *absoluten Gleichzeitigkeit* zweier entfernt voneinander stattfindender Ereignisse. Das Problem Boltzmanns, die Unterscheidung zwischen Vergangenheit und Zukunft, ist dagegen eine Erkenntnis, die ganz tief in unserer täglichen Erfahrung wurzelt.

Die unterschiedliche Aufnahme, die Einstein und Boltzmann fanden, ist wohl auch damit zu erklären, daß Boltzmanns »Scheitern« nachträglich so aufgefaßt werden konnte, als bedeute es nicht eine »Revolution« für unseren Zeitbegriff, sondern als mache es lediglich explizit deutlich, was in der Dynamik seit jeher stillschweigend impliziert war. Bergson erwähnt Boltzmann nicht einmal in seiner Kritik der klassischen Wissenschaft.

Wir müssen etwas näher auf den Hintergrund dieser Frage eingehen. Boltzmann, so sagten wir, habe sich dafür entschieden, der Tradition der Dynamik treu zu bleiben, obwohl er vom evolutiven Charakter der Natur überzeugt war. Die Dynamik war demnach für ihn und seine Nachfolger keine x-beliebige wissenschaftliche Sprache. Die Dynamik genoß ein solches Ansehen, daß sie die unbestreitbare Evidenz der Zeit besiegte, eine Evidenz, die sich aus unserer subjektiven Erfahrung und aus fast allen Phänomenen, die wir um uns beobachten, ergibt.

Die Geschichte der Physik ist nicht zu trennen von den »ideologischen« Urteilen und Präferenzen, die ihre Entwicklung bestimmten. Boltzmanns Entscheidung veranlaßt uns, über die Rolle der Physik innerhalb unserer Kultur und über die außergewöhnliche Bedeutung nachzudenken, die ihr seit Galilei und Newton beigemessen wurde.

Daß die Geschichte der Geologie, der Biologie und der Astronomie beeinflußt worden ist von Zusammenhängen mit dem geoffenbarten Wissen der Religion, ist nicht erstaunlich. Die Stellung der Erde innerhalb der Welt, ihr Alter, das Auftreten der Lebewesen, selbst die Identität des Menschen wurden, ehe man sie wissenschaftlich erforschte, auf die Aktivität des Schöpfergottes zurückgeführt. Erstaunlich ist dagegen, daß eine scheinbar technische Frage wie die, ob Zusammenstöße zwischen zwei Körpern mit ihrer Elastizität oder umgekehrt mit ihrer »Härte« zu erklären seien, mit der Frage nach der Macht Gottes oder der menschlichen Willensfreiheit in Zusammenhang gebracht werden konnte.

Genau dies geschah jedoch in der berühmten Korrespondenz zwischen dem Philosophen Leibniz und dem Theologen Clarke, der in diesem Fall als Sprecher Newtons fungierte. Dieser Briefwechsel[1], der 1715 begann und erst mit dem Tode Leibniz' endete, rückt Bereiche, die jeder seriöse Erkenntnistheoretiker auseinanderzuhalten bestrebt wäre, in einen Zusammenhang. Die politische Theorie: Welcher

Fürst ist besser – der, dessen Untertanen so diszipliniert sind, daß er nicht einzugreifen braucht, oder der, der unablässig eingreift? Die Theologie: Was ist unter einem Wunder zu verstehen? Wie können Gottes aktuelle Eingriffe in die Welt unterschieden werden von Ereignissen, die sich aus dem ursprünglichen Schöpfungsakt herleiten? Die Ethik: Ist die freie Handlung eine Handlung, die wir ohne Motiv beschließen, oder folgt sie stets unserer stärksten Neigung, auch wenn wir uns ihrer nicht bewußt sind? Die Kosmologie: In welchem Sinne ist der Raum unendlich? Ist die Welt in einem bestimmten Moment innerhalb der Zeit geschaffen worden, oder ist die Zeit auf die Existenz der Welt beschränkt? Die Physik: Würden die aktiven Kräfte (die wir heute als mechanische Energie bezeichnen) ohne Gottes Eingreifen abnehmen, oder werden sie durch natürliche Prozesse erhalten? Ist, wenn zwei weiche Körper zusammenprallen und zum Stillstand kommen, ihre »Kraft« zerstört, oder ist das nur ein trügerischer Anschein, und die Kraft hat sich in Wirklichkeit auf die winzigen, unbeobachtbaren Teile der Körper verteilt? Dies sind einige der Fragen, die Leibniz und Clarke in ihrer Korrespondenz berührten. Stets geht es, wie die beiden betonen, um die eine Frage: um Reichweite und Geltung des schon im 2. Abschnitt des 1. Kapitels erwähnten Satzes vom zureichenden Grunde, der für Leibniz unbegrenzt gilt, während Clarke ihn auf die rein mechanische Übertragung der Bewegung beschränkt sehen möchte (und sogar die durch Newtonsche Kräfte erzeugte Beschleunigung ausgenommen wissen will).

Bei der Lektüre dieser Briefe ist man überrascht, wie wenig Newton, der genauestens darüber wachte, wie Clarke seine Gedanken präsentierte, »Newtonianer« war. Leibniz verficht das, was wir die »Newtonsche Sicht« der Welt nennen würden. Newton behauptet dagegen – durch Clarke –, jede spontane, menschliche oder tierische, Aktion erzeuge eine neue Bewegung, eine Bewegung, die nicht mit der Erhaltung der Ursachen in den Wirkungen erklärt werden kann[2].

Leibniz spricht von einer Welt in »ständiger Bewegung«, einer Welt, in der Ursachen und Wirkungen sich ständig gegenseitig erzeugen. Das Universum hat nach seiner Ansicht seit seiner Erschaffung keine »neue Kraft« erhalten. Wenn ein Körper eine Kraft »gewinnt«, »verliert« ein anderer diese Kraft. Newton und Clarke sprechen dagegen von der Natur als einem »ständigen Arbeiter«. Sie sagen, die Natur werde angetrieben von einer Macht, die sie transzendiert: Wechselwirkungskräfte unterliegen danach keinem Erhaltungsgesetz, sondern drücken das ständige Wirken Gottes aus, des Schöpfers einer Welt, deren Aktivität er unablässig lenkt und aufrechterhält.

Einige der von Leibniz und Newton diskutierten Fragen waren nicht neu. Namentlich die Idee, die Vollkommenheit des Universums schließe seine Unendlichkeit und Unwandelbarkeit ein, hat eine lange Geschichte. Man findet sie beispielsweise bei Giordano Bruno: »Also ist das Weltall Eins, unendlich, unbeweglich... dieses bewegt sich nicht räumlich, da es nichts außer sich hat, wohin es sich bewegen könnte, da es ja das All ist. Es ist nicht erzeugt; denn es ist kein anderes Sein, das es verlangen und erwarten könnte, sintemalen es jegliches Sein in sich beschließt. Es vergeht nicht; denn es gibt nichts anderes, worin es sich verwandeln könnte, sintemalen es jegliches schon ist. Es kann weder ab- noch zunehmen, da es ja unendlich ist... Es ist nicht veränderlich zu anderer Beschaffenheit; denn außer ihm ist nichts, von dem es leiden und irgendwelche Einwirkungen empfangen könnte.«[3]

Brunos Universum wird negativ charakterisiert: Nichts, was auf ein endliches Sein einzuwirken vermag, kann auf das Universum einwirken. Leibniz und Clarke dagegen – und das ist das eigentliche Neue – bemühen in ihrer Auseinandersetzung über Gott und das Universum Gedankenexperimente: Würde beispielsweise ein Beobachter, der begabter wäre als wir, in den kleinsten Teilen der Körper jene Bewegung wiederfinden können, die bei einem inelastischen Stoß scheinbar verlorengegangen ist? Damit ist etwas Neues eingetreten. Noch heute gibt es zahlreiche Kontroversen in der Wissenschaft, die sich bis in die Antike zurückverfolgen lassen: »Welches Verhältnis besteht zwischen dem Ganzen und seinen Teilen?« »Sind Raum und Zeit unendlich teilbar?« »Ist das Universum eine historische oder eine ewige Entität?«[4] In der Auseinandersetzung zwischen Leibniz und Clarke geschah es jedoch zum erstenmal, daß die Verbindung von metaphysischen und wissenschaftlichen Überlegungen nicht nur wissenschaftlichen Aussagen eine philosophische Bedeutung verlieh, sie verwandelte außerdem das, was zuvor eine rein philosophische Frage gewesen war, in ein »technisches« wissenschaftliches Argument.

Zum Prüfstein eines noch so weitreichenden und ehrgeizigen intellektuellen Entwurfs wird nun die Möglichkeit einer Messung, eines Experiments, und sei es nur ein Gedankenexperiment. Wenn es bei den Stößen zu Kraft»verlusten« kommt, dann muß in der Natur immer wieder Kraft erzeugt werden, behaupten Newton und Clarke in der Auseinandersetzung mit Leibniz. Wenn man in einem Gedankenexperiment gleichzeitig die Geschwindigkeiten der Moleküle eines Gases umkehrt und nicht um die Folgerung herumkommt, daß es in seinen früheren Zustand zurückkehren wird, dann ist, wie Boltzmann anerkennen mußte, der Pfeil der Zeit nur eine Illusion. Und wenn es Einstein vor rund 60 Jahren gelungen wäre, Bohr ein Gedankenexperiment entgegenzuhalten, bei dem Ort und Geschwindigkeit eines Teilchens gleichzeitig hätten gemessen werden können, hätte man die Struktur der Quantenphysik und ihre philosophischen Implikationen grundlegend revidieren müssen.

2. Unser Erbe

Max Jammer hat die Diskussion zwischen Bohr und Einstein mit der Korrespondenz zwischen Leibniz und Clarke verglichen: »In beiden Fällen prallten diametral entgegengesetzte philosophische Auffassungen über fundamentale Probleme der Physik aufeinander; in beiden Fällen prallten zwei der größten Geister ihrer Zeit aufeinander; und so wie die berühmte Korrespondenz zwischen Leibniz und Clarke (1715–1716) – *›peut-être le plus beau monument que nous ayons des combats littéraires‹* (Voltaire) – nur eine kurze Manifestation der tiefgreifenden Meinungsverschiedenheit zwischen Newton und Leibniz war, so waren auch die Diskussionen zwischen Bohr und Einstein in der Halle des Hotels Métropole in Brüssel nur der Höhepunkt einer Debatte, die sich über viele Jahre hinzog, wenn auch nicht in Gestalt eines direkten Dialogs. Sie ging sogar noch nach Einsteins Tod (18. April 1955) weiter, denn Bohr hat wiederholt bekannt, er habe sich innerlich weiter mit Einstein auseinandergesetzt, und immer, wenn ihn ein fundamentales Problem der Physik beschäftigt habe, habe er sich gefragt, wie Einstein darüber gedacht hätte. Und die letzte Zeichnung, die Bohr am Abend vor seinem Tode (18. November 1962) auf die Tafel seines Arbeitszimmers auf Schloß Carlsberg warf, war eine Skizze von Einsteins Photonenkasten, und sie hing mit einem der großen Probleme zusammen, das in seinen Diskussionen mit Einstein erörtert worden war.«[5]

Oft wird gefragt, welche kulturellen Einflüsse das Denken von Einstein und Bohr geprägt haben und ihre Meinungsverschiedenheiten erklären könnten. Doch was immer sie trennte, ihre Gemeinsamkeiten sind wichtiger. Die Leidenschaft, die ihre Diskussionen beseelte, das emotionale und intellektuelle Engagement, mit dem sie der Frage nachgingen, welchen Zugang uns die Physik zur Realität eröffnet, läßt sie als wahre Erben unseres abendländischen Vermächtnisses erscheinen. Die abendländische Wissenschaft war nicht bloß ein intellektuelles Spiel oder eine Quelle nützlicher Praktiken, sondern ein leidenschaftliches Streben nach Wahrheit. Ungeachtet der erkenntnistheoretischen Vorbehalte, mit denen man einem Begriff wie der »Wahrheit« begegnet, und ungeachtet aller sonstigen Faktoren, die an der Entwicklung der Wissenschaft beteiligt waren (Streben nach Macht, nach Ansehen, nach wirtschaftlicher Stärke usw.), bleibt es doch eine historische Tatsache, daß die abendländische Wissenschaft nicht das wäre, was sie ist, wäre sie nicht von der Überzeugung getragen gewesen, daß sie einen Weg zum Verstehen der Welt eröffnet. Mochten sich Bohr und Einstein auch, was die Natur der Quantenrealität angeht, nicht einig sein, so gehörten sie doch der gleichen Kultur an. Wenn wir, wie es auch in diesem Buch geschieht, diese kulturelle Tradition akzeptieren – und mit ihr die Aufgabe, die sie der Wissenschaft aufbürdet, sowie den engen Zusammenhang zwischen Wissenschaft und Philosophie –, dann heißt das nicht, daß diese Tradition anderen überlegen sei, sondern nur, daß wir in ihr den unverwechselbaren Ausdruck unserer eigenen Kultur sehen.

Was heißt es also, die Welt zu »verstehen«? Heisenberg beschreibt in seinen Erinnerungen einen Besuch auf Schloß Kronborg, bei dem Bohr die folgende Überlegung anstellt: »Ist es nicht merkwürdig, daß dieses Schloß ein anderes wird, wenn man sich vorstellt, daß Hamlet hier gelebt hat? Von unserer Wissenschaft her würde man doch glauben, das Schloß besteht aus Steinen; wir freuen uns an den Formen, in denen sie der Architekt zusammengefügt hat. Die Steine, das grüne Dach mit seiner Patina, die Holzschnitzereien in der Kirche, das ist wirklich das Schloß. An alledem ändert sich gar nichts, wenn wir erfahren, daß Hamlet hier gelebt hat, und doch ist es dann ein anderes Schloß [...] In Wirklichkeit wissen wir fast nichts über Hamlet. Nur eine kurze Notiz in einer Chronik aus dem 13. Jahrhundert soll den Namen ›Hamlet‹ enthalten [...] Aber jeder von uns weiß, welche Fragen Shakespeare mit dieser Gestalt verbunden, in welche Abgründe er dabei hinabgeleuchtet hat, und so mußte die Gestalt auch einen Ort auf dieser Erde bekommen, und sie hat ihn hier in Kronborg gefunden. [...]«[6]

Bohrs Überlegungen auf Schloß Kronborg erhellen das Leitmotiv seines Lebens als Wissenschaftler: daß die Frage nach der Realität nicht von der Frage der menschlichen Existenz zu trennen sei. Was ist das Schloß Kronborg unabhängig von den Fragen, die wir ihm stellen? Dieselben Steine könnten uns etwas von den Molekülen sagen, aus denen sie zusammengesetzt sind, von den geologischen Schichten, aus denen sie stammen, von den Fossilien, die sie möglicherweise enthalten, von den kulturellen Einflüssen, denen der Architekt, der das Schloß errichtete, unterlag, oder von den Fragen, die Hamlet bis in den Tod verfolgten. Jede dieser Fragen ist berechtigt und erhellt die pluralistische Natur der Realität.

Im Dialog zwischen Einstein und dem indischen Dichter und Philosophen Tagore kommt wohl am klarsten die Auseinandersetzung zwischen den beiden Konzeptionen von Wahrheit und Objektivität zum Ausdruck, die der Diskussion zwischen Einstein und Bohr zugrunde liegen. Einstein kam in diesem Dialog zu dem Schluß, er selbst sei »religiöser« als sein Gesprächspartner. Gegenüber Tagore vertrat Einstein die Konzeption einer Realität, welche die Wissenschaft als unabhängig von der menschlichen Existenz zu beschreiben hat. Ohne dieses Ideal wäre die Wissenschaft für Einstein ohne jedes Interesse. Er gab jedoch zu, daß man niemals würde beweisen können, daß eine wissenschaftliche Wahrheit eine »übermenschliche« Objektivität besitzt. Sein Realitätsbegriff beruhte also auf einer, wenn man so will, religiösen Überzeugung, die für sein Leben als Wissenschaftler unverzichtbar war. Tagore dagegen meinte, daß die Realität, der die Wahrheitsfrage gilt – sei sie nun wissenschaftlicher, ethischer oder philosophischer Natur –, eine relative sei: »Das Papier hat eine Realität, die von der Realität der Literatur unendlich verschieden ist. Für den Geist, den die am Papier nagende Milbe besitzt, ist die Literatur absolut inexistent, doch für den Geist des Menschen hat die Literatur einen größeren Wahrheitswert als das Papier selbst. Wenn es also eine Wahrheit gibt, die keinen erkennbaren oder rationalen Bezug zum menschlichen Geist hat, so wird sie für uns so lange inexistent sein, wie wir Menschen bleiben.«[7] Für Tagore war die Wahrheit also ein offener, nicht endender Dialog mit dem Ziel, nicht zu einer unabhängigen Realität vorzustoßen, sondern den »universalen menschlichen Geist« (das heißt alle Fragen, Interessen und Bedeutungen, für welche Menschen empfänglich sind oder werden können) mit dem »individuellen« Geist, der eine bestimmte Ansicht äußert, zu versöhnen.

Dem Erkenntnisideal, das Einstein beschrieb, strebt die Physik seit ihren Anfängen nach. Könnten wir – das hatte schon Leibniz betont – die »volle« Ursache und die »ganze« Wirkung bestimmen, dann würde unsere Erkenntnis an die Vollkommenheit der Erkenntnis heranreichen, die Gott von der von ihm geschaffenen Welt besitzt. René Thom hält es auch heute für unvermeidlich, auf den Gott des Determinismus Bezug zu nehmen, den Gott einer Welt, »in der es für das Nichtformalisierbare keinen Raum gibt«[8]. Diese metaphysische Orientierung, die die Wissenschaft mit der Suche nach einer von der menschlichen Existenz unabhängigen Realität verbindet, hat sich immer wieder darin geäußert, daß man sich auf Gott bezog, der – so Einstein – nicht würfelt oder der – so Planck – den Ort und zugleich die Geschwindigkeit eines Teilchens kennt; oder daß man von Dämonen sprach – sei es der von Laplace, der aufgrund der vollständigen Beschreibung seiner Gegenwart die Vergangenheit und die Zukunft des Universums zu errechnen vermag, oder der von Maxwell, der durch die Manipulation einzelner Moleküle die Annäherung ans Gleichgewicht umzukehren vermag.

Aber muß man diese metaphysische Orientierung auch heute noch mit dem Ideal wissenschaftlicher Erkenntnis gleichsetzen? Warum sollten wir das Phantasma einer von ihren eigenen Wurzeln abgeschnittenen Erkenntnis als die einzig mögliche Quelle von Wahrheit und Sinn akzeptieren? Wir werden daher die Richtung einschlagen, die Tagore umschrieben hat. Eine wissenschaftliche Objektivität, die unsere Beziehungen zur Welt am Ende für illusorisch erklärt, sie gar als »bloß subjektiv«, »bloß technisch« oder »bloß instrumentell« abwertet, ist sinnlos. All unsere Meßvorrichtungen, unsere Instrumente der wissenschaftlichen Objektivität, ohne die es keine Physik gäbe, implizieren einen Pfeil der Zeit.

Einstein sagte, es sei ein Wunder, daß die Welt sich als verstehbar erweist. Wenn aber das von Einstein gefeierte Verstehen gerade das verneint, was dieses Verstehen ermöglicht, wenn es die Bedingungen seines Gelingens reduziert auf eine aus »lediglich praktischen« Gründen vorgenommene Näherung, so ist das kein Wunder mehr, sondern eine Absurdität!

3. Eine neue Kohärenz?

Das Kennzeichen jener Tradition, der die Physik ihre intellektuelle und emotionale Bedeutung verdankt, ist ein leidenschaftliches Fragen. Diese Tradition sperrt uns nicht ein in eine »Wahrheit«, die uns keine andere Wahl ließe als Treue oder Verrat. Der alte Gegensatz zwischen dem Ideal einer Erkenntnis, deren Objektivität dadurch gesichert wird, daß sie keinerlei Bezug zum Erkennenden enthält, und einer rein pragmatischen Konzeption der Erkenntnis gehört der Vergangenheit an.

Leibniz erkannte, wie wir gesehen haben, die große Bedeutung des Satzes vom zureichenden Grunde in der Physik seiner Epoche. Eine Wissenschaft, die diesem Satz genügen würde, die also die Äquivalenz von Ursachen und Wirkungen festzustellen vermöchte, würde nach Leibniz einen idealen Standpunkt erlangen, in dem menschliche und göttliche Erkenntnis in eins fallen. Leibniz hat aber zugleich gezeigt, wie dieses Ideal irrelevant werden konnte.

Denken wir an Adam, der zögert, von der verbotenen Frucht zu essen. Hätten wir, wenn wir Adam vor dem Sündenfall gekannt hätten, vorhersagen können, daß er der Versuchung erliegen und die Befehle Gottes mißachten würde? Und hätte Adam selbst, angenommen, daß er sich ganz genau kannte, es vorhersagen können? Leibniz sagt: Nein[9]. Die Freiheit in Adams Handeln läßt sich nicht als Illusion abtun. Gott wußte natürlich, was er tun würde, aber wenn uns dieses Wissen verwehrt ist, dann nicht aus kontingenten Gründen, die sich durch künftige Fortschritte überwinden ließen. Wir können die Entscheidung Adams nicht vorhersehen, weil wir dazu über ein wirklich vollständiges, das heißt unendliches Wissen über Adam verfügen müßten. Was auch immer an Erkenntnissen wir über Adam vor seiner Entscheidung zusammentragen mögen, solange diese Informationen endlich bleiben, solange sie also in Zahlen oder Worten ausgedrückt werden können, werden wir nur zu einem »unbestimmten« Bild Adams gelangen, das sich mit einer unendlichen Zahl von individuellen Adams vereinbaren läßt, deren Schicksale ganz verschieden sein können, die sowohl sündigen als auch der Versuchung widerstehen können. Modern ausgedrückt, wäre die relevante Beschreibung Adams eine probabilistische.

Für Leibniz ist Freiheit in einer vom zureichenden Grund regierten Welt keine Illusion, sondern gerade Ausdruck der Distanz zwischen Wissen und Sein, die allein Gott zu überwinden vermag, da sein Wissen die Unendlichkeit umfaßt, die durch Freiheit oder Spontaneität aktualisiert wird. Wenn wir unfähig sind, die Motive einer Handlung zu benennen, oder wenn wir glauben, gegen jedes rationale Motiv gehandelt zu haben, dann liegt es daran, daß sich das, was wir »Motiv« nennen, auf unsere Erkenntnis bezieht, auf das, was wir uns klar vorstellen können. Kein Fortschritt dieser Erkenntnis wird unsere gelebte Freiheitserfahrung ihres Sinnes berauben können; angesichts der unendlich vielen Bestimmungen, die unser individuelles Wesen ausmachen, würden wir nie an eine Grenze kommen.

Leibniz' Behauptung, daß der Mensch frei sei, gehört zum Bereich der Philosophie. Die heutige Physik kann Leibniz natürlich nicht in die ontologische und ethische Problematik folgen, die er mit der Behauptung ansprach, wir könnten auch in einer vom zureichenden Grunde regierten Welt frei sein und uns an den anderen als ein freies Wesen wenden, da wir wissen, daß weder er noch wir selbst vorhersehen können, wie wir in unserem Handeln determiniert sind. Der Weg, den Leibniz im Hinblick auf das Problem der Freiheit beschritt, kann nun aber merkwürdigerweise auch im Hinblick auf sehr viel einfachere Objekte, die zum eigentlichen Bereich der Physik gehören, beschritten werden. Die Entdeckung instabiler dynamischer Systeme macht Leibniz' Darstellung der Freiheit in einer vom zureichenden Grund bestimmten Welt zu einem wissenschaftlichen Problem: Keine Messung, und sei sie noch so genau, führt bei solchen Systemen an der Unvorhersagbarkeit vorbei, keine verschafft uns wieder die Möglichkeit langfristiger Vorhersagen. Dieses wissenschaftliche Problem führt jedoch nicht zu einer Grenze unserer Erkenntnis, sondern vielmehr zu einer relevanteren Beschreibung, die es uns gestattet, die Irreversibilität und den Pfeil der Zeit auf der Ebene der Dynamik einzubeziehen.

Die heutige Physik steckt, was die Befreiung vom Erkenntnisideal der klassischen Physik angeht, noch in den Anfängen. Eine Reihe von unerwarteten Entdeckungen hat das Weltbild des Physikers verändert und auf allen Ebenen der Physik das Problem des »Werdens« aufgeworfen. Dazu gehört die Entdeckung der Komplexität und Instabilität der Elementarteilchen. Weit davon entfernt, endlich zu einer Welt zu gelangen, die der Zeitlichkeit enthoben wäre, finden wir eine aktive Welt vor, in der Teilchen entstehen und vergehen und so selbst auf der Ebene des Allerkleinsten dem Werden Ausdruck geben. Dazu gehört auch die Entdeckung des geschichtlichen Charakters des Universums, den wir der auf die Entstehung des Universums zurückgehenden kosmischen Hintergrundstrahlung entnehmen müssen. Dazu gehört schließlich die Entdeckung von »dissipativen Strukturen« des Nichtgleichgewichts, die das Dogma, wonach Entropiezunahme zwangsläufig mit Unordnung verbunden sei, umgestoßen haben.

Neue Begriffe, die in die gegenwärtige Wissenschaft Eingang finden, wie »Selbstorganisation«, »Chaos« und »Fraktale«, kennzeichnen dieses neue Weltbild. Das Konzept der Selbstorganisation bringt, wie wir im folgenden Teil dieses Buches sehen werden, einen tiefgreifenden Wandel im Verständnis unseres kognitiven Verhältnisses zur Natur mit sich. Doch die Physik schwankt noch immer unschlüssig zwischen diesen Neuerungen und ihren früheren großen Theoriegebilden, der Dynamik und der Quantenmechanik, die ihr traditionelles Ideal verkörpern.

Das Verhältnis zwischen Physik und Metaphysik war, wie wir gesehen haben, immer von einem Zusammenhang zwischen theoretischen und »technischen« Argumenten geprägt. Dieser Zusammenhang ist ein Bestandteil der schöpferischen Entwicklung der Physik. Zu Beginn des 20. Jahrhunderts hätte niemand vorhersehen können, welche Bedeutung einmal den Universalkonstanten *c* (der Lichtgeschwindigkeit) und *h* (der Planck-Konstante) zukommen würde. Einige Jahre später hatten die Physiker die Tatsache akzeptiert, daß aus der ersteren folgt, daß wir die Welt nicht von einem einzigen Beobachtungsstandpunkt aus beschreiben können; Objektivität ist nur möglich bei einer Mehrzahl von Beobachtern, die sich in Bezugssystemen befinden, welche sich gegeneinander bewegen. Und etwa 25 Jahre später wurde bewiesen, daß die Planck-Konstante uns zwingt, auf die Hälfte der Prädikate, mit deren Hilfe das Teilchen in der klassischen Physik definiert wurde, zu verzichten; bei einem Objekt, das der Quantentheorie gehorcht, ist es nicht mehr möglich, gleichzeitig seinem Ort und seiner Geschwindigkeit wohldefinierte Werte zuzuschreiben.

Der Theoriewandel, den wir im IV. Teil dieses Buches beschreiben, gehört in die gleiche Kategorie. Auch hier wird ein »technisches« Problem, die Formulierung der »Gesetze des Chaos«, der Beschreibung der Dynamik instabiler, chaotischer Systeme, zum Anlaß einer theoretischen Neuerung, die in die Dynamik jene fehlenden Elemente hineinbringt, welche die Kluft zwischen den zeitlosen Gesetzen stabiler dynamischer Systeme und unserer zeitlichen, offenen Realität schließen. Man könnte sagen, daß instabile Systeme die entgegengesetzten Vorstellungen von Leibniz auf der einen sowie von Clarke und Newton auf der anderen Seite miteinander versöhnen. Die Dynamik – die klassische ebenso wie die Quantendynamik – könnte eine Kohärenz gewinnen, die sowohl die mikroskopische als auch die makroskopische Physik umfaßt, doch ist die Dynamik nunmehr die Wissenschaft von einer Welt, die sowohl Gesetze als auch Ereignisse, das Sein ebenso wie das Werden einschließt.

Zweiter Teil
Die Wiederkehr des Zeitparadoxons

Drittes Kapitel
Die Möglichkeiten der Weltbeschreibung

1. Sein und Werden

In den zurückliegenden Jahrzehnten unseres Jahrhunderts hat das Zeitparadox an Schärfe gewonnen. Die von Leibniz und Newton diskutierten Fragen beschäftigen uns zum größten Teil noch immer. Besonders das Problem des Neuen. Wie können wir das Neue erklären, ohne es zu verleugnen, ohne es auf die bloße Wiederholung des immer Gleichen zu reduzieren? Jacques Monod hat dankenswerterweise darauf aufmerksam gemacht, daß Naturgesetze, die keinerlei Entwicklung kennen, sich nicht mit der Entstehung von Neuem vertragen. Für Monod war das Auftreten von Lebewesen ein statistisches Wunder: Unsere Nummer wurde in einem kosmischen Lotteriespiel gezogen[1]. Das Problem reicht jedoch tiefer. Die bloße Existenz unseres strukturierten Universums stellt den Zweiten Hauptsatz der Thermodynamik in Frage; nach Boltzmanns Auffassung war der einzige normale Zustand des Universums der »Wärmetod«. Alle Unterschiede, die mit dissipativen Prozessen wie etwa Sternen oder Galaxien verbunden sind, konnten nur als zeitweilige Fluktuationen verstanden werden.

»Werden wir irgendwann imstande sein, den Zweiten Hauptsatz zu überwinden?« Diese Frage richten die Menschen in Isaac Asimovs Erzählung *The Last Question*[2] von Generation zu Generation und von Zivilisation zu Zivilisation immer wieder an einen Riesencomputer. Der Computer kann sie nicht beantworten: »Die Daten reichen nicht aus.« Milliarden von Jahren vergehen, Sterne und Galaxien sterben, doch der Computer, der inzwischen direkt an die Raumzeit angeschlossen ist, sammelt noch immer die fehlenden Daten. Schließlich gibt es nichts mehr, was er noch aufnehmen könnte, nichts »existiert« mehr, doch der Computer rechnet und rechnet, fährt fort, Korrelationen herzustellen. Und schließlich hat er die Antwort. Es ist niemand mehr da, der sie erfahren könnte, aber der Computer weiß jetzt, wie der Zweite Hauptsatz überwunden werden könnte. »Und es ward Licht...«

Asimov sieht also – wie Jacques Monod im Auftreten des Lebens – in der Entstehung des Universums ein antientropisches, »widernatürliches« Ereignis. Doch Asimovs Sieg des Wissens über die Naturgesetze und die von Monod beschworene Idee einer kosmischen Lotterie gehören der Vergangenheit an. Die Annahme, daß die Ereignisse, denen wir unsere Existenz verdanken, in den »Naturgesetzen« keinen Platz hätten, ist heute nicht mehr nötig. Diese Gesetze widersprechen nicht länger der Idee einer echten Evolution, die Neues hervorbringt, denn diese kann wissenschaftlich durch drei *Mindestvoraussetzungen* definiert werden.

Die erste dieser Voraussetzungen ist die Irreversibilität, die Brechung der Symmetrie zwischen Vergangenheit und Zukunft. Sie ist aber nicht hinreichend. Nehmen wir zum Beispiel ein Pendel, dessen Bewegung zunehmend gedämpft wird, oder den Mond, dessen Umdrehungszeit um die eigene Achse immer mehr abgenommen hat. Ein anderes Beispiel wäre eine chemische Reaktion, die im Gleichgewichtszustand aufhört. Diese Situationen entsprechen nicht echten Evolutionsprozessen.

Eine weitere Voraussetzung muß daher erfüllt sein; wir müssen die Idee des *Ereignisses* einführen. Ein Ereignis kann definitionsgemäß nicht aus einem deterministischen Gesetz abgeleitet werden, mag es zeitlich reversibel sein oder nicht; es impliziert, daß etwas, was geschehen ist, nicht zwangsläufig geschehen mußte. Wir können also bestenfalls hoffen, daß wir das Ereignis mit Hilfe von Wahrscheinlichkeiten zu erklären vermögen und daß sich unser probabilistischer Ansatz nicht als ein Ergebnis unserer Unwissenheit entpuppt. Doch auch Wahrscheinlichkeiten sind noch nicht hinreichend. Eine Geschichte verdient nur dann erzählt zu werden, wenn einige der Ereignisse, die sie schildert, einen *»Sinn«* ergeben. Eine Serie von Würfen mit dem Würfel macht man nicht zum Gegenstand einer Erzählung, es sei denn, bestimmte Würfe hätten zukunftsentscheidende Folgen, wenn etwa der Würfel Teil eines Glücksspiels ist und der Wurf über Sieg oder Niederlage entscheidet.

Jeder kennt die Geschichte von dem lockeren Nagel, der aus einem Hufeisen herausfiel, das daraufhin abging, so daß der Reiter anhalten mußte, und weil er fehlte, ging eine Schlacht verloren, mit der Folge, daß ein Imperium zerfiel... Das sind Dinge, die den Geschichtsliebhaber faszinieren und immer wieder in den »Zeitreisen« der Science-fiction abgehandelt werden: Was wäre geschehen, wenn...? Bei solchen Spekulationen geht es immer um einen Wechsel der Größenordnung. Ein scheinbar unbedeutendes Ereignis hätte den Verlauf der Geschichte verändern können. Die dritte Mindestvoraussetzung lautet daher, daß bestimmte Ereignisse imstande sein müssen, *den Verlauf der Evolution zu verändern.* Anders gesagt: Die Evolution muß »instabil« sein, sie muß Mechanismen aufweisen, die imstande sind, bestimmte Ereignisse zum Ausgangspunkt einer neuen Entwicklung, einer neuen globalen Kohärenz zu machen.

Die Evolutionstheorie Darwins erfüllt die drei oben formulierten Mindestvoraussetzungen. Über die Irreversibilität brauchen wir kein Wort zu verlieren, denn sie kommt auf allen Ebenen vor, angefangen von der Geburt und dem Tod der Individuen bis hin zum Auftreten neuer Arten und neuer ökologischer Nischen, die wiederum neue Evolutionsmöglichkeiten schaffen. Das hervorstechende Ereignis, das die Theorie Darwins zu erklären hatte, ist das Auftreten einer neuen Art. Darwin erklärte dieses Ereignis als Folge verwickelter Prozesse. Es setzt eine Fülle von Mikroereignissen voraus, denn eine Population besteht aus Individuen, die, mögen sie auch der gleichen Art angehören, nicht identisch sind. Die Geburt eines Individuums stellt daher ein Mikroereignis dar, eine geringfügige Modifikation der Population. Das Entstehen einer neuen Art bedeutet, daß einige dieser Mikroereignisse eine besondere Bedeutung bekommen: Bestimmte Individuen vermehren sich aus irgendeinem Grund stärker als andere, und damit verändert sich das Durchschnittsprofil der Population. Die natürliche Auslese ist somit ein Mechanismus, der kleine Unterschiede verstärken kann und schließlich zu etwas wirklich Neuem führt, der Entstehung einer neuen Art.

Die Darwinsche Theorie dient uns nur als Modell. Doch genau wie sie muß jedes Evolutionsmodell die Irreversibilität, das Ereignis und die Möglichkeit enthalten, daß bestimmte Ereignisse zum Ausgangspunkt einer neuen Kohärenz werden. Die Geschichte der Menschheit läßt sich weder auf zugrundeliegende Regelmäßigkeiten reduzieren, noch stellt sie eine bloße Ansammlung von Ereignissen dar. Jeder Historiker weiß, daß man zur angemessenen Beschreibung der außergewöhnlichen Rolle einzelner Individuen auch die sozialen und historischen Mechanismen untersuchen muß, die diese Rolle ermöglichten, er weiß aber auch, daß die nämlichen Mechanismen ohne das Ereignis, ohne die Existenz dieser Individuen zu einer ganz anderen Geschichte hätten führen können.

Die Thermodynamik des 19. Jahrhunderts, der es um das Gleichgewicht ging, erfüllt offenbar nur die erste unserer drei Voraussetzungen. Zwar kann die Herstellung eines gleichgewichtsfernen Systems als ein Ereignis aufgefaßt werden, doch was die Thermodynamik beschrieb, war nur die Art und Weise, wie dieses Ereignis »vergessen« wird, während das System sich auf seinen Gleichgewichtszustand hin entwickelt.

In den letzten 20 Jahren hat sich die Thermodynamik jedoch erheblich verändert. Der Zweite Hauptsatz beschreibt nicht mehr nur die mit der Annäherung ans Gleichgewicht verbundene Nivellierung der Unterschiede. Dieser Begriffswandel, der das Problem des Werdens in die Physik einführt, soll ein wenig ausführlicher beschrieben werden.

2. Ordnung und Unordnung

Der von Clausius aufgestellte Zweite Hauptsatz, dem zufolge alle natürlichen Prozesse eine Zunahme der Entropie des Universums verursachen, handelt von physikalisch-chemischen Prozessen. Dazu zählen die chemischen Reaktionen, der Transport von Wärme und Materie, die Diffusion und dergleichen. All diese Prozesse vermehren die Entropie und können, anders als etwa die Bewegung eines Pendels, nicht als reversible Veränderungen idealisiert werden. Jede chemische Reaktion markiert einen Unterschied zwischen Vergangenheit und Zukunft, sie entwickelt sich auf einen Gleichgewichtszustand hin, der in unserer Zukunft liegt. Auch der Ausgleich von Temperaturunterschieden in einem abgeschlossenen System führt zu einer Gleichförmigkeit, die in unserer Zukunft liegt. Entwicklung bedeutet hier also nur, daß sie zum Verschwinden ihrer eigenen Anlässe führt.

Können wir Entwicklung vielleicht auch anders beschreiben? Das Gleichgewicht ist ja nur ein ganz spezieller Zustand. Wir können das System daran hindern, ins Gleichgewicht zu kommen, indem wir bestimmte Bedingungen schaffen (wenn wir zum Beispiel eine Seite des Systems erwärmen und die andere kühlen). Es kann dann jedoch trotzdem einen zeitunabhängigen »stationären Zustand« erreichen, in dem sich die Entropie des Systems nicht mehr ändert, obwohl die entropieerzeugende physikalisch-chemische Aktivität weitergeht.

Wie definieren wir stationäre Zustände? Jede zeitliche Entropieänderung kann in zwei Arten von Beiträgen zerlegt werden: den »Entropiefluß«, der auf dem Austausch des Systems mit seiner Umgebung beruht, und die »Entropieerzeugung«, die aus den irreversiblen Prozessen innerhalb des Systems resultiert. Der Zweite Hauptsatz postuliert, daß die Entropieerzeugung positiv ist oder im Gleichgewicht verschwindet. Für den Entropiefluß stellt er keine Bedingung. Im stationären Zustand wird die positive Entropieerzeugung folglich durch einen negativen Entropiefluß kompensiert; die fortgesetzte entropieerzeugende Aktivität wird durch Austauschvorgänge mit der Umgebung aufrechterhalten. Der Gleichgewichtszustand entspricht jenem Sonderfall, in dem sowohl Entropiefluß als auch Entropieerzeugung gegen Null streben.

Der stationäre Zustand erlaubt somit, die entropieerzeugende Aktivität eines Systems von jeglichem Bezug zum Gleichgewicht zu trennen. Das genügt bereits, um die überlieferte Assoziation zwischen Entropieerzeugung und molekularer »Unordnung« aufzulösen. Betrachten wir zum Beispiel die Wärmeleitung.

Wir haben bei diesem Experiment zwei durch eine Leitung miteinander verbundene Behälter, die mit einem Gemisch aus zwei Gasen gefüllt sind, etwa mit Wasserstoff und Stickstoff. Wenn das System im Gleichgewicht ist, finden wir in beiden Behältern das gleiche Gemisch. Nun treiben wir das System vom Gleichgewicht fort, indem wir einen Temperaturunterschied zwischen den beiden Behältern herstellen. Um diesen Zwang aufrechtzuerhalten, müssen wir den »heißen« Behälter ständig erwärmen, weil ein Wärmefluß zwischen dem »heißen« und dem »kalten« den Unterschied auszugleichen sucht. Wir erzeugen also einen negativen Entropiefluß. Gleichzeitig mit diesem Wärmefluß vollzieht sich nun eine Trennung der beiden Gase. Wenn das System seinen stationären Zustand erreicht hat, das heißt, wenn die Temperatur und die Konzentration innerhalb des Systems sich nicht mehr mit der Zeit ändern, wird sich in dem heißen Behälter mehr Wasserstoff und in dem kalten Behälter mehr

Stickstoff befinden, wobei der Konzentrationsunterschied dem auferlegten Temperaturunterschied proportional ist.

Schon an diesem einfachen Beispiel können wir sehen, daß ein thermodynamischer Prozeß, der dem Zweiten Hauptsatz gehorcht, nicht mit einer bloßen Nivellierung der Unterschiede gleichgesetzt werden kann. Für den Wärmefluß würde das zutreffen, aber die Trennung der beiden Gase erzeugt einen Unterschied; es ist ein Prozeß der »Antidiffusion«, der sich in einem negativen Beitrag zur Entropieerzeugung äußert.

Die entropieerzeugende Aktivität eines Systems ist also nicht nur gleichbedeutend mit einer Einebnung der Unterschiede – es können auch Inhomogenitäten, es kann »Ordnung« entstehen. Um diese Ordnung zu schaffen, müssen wir natürlich einen entropischen Preis zahlen; um das System in seinem stationären Zustand zu erhalten, müssen wir den Austausch mit der Umgebung aufrechterhalten. In unserem Beispiel müssen wir einen der Behälter ständig erwärmen. Wir können die durch den Wärmefluß erzeugte »Unordnung« als den Preis betrachten, der es uns erlaubt,

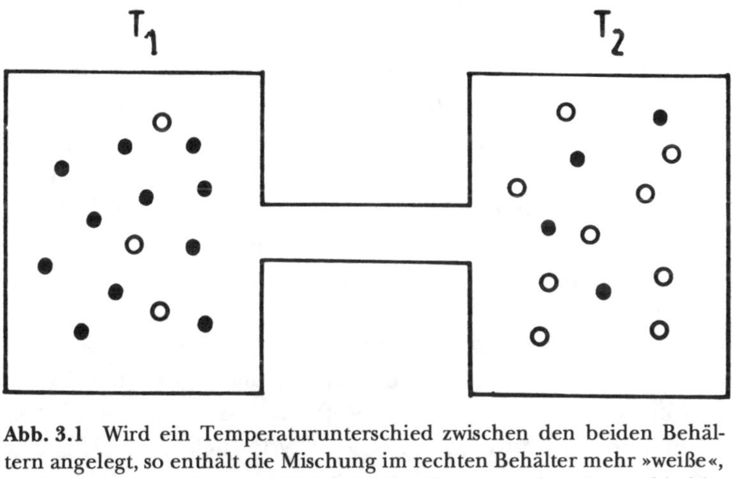

Abb. 3.1 Wird ein Temperaturunterschied zwischen den beiden Behältern angelegt, so enthält die Mischung im rechten Behälter mehr »weiße«, im linken mehr »schwarze« Moleküle. Der Konzentrationsunterschied ist dem Temperaturunterschied proportional.

Ordnung zu schaffen, in diesem Fall einen Unterschied in der chemischen Zusammensetzung.

Was heißt für uns Ordnung, was Unordnung? In unsere Definitionen gehen kulturelle Werturteile und wissenschaftliche Erkenntnisse ein. Lange galt die Turbulenz in Flüssigkeiten als Paradebeispiel von Unordnung. Der Kristall erschien dagegen als Inbegriff der Ordnung. Wie wir in diesem Kapitel sehen werden, sind wir nun zu einer anderen Betrachtung genötigt. Ein turbulentes System ist in Wirklichkeit »geordnet«: Die Bewegungen zweier Moleküle, zwischen denen ein makroskopischer (in Zentimetern zu messender) Abstand besteht, sind dennoch korreliert. Die Atome eines Kristalls schwingen dagegen inkohärent um ihre Gleichgewichtslage: Der Kristall ist hinsichtlich seiner Anregungsmoden (seiner Wärmebewegung) ungeordnet.

Das Beispiel der Wärmeleitung wirft jedoch eine weitere Frage auf, nämlich, welcher »Preis« für die Schaffung von Ordnung zu bezahlen ist. Ein Kristall kann von seiner Umgebung isoliert betrachtet werden, doch hier beruht die Ordnung auf einer anhaltenden »ordnenden Aktivität«, die ein entropieerzeugender Prozeß ist. Und was uns jetzt nicht mehr überrascht: mit der Ordnung bei den Lebewesen verhält es sich ganz ähnlich. Der Aufbau komplexer Biomoleküle beruht auf der Zerstörung anderer Moleküle durch den Stoffwechsel. Die gekoppelten Prozesse entsprechen in der Summe einer positiven Entropieerzeugung. Aber können wir diesen Gedanken auch auf Gebiete übertragen, zum Beispiel auf die Beziehungen der Menschen untereinander und der Menschen insgesamt zur Natur? Nehmen wir zum Beispiel die durch das städtische Leben begünstigte Intensivierung der sozialen Beziehungen. Sie ist einerseits eine Ursache von Umweltverschmutzung, andererseits eine Quelle von sozialen, technischen, künstlerischen und intellektuellen Erfindungen. Diese Analogie rückt Ordnung und Unordnung, die wir vielfach als Gegensätze verstehen, in einen Zusammenhang, aber sie fällt natürlich kein Werturteil über das, was da geschaffen beziehungsweise zerstört wird: Das geht über den Bereich der Wissenschaft im engeren Sinne hinaus und fällt in den Bereich der menschlichen Verantwortung.

Dem Dualismus, daß irreversible Prozesse sowohl Ordnung als auch Unordnung entstehen lassen, begegnen wir auch beim Problem der Entstehung des Universums, auf das wir im 11. Kapitel eingehen werden. In unserem Universum kommen auf jedes schwere Teilchen etwa 10^8 bis 10^9 Photonen. Diese Photonen bilden die schon erwähnte »kosmische Hintergrundstrahlung«, auf die wir noch ausführlicher zurückkommen werden. Überraschend ist nun, daß die mit dieser Strahlung verbundene Entropie den weit überwiegenden Teil der gesamten Entropie des Universums ausmacht. Da die Photonen in einem sehr frühen Stadium des Universums erzeugt wurden, kommen wir zu einem ganz anderen Bild, als es sich aus Boltzmanns Interpretation ergibt. Dieser zufolge war das Universum anfangs geordnet – mit geringer Entropie – und entwickelt sich aus diesem unwahrscheinlichen Anfangszustand auf den Wärmetod zu, der die höchste Wahrscheinlichkeit besitzt. Nach unserer derzeitigen Vorstellung spricht mehr dafür, daß das Universum mit einer explosiven Entropiezunahme begann. Wurde die Schaffung der Elementarteilchen, die das Universum bevölkern, durch diese Entropieerzeugung ermöglicht? Die Elementarteilchen, etwa die Baryonen, sind ja außerordentlich komplexe, geordnete Gebilde (an dieser Stelle fiele es schwer zu sagen, was komplexer ist, ein Proton oder ein DNA-Molekül). Falls wir die Materie als solche als eine Art von Ordnung betrachten können, die um den Preis einer Entropiezunahme entstanden ist, würde sich die gewohnte Perspektive völlig umkehren. Das dissipative Werden, alles andere als eine Näherung, wäre vielmehr die Grundlage alles dessen, was physikalisch existiert.

Wir werden auf diese Fragen zurückkommen. Wir wollten an dieser Stelle nur auf den bemerkenswerten Dualismus hinweisen, den wir in der Natur antreffen, wo Gleichgewichtssituationen wie die Hintergrundstrahlung neben hochgradig organisierten Objekten existieren, von denen das menschliche Gehirn mit seinen 10^{11} vernetzten Neuronen wohl das bemerkenswerteste ist. Ordnung und Unordnung können nicht im Sinne Boltzmanns verstanden werden, wobei die Ordnung weniger wahrscheinlich und die Unordnung am wahrscheinlichsten ist. Beide sind Bestandteil und Produkt von korrelierten Entwicklungsprozessen.

Zurück zur physikalischen Chemie. Die Wärmeleitung ist ein linearer Prozeß: Der Konzentrationsunterschied der beiden Gase (in unserem Beispiel Wasserstoff und Stickstoff) ist dem Temperaturunterschied der Behälter proportional. Doch in anderen Fällen haben wir es mit plötzlichen, spektakulären Phänomenen zu tun, etwa mit dem Auftreten neuer, qualitativ verschiedener Verhaltensweisen, die in einer bestimmten Entfernung vom Gleichgewicht entstehen, das heißt bei bestimmten Intensitäten der Materie- und Energieflüsse, welche die entropieerzeugende Aktivität aufrechterhalten. Wir kommen hier in den Bereich der gleichgewichtsfernen »dissipativen Strukturen« und des dissipativen Chaos.

Die dissipativen Strukturen, also Strukturen, die nur so lange existieren, wie das System Energie dissipiert und folglich Entropie erzeugt, wurden ganz unverhofft entdeckt. Betrachten wir zunächst ein Beispiel aus der Hydrodynamik, die »Bénard-Instabilität«. Eine dünne Flüssigkeitsschicht wird einem Temperaturunterschied ausgesetzt zwischen der unteren Begrenzung, die laufend erhitzt wird, und der oberen Begrenzung, die Zimmertemperatur hat. Bei einem geringen Temperaturunterschied, also in Gleichgewichtsnähe, erfolgt der Wärmetransport durch Wärmeleitung, durch Stöße zwischen den Molekülen. Oberhalb eines bestimmten Schwellenwerts des Temperaturunterschieds tritt ein Wärmetransport durch Konvektion hinzu, bei dem die Moleküle sich an einer kollektiven Bewegung beteiligen. Dabei entstehen Wirbel, die die Flüssigkeitsschicht in regelmäßige »Zellen« aufteilen, die Bénard-Wirbel.

Das Auftreten einer kollektiven Bewegung ist gleichbedeutend mit einer Brechung der räumlichen Symmetrie. In Gleichgewichtsnähe war die Flüssigkeit homogen, die Bewegung der Moleküle war inkohärent und wurde gut durch die Gesetze des Zufalls beschrieben. Bei Eintreten der Bénard-Instabilität ändert sich das: An einem Punkt steigen, an einem anderen sinken die Moleküle, so als folgten sie einem Befehl. Das ist jedoch nicht der Fall, denn eine neue ordnende Kraft ist nicht hinzugekommen. Das war die große Überraschung, welche die Entdeckung dissipativer Strukturen auslöste: Wir brauchen auf die Flüssigkeitsschicht nur einen thermischen Zwang auszuüben, und dieselben Moleküle, die bis dahin durch zufällige Stöße wechselwirken, können zu einem kohärenten kollektiven Verhalten übergehen.

3. Nichtgleichgewichtszustände der Materie

Im Nichtgleichgewicht können also neue Zustände der Materie mit Eigenschaften auftreten, die von denen der Gleichgewichtszustände deutlich abweichen. Dieser Kontrast läßt sich am besten mit Hilfe des Begriffs der »Korrelation« verdeutlichen, der nicht mit dem Begriff der Wechselwirkung verwechselt werden darf. Während Wechselwirkungen ein Bestandteil der Definition des Systems sind, unabhängig von seinem aktuellen Verhalten, beschreiben Korrelationen dieses Verhalten aus molekularstatistischer Sicht. Die Wechselwirkungen zwischen den Molekülen sind zum Beispiel vor und nach der Bénard-Instabilität die gleichen, doch die Korrelationen ändern sich drastisch. Von der Reichweite und Stärke der Korrelationen hängt es ab, wie ein lokales Ereignis die übrigen Teile des Systems beeinflußt, und sie erlauben uns, die beobachtbare Ordnung mit einem kohärenten Verhalten auf der Ebene der Population der Moleküle zu verbinden. Gleichgewichtszustände, gleichgültig, ob in einem Kristall oder einem Gas, weisen charakteristische Korrelationen auf, deren Reichweite bei einem Ångström (10^{-8} cm) liegt. Im Gleichgewicht verhalten sich die »Teile« (Moleküle in einem Gas, Phononen in einem Festkörper) daher inkohärent im makroskopischen Maßstab. Die fern vom Gleichgewicht auftretenden Korrelationen reichen dagegen über makroskopische Entfernungen, die in der Größenordnung von Zentimetern liegen. Diese ungeheure Differenz der Größenordnung bringt klar den grundlegenden Unterschied zwischen Gleichgewicht und Nichtgleichgewicht zum Ausdruck.

Durch Computersimulation konnte kürzlich zum erstenmal die Entstehung von langreichweitigen Korrelationen, des neuen »Zusammenwirkens« der Moleküle, wie es bei der Entstehung von Bénard-Wirbeln vorliegt, veranschaulicht werden[3]. Die Simulation geht von 5040 harten Scheiben aus, die sich in einem zweidimensionalen Medium bewegen und

Abb. 3.2 Computersimulation der Entstehung hydrodynamischer Wirbel.

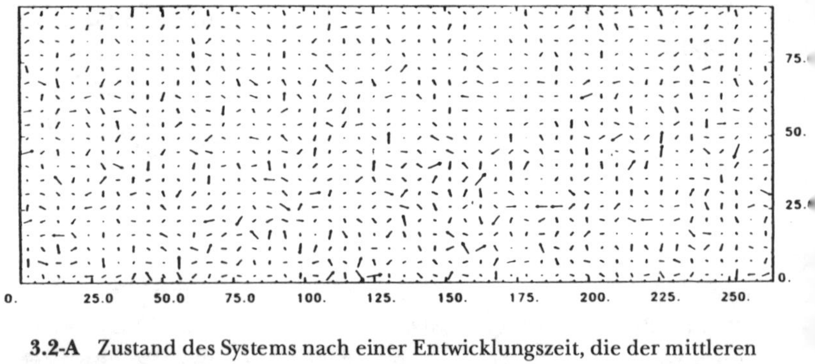

3.2-A Zustand des Systems nach einer Entwicklungszeit, die der mittleren Stoßzeit entspricht. Die Pfeile zeigen die mittlere Geschwindigkeit der Kugeln in einem der 1000 »Kästchen« an, in die der Raum aufgeteilt ist. Die Geschwindigkeitsverteilung ist lokal zufallsbedingt.

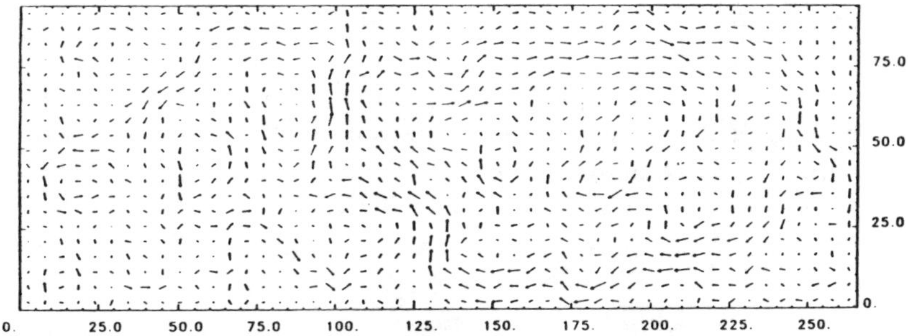

3.2-B Verteilung der mittleren Geschwindigkeiten nach zwölf Millionen Stößen unter Bedingungen, die einen Temperaturunterschied unterhalb der kritischen Differenz simulieren. Wirbel sind vorhanden, aber sie bilden keine stabilen makroskopischen Strukturen.

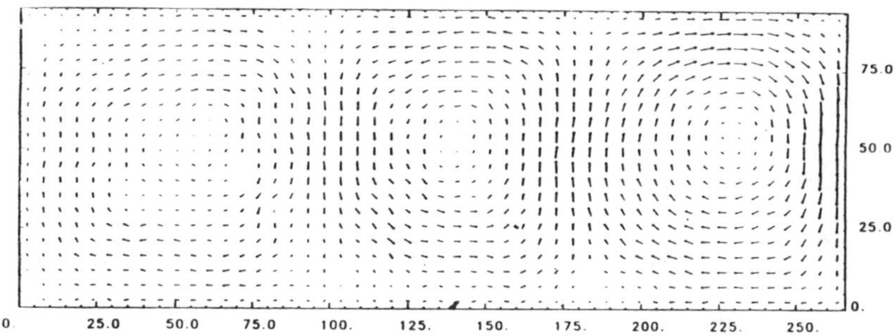

3.2-C Verteilung der mittleren Geschwindigkeiten nach zwölf Millionen Stößen bei einem Temperaturunterschied oberhalb der kritischen Schwelle.

zusammenstoßen können. Am oberen und unteren Rand des Kastens wird eine unterschiedliche »Temperatur« aufrechterhalten (eine Scheibe, die auf einen dieser Ränder prallt, verläßt ihn mit einer neuen Geschwindigkeit, die der Temperatur entspricht). Außerdem werden die Scheiben einer konstanten äußeren Kraft unterworfen, die in der dem Temperaturgradienten entgegengesetzten Richtung wirkt; sie simuliert die Gravitationskraft. Wenn das System in Gang gesetzt wird, ist die Position der Scheiben zufällig verteilt, und ihre lokale Geschwindigkeitsverteilung entspricht der Gleichgewichtsverteilung für die lokale Temperatur.

Bleibt der Temperaturunterschied unterhalb des kritischen Schwellenwerts, so bilden sich kleine Wirbel, die sich eine Zeitlang halten und wieder auflösen. Wenn die Temperaturdifferenz jedoch den kritischen Wert erreicht oder überschreitet, so lösen sich die Wirbel nicht mehr auf. Sie ziehen eine immer größere Zahl von »Molekülen« in sich hinein, bis schließlich das ganze Medium organisiert ist.

Die Bénard-Simulation zeigt, wie die Wärmebewegung der Moleküle, die inkohärent ist, mit der Wirkung des Nichtgleichgewichts-Zwangs, der dem System auferlegt wird, konkurriert. Jeder Temperaturunterschied führt zu Wirbeln, die aber unterhalb der kritischen Schwelle flüchtig bleiben und schließlich durch die Wärmebewegung zerstört werden. Nur oberhalb der Schwelle bleiben sie stabil.

Man beachte, daß die Abbildungen 3.2-B und 3.2-C Mittelwerte darstellen, die sich nach einer großen Zahl von Stößen (in Abb. 3.2-B über 10^6 Stöße) bilden. Auf einer Momentaufnahme würden wir das System im ungeordneten Zustand von Abb. 3.2-A sehen. Das hat eine bemerkenswerte Folge: Ein Dämon, der einen momentanen Zustand des Bénard-Systems beobachten könnte, wäre nicht imstande, ihn von einem Gleichgewichtszustand zu unterscheiden. In beiden Fällen wäre ein Durcheinander von Molekülen zu »sehen«, die in alle Richtungen schwirren. Die Kohärenz der Bénard-Strukturen erzeugt eine bestimmte räumliche und zeitliche Skalierung.

In Abb. 3.2-C beobachten wir das Auftreten von drei Wirbeln. Die Anzahl der Wirbel hängt entscheidend von dem sogenannten »Aspektverhältnis« ab, das die Geometrie des Systems charakterisiert (hier das Verhältnis von Höhe und Breite des Kastens). Ändert es sich geringfügig, kann sich die Anzahl der Wirbel verändern. Das Verhalten der Moleküle ist also recht empfindlich für die räumlichen Randbedingungen. Dies ist ein weiteres auffälliges Beispiel für den langreichweitigen, makroskopischen Charakter der Korrelationen, die von einem thermischen Gradienten herbeigeführt werden.

Betrachten wir, um ein intuitives Gefühl für die Entstehung von langreichweitigen Korrelationen zu vermitteln, ein Beispiel aus der chemischen Kinetik[4]. In diesem Fall bezieht sich der auf das System ausgeübte Zwang auf dessen chemische Zusammensetzung, determiniert er eine Abweichung von der Zusammensetzung, die dem Gleichgewicht entspräche. Chemische Reaktionen vollziehen sich durch Stöße zwischen Molekülen. Moleküle müssen, um zu reagieren, eine Energiebarriere überwinden – die Chemiker sprechen von der »Aktivierungsenergie«. Oft ist diese Energie im Verhältnis zur Energie der Wärmebewegung groß. Infolgedessen sind »Reaktionsstöße« »selten«, verglichen mit den »Brownschen« Stößen, die die Geschwindigkeit der Moleküle verändern, aber nicht zu ihrer chemischen Umwandlung führen. Jeder Reaktionsstoß hat eine lokale Änderung der chemischen Konzentrationen zur Folge.

Betrachten wir eine Reaktion wie $A \to 2X$, bei der ein Molekül A zwei Moleküle X ergibt. Dies ist eine nichtlineare Reaktion, da aus einem Molekül A zwei Moleküle X entstehen. Ihre Umkehrung $2X \to A$ erfordert zwei Moleküle X und ist damit von der mittleren räumlichen Verteilung der X-Moleküle abhängig. Jeder Reaktionsvorgang $A \to 2X$ verändert nun aber diese räumliche Verteilung, da er zwei X-Moleküle in unmittelbarer Nachbarschaft erzeugt. Folglich konkurriert die Wärmebewegung, die die gleichförmige Verteilung wiederherstellen möchte, mit der chemischen Reaktion $A \to 2X$, deren Häufigkeit in der Mikroregion, in der der Reaktionsvorgang stattgefunden hat, steigen wird. Je nachdem, welchen Nichtgleichgewichts-Zwang wir ausüben, wird sich ein anderes Resultat ergeben.

Betrachten wir zunächst den Fall, daß der Nichtgleichgewichts-Zwang zum Überwiegen der Reaktion $A \to 2X$ gegenüber der Umkehrung $2X \to A$ führt. Dadurch werden

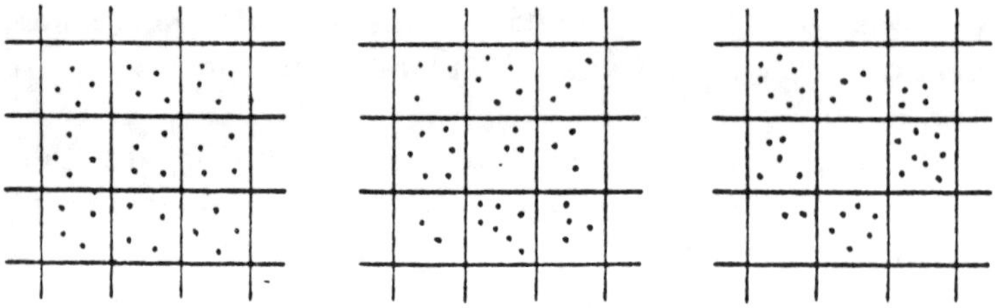

Abb. 3.3 (a) Dominiert die Reaktion $2X \to A$, so scheint es, als bestünde zwischen den *X*-Molekülen eine abstoßende Wechselwirkung. (b) Im Fall des Gleichgewichts ist die Verteilung von *X* zufallsbedingt (Poisson-Verteilung). (c) Herrscht in der Verteilung die Reaktion $A \to 2X$ vor, so scheint es, als bestünde zwischen den *X*-Molekülen eine anziehende Wechselwirkung.

X-Moleküle einander *enger benachbart* sein als in einer gleichförmigen Verteilung. Überwiegt dagegen die umgekehrte Reaktion, werden die *X*-Moleküle im Mittel *weiter voneinander entfernt* sein als in einer gleichförmigen Verteilung. Benachbarte *X*-Moleküle haben nämlich eine größere Chance, zusammenzutreffen und durch Umwandlung in *A*-Moleküle zu verschwinden. Im ersten Fall ist es folglich so, »als ob« die *X*-Moleküle einander anzögen, im letzteren, »als ob« sie einander abstießen.

Wir sehen, daß gleichgewichtsferne, nichtlineare chemische Reaktionen zu Korrelationen führen. Es handelt sich um langreichweitige Korrelationen, denn sie werden von kinetischen Konstanten und Diffusionskoeffizienten bestimmt, im Gegensatz zu den kurzreichweitigen Korrelationen, die von molekularen Wechselwirkungen bestimmt werden. Damit diese Nichtgleichgewichts-Korrelationen zu spektakulären Folgen führen, müssen jedoch stärkere Bedingungen erfüllt sein, etwa, daß katalytische Mechanismen vorliegen (»Autokatalyse« von der Art $A + 2X \to 3X$, »gegenseitige Katalyse« von der Art $A + X \to 2Y$, $B + Y \to 2X$, usw.). Bei einer bestimmten Entfernung vom Gleichgewicht kann der stationäre Zustand dann instabil werden, und das System wird diskontinuierlich zu einer anderen Form organisierter Aktivität übergehen. Ein vielfach untersuchtes Beispiel sind die *chemischen Uhren.* Solange die chemischen Zwänge aufrechterhalten bleiben, zeigt die Reaktion ein periodisches Verhalten, obwohl die Wärmebewegung das System zu einem zufälligen Verhalten drängt. An diesem Beispiel zeigt sich deutlich der Unterschied zwischen der Periodizität der gebrochenen zeitlichen Symmetrie und der reversiblen Periodizität, wie sie beim reibungslosen Pendel vorliegt. Wir wiesen schon darauf hin, daß die traditionellen Vorstellungen von einer »ewigen Wiederkehr« des Universums keine Äquivalenz zwischen Vergangenheit und Zukunft implizieren. Dies ist schon bei den chemischen Uhren der Fall. Ihr Ablauf weist eine Richtung in der Zeit auf. Außerdem sind an den periodischen Umwandlungen Milliarden und Abermilliarden Moleküle beteiligt. Das System bildet daher, genau wie bei den Bénard-Wirbeln, ein »Ganzes«, in dem jeder Teil für alle anderen »empfindlich« ist.

Heute kennen wir ebenfalls schöne Beispiele von chemischen dissipativen Strukturen, die die räumliche Symmetrie brechen. Man nennt sie »Turing-Strukturen«, zur Erinnerung an Alan Turing, der 1952 als erster von der Möglichkeit sprach, daß durch das Zusammenspiel von nichtlinearen chemischen Reaktionen und Diffusion räumliche Muster entstehen könnten, die durch unterschiedliche chemische Konzentrationen gekennzeichnet sind[5]. Unter Verwendung des »Brüsselators«, eines sehr einfachen Modells chemischer Reaktionen, das die Bedingungen für das Auftreten dissipativer Strukturen erfüllt, konnte in der Computersimulation gezeigt werden, daß ein räumlich gleichförmiges System in räumlich strukturierte Zustände übergeht, wenn das System vom Gleichgewicht weggedrängt wird, und daß sukzessive verschiedene geometrische Strukturen auftreten, die jeweils einen bestimmten Stabilitätsbereich aufweisen[6].

Gleichgewichtsferne irreversible Prozesse können also eine Quelle von Kohärenz sein – die Grundvoraussetzung für die Entstehung einer großen Vielfalt von kollektiven strukturierten Aktivitäten. Wir müssen uns daher erneut Gedanken darüber machen, was wir unter einem »System« verstehen wollen. Im Gleichgewicht oder nahe dem Gleichgewicht werden die Verhaltensweisen zumindest nach hinreichend langer Zeit vollständig von den Randbedingungen bestimmt, doch weit vom Gleichgewicht entfernt sieht die Sache ganz anders aus. Unter gleichen Randbedingungen können viele verschiedene dissipative Strukturen auftreten. Das beruht auf dem nichtlinearen Charakter der gleichgewichtsfernen Situationen. Geringfügige Unterschiede können weitreichende Auswirkungen haben. Die Randbedingungen stellen daher *notwendige, aber nicht hinreichende Bedingungen* für das Auftreten einer Struktur dar. Wir müssen die jeweiligen Prozesse berücksichtigen, die dazu führen, daß von mehreren möglichen Strukturen eine bestimmte »gewählt« wird. Das ist einer der Gründe, warum wir solchen

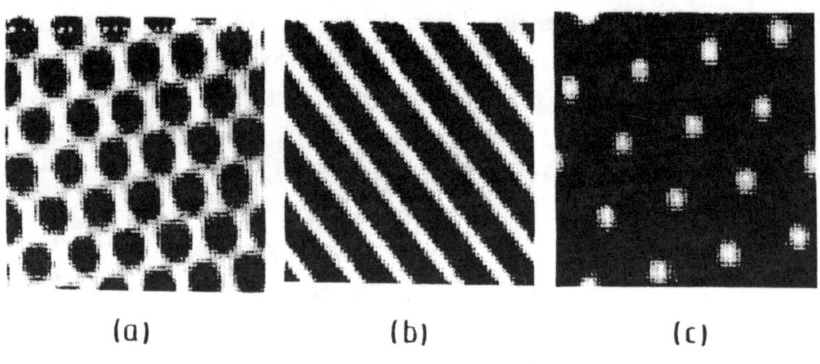

Abb. 3.4 Zweidimensionale Simulation des Auftretens von Turing-Mustern mit Hilfe des Brüsselator-Modells. Weiße Zonen entsprechen maximaler Konzentrationsdichte. Zunächst tritt ein Bienenwaben-Muster auf, danach Streifen, dann eine neue Struktur mit hexagonaler Symmetrie, die vierte »Zickzack«-Struktur erhält man, ausgehend von unterschiedlichen Anfangsbedingungen, von den geraden Streifen aus verzweigend und mit ihnen koexistierend, bis sie bezüglich der hexagonalen Struktur instabil wird.

Systemen eine gewisse »Autonomie« oder »Selbstorganisation« zuschreiben müssen.

4. Selbstorganisation

Gleichgewichtsferne Zwänge sind eine Bedingung sine qua non für die Selbstorganisation, doch verändert die Selbstorganisation ihrerseits die Rolle und die Bedeutung der Zwänge. Der Wärme- oder Stoffffluß, der den Abstand vom Gleichgewicht aufrechterhält, ist insofern ein »Zwang«, als sich das System ohne ihn zum Gleichgewicht hin entwickeln würde. In Gleichgewichtsnähe determiniert ein Zwang wie etwa ein Wärmefluß im übrigen nur den stationären Zustand, so daß er gewissermaßen die dissipative Aktivität des Systems »erklärt«. Nach dem Theorem der minimalen Entropieerzeugung, das einer der Verfasser 1945 formulierte, entspricht der stationäre Zustand der minimalen Entropieerzeugung, die mit dem gegebenen Zwang vereinbar ist[7]. Jenseits der Schwelle der Instabilität ist das nicht mehr der Fall. Die Bénard-Wirbel erzeugen *mehr Entropie*, als nach dem Theorem der minimalen Entropieerzeugung zu erwarten wäre. Die Wärme wird rascher von der unteren zur oberen Grenzfläche transportiert. Um *den gleichen* Temperaturunterschied aufrechtzuerhalten, müssen wir daher den Wärmefluß, das heißt den negativen Entropiefluß, *steigern*, damit der entsprechende Temperaturunterschied aufrechterhalten bleibt. Der Nichtgleichgewichts-Zwang »erklärt« nicht mehr die Entropieerzeugung, er stellt nur eine notwendige Bedingung für das Auftreten von Ordnung fern vom Gleichgewicht dar.

Mit gleichgewichtsfernen Situationen verbinden sich außerdem Begriffe wie Empfindlichkeit, Instabilität und Verzweigung (Bifurkation), durch die deutlich wird, daß man an Phänomene der Selbstorganisation mit einer anderen kausalen Erklärung herangehen muß als an Gleichgewichtszustände.

Betrachten wir noch einmal die Bénard-Wirbel. Kann bei einem System im Gleichgewicht die Wirkung der Gravitation auf eine dünne Flüssigkeitsschicht völlig vernachlässigt werden, so kommt ihr bei der Bénard-Instabilität eine entscheidende Bedeutung zu. Die Bénard-Wirbel drücken so etwas wie einen »Konflikt« zwischen der Gravitation und dem Temperaturgradienten aus: Führt dieser allein im unteren, wärmeren Teil der Flüssigkeitsschicht zu einer geringeren Dichte, so bewirkt das mechanische Gleichgewicht allein eine Absenkung des Schwerpunkts.

Die Rolle der Gravitation bei der Bénard-Instabilität ist kennzeichnend für gleichgewichtsferne Situationen. Die Gravitation wirkt sich auf dieses System nicht so aus wie auf einen »schweren« Körper, sie veranlaßt ihn, neue, differenzierte Verhaltensweisen, neue raum-zeitliche Strukturen zu entwickeln. Dies ist ein Beispiel dafür, daß physikalisch-chemische Systeme fern vom Gleichgewicht »empfindlich« werden für Faktoren, die in Gleichgewichtsnähe vernachlässigbar sind.

Im Begriff der »Empfindlichkeit« ist verknüpft, was die Physiker bislang voneinander zu trennen pflegten: die Definition des Systems (das heißt seine Zusammensetzung, seine Beziehung zur Umgebung, die Wechselwirkungen zwischen Bestandteilen und die dadurch bewirkten Veränderungen) und die Berechnung seiner Aktivität in Abhängigkeit von seiner Entfernung vom Gleichgewicht. Bei einer dünnen Flüssigkeitsschicht im Gleichgewicht kann die Gravitation in der Definition des Systems vernachlässigt werden, aber fern vom Gleichgewicht ist das nicht mehr möglich. Es hängt also gerade von der Entfernung vom Gleichgewicht ab, wie wir das Verhältnis des Systems zur Umgebung beschreiben müssen.

Beim Begriff der Instabilität haben wir es ebenfalls mit einem Problem der Empfindlichkeit zu tun, nur geht es in diesem Fall um die Empfindlichkeit des Systems für seine eigenen Fluktuationen. Auch hier hängt die Relevanz unserer Beschreibung von der Aktivität des Systems ab. Zur Beschreibung eines Systems im Gleichgewicht brauchen wir lediglich Mittelwerte, weil der Gleichgewichtszustand gegenüber den Fluktuationen, welche diese Werte ständig stören, stabil ist. In Gleichgewichtsnähe sorgt der Zweite Hauptsatz der Thermodynamik noch dafür, daß diese Fluktuationen gedämpft werden und verschwinden. Da der Experimentator die Mittelwerte des Energie- und des Stoffflusses und die übrigen Randbedingungen kontrolliert, können wir Systeme im Gleichgewicht und in Gleichgewichtsnähe als kontrollierbar betrachten. Er kann hingegen nicht kontrollieren, wann sich ein Reaktionsstoß ereignet oder wann sich in einer Flüssigkeit spontan ein kleiner Wirbel bildet. Systeme, bei denen solche unkontrollierbaren Fluktuationen sich verstärken können, um schließlich eine entscheidende Rolle zu spielen, können wir nicht beliebig manipulieren. Das ist bei gleichgewichtsfernen Systemen der Fall.

Instabilität bedeutet also, daß Fluktuationen möglicherweise kein bloßes »Rauschen« mehr sind, sondern die globale Entwicklung des Systems bestimmen. Ereignisse können infolgedessen nicht mehr auf ein regelmäßiges, reproduzierbares Verhalten reduziert werden. Damit kommt ein *narratives Element* in die Physik. Was wir weit vom Gleichgewicht entfernt als »Ursache« der Entwicklung zu erkennen vermögen, hängt von den Umständen ab. Ein und dasselbe Ereignis, ein und dieselbe Fluktuation können völlig vernachlässigbar sein, wenn das System stabil ist, und ganz wesentlich werden, wenn das System durch Nichtgleichgewichts-Zwänge in einen instabilen Zustand getrieben wird.

Was wäre geschehen, wenn...? Diese Frage stellt sich natürlich der Historiker. Jetzt stellt sie sich auch der Physiker, wenn er es mit einem System zu tun hat, das er nicht mehr als kontrollierbar beschreiben kann. Diese Frage, die den Unterschied zwischen einer narrativen und einer rein deduktiven Wissenschaft ausmacht, beruht nicht auf unzureichender Erkenntnis, sondern auf dem intrinsischen Verhalten des gleichgewichtsfernen Systems. An Verzweigungspunkten, das heißt bei kritischen Schwellenwerten, wird dieses Verhalten instabil und kann sich zu verschiedenen stabilen Funktionsweisen hin entwickeln[9]. Wir können hier nur mit Wahrscheinlichkeiten arbeiten, und auch eine »bessere Erkenntnis« wird uns an solchen Punkten nicht in die Lage versetzen, deterministisch vorherzusagen, welche Funktionsweise das System annehmen wird.

Beim einfachsten Verzweigungspunkt wird ein Zustand instabil, während zwei andere mögliche stabile Zustände symmetrisch hervortreten. Daran wird deutlich, daß der probabilistische Charakter der Verzweigungen unüberwindlich ist und von einem deterministischen Verhalten auf makroskopischer Ebene keine Rede mehr sein kann: Die Wahrscheinlichkeit, das System nach dem Verzweigungspunkt in einer der beiden möglichen Aktivitätsformen anzutreffen, beträgt 50:50. Der Ausgang einer Verzweigung ist so zufallsbedingt wie ein Würfelwurf. Eine Brechung der Symmetrie zwischen diesen beiden Formen ist gewiß möglich. Wenn das Gravitationsfeld eine Rolle spielt, kann eine Aktivitätsform gegenüber der anderen bevorzugt werden. Im Grenzfall kann dies eine quasideterministische Vorhersage der Entwicklung des Systems ermöglichen. Streng genommen liegt dann jedoch kein Verzweigungspunkt mehr vor. Der Punkt, an dem sich die Verzweigung befand, kann jetzt kontinuierlich durchlaufen werden. Der Determinismus wird also nicht dadurch wiederhergestellt, daß wir unsere Erkenntnisse verbessern, sondern durch eine Veränderung des Systems selbst.

Die Theorie der Verzweigungen steht mittlerweile in hoher Blüte, und unter den vielen Namen, die sich mit ihr verknüpfen, sticht besonders der von René Thom hervor, dessen Katastrophentheorie eine erste wichtige Klassifikation der möglichen Arten von Verzweigungen lieferte.

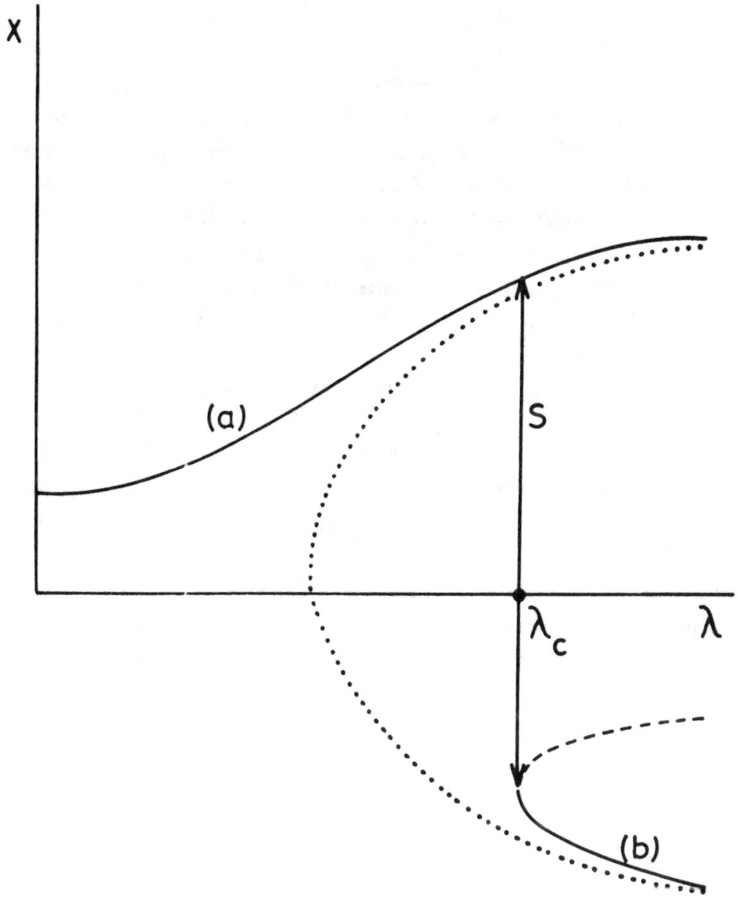

Abb. 3.5 Phänomen der »unterstützten« Verzweigung in Anwesenheit eines äußeren Feldes (zum Beispiel eines Gravitationsfeldes). Die *X*-Konzentration, die die Entropie erzeugende Aktivität des Systems charakterisiert, ist dargestellt als Funktion des Parameters λ, der den Abstand vom Gleichgewicht mißt. Die gepunktete Linie stellt die symmetrische Verzweigung zwischen den alternativen Aktivitätsformen (a) und (b) dar, die in Abwesenheit des Feldes existiert hätten. Ist dieses vorhanden, so tritt das Verhalten (a) kontinuierlich auf, während das Verhalten (b) nur durch eine endliche Störung bei $\lambda = \lambda_c$ zu erreichen ist.

Besonders erstaunlich an dieser neuen Entwicklung ist die große Vielfalt der Situationen, die fern vom Gleichgewicht auftreten. Ein System, das vom Gleichgewicht weggedrängt wird, kann viele Zonen der Instabilität durchqueren, in denen sein Verhalten sich qualitativ ändert. Insbesondere kann es in einen chaotischen Zustand geraten, in dem sein Verhalten am besten deutlich macht, daß die Begriffe von Ordnung und Unordnung, die uns die gleichgewichtsferne Physik nahelegt, einen neuen Sinn bekommen: Es ist zugleich kohärent, von langreichweitigen Korrelationen bestimmt und unvorhersagbar.

Der Überlegenheitsanspruch der klassischen Physik beruhte auf dem Erfolg, mit dem sie veränderliche Objekte durch unwandelbare Gesetze beschrieb. An diesem Ideal wurden alle anderen Wissenschaften gemessen. In einigen Wissenschaften wurde die »wissenschaftliche Objektivität«, die Suche nach allgemeinen Gesetzen, die hinter den Ereignissen, hinter dem »subjektiven« Anschein stecken, zur Norm erhoben. Andere haben Gegenmodelle entwickelt, entgegengesetzte Werte aufgestellt, sei es die Intentionalität oder die Subjektivität. Die gleichgewichtsferne Physik der Gegenwart erfüllt die von uns formulierten Mindestvoraussetzungen des Werdens. Sie ist jedoch nicht eine Quelle neuer Normen oder neuer Urteile. Sie ist eine Herausforderung, die nach einer Erweiterung der wissenschaftlichen Rationalität verlangt.

Eine Herausforderung ist sie besonders für Wissenschaften, deren Gegenstand Lebewesen sind, die ein Gedächtnis besitzen und lernfähig sind. Dies gilt um so mehr für Wissenschaften, die sich mit dem Menschen befassen, dessen Sprache ihn für vielfältige Vergangenheiten und Zukünfte und für ganz unterschiedliche Interpretationen der Gegenwart »empfindlich« macht. Der »Urknall« und die Evolution des Universums können auch für diejenigen, die von Einsteins Gleichungen nichts wissen, zu einer bedeutsamen Vorstellung werden, neue Perspektiven eröffnen. Unsere geistige

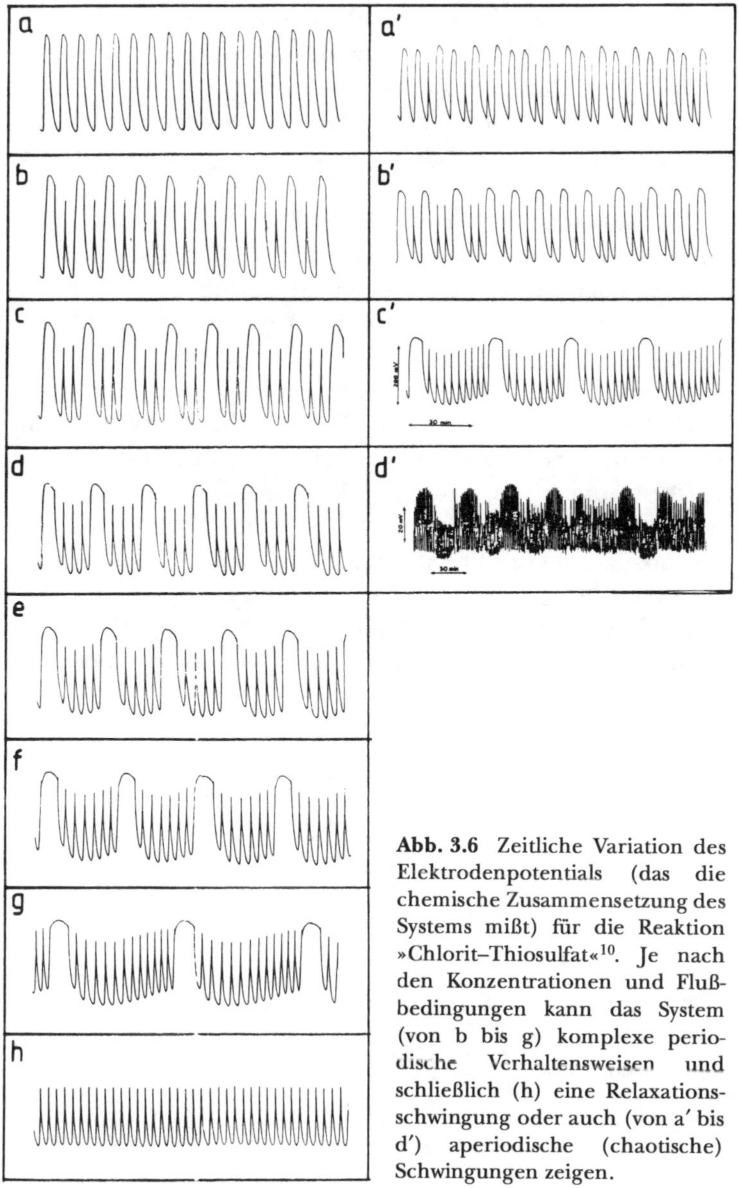

Abb. 3.6 Zeitliche Variation des Elektrodenpotentials (das die chemische Zusammensetzung des Systems mißt) für die Reaktion »Chlorit–Thiosulfat«[10]. Je nach den Konzentrationen und Flußbedingungen kann das System (von b bis g) komplexe periodische Verhaltensweisen und schließlich (h) eine Relaxationsschwingung oder auch (von a′ bis d′) aperiodische (chaotische) Schwingungen zeigen.

Welt, die Landschaft unserer differenzierten Empfindlichkeiten, befindet sich in einer nicht endenden Entwicklung. Wie können wir a priori entscheiden, was der Mensch »ist«, wie seine Identität zu definieren ist, wenn schon die Identität eines physikalisch-chemischen Systems von seiner Aktivität abhängt?

Das klassische Wissenschaftsideal, die Entdeckung einer intelligiblen Welt – einer Welt ohne Zeit und somit auch ohne Gedächtnis, ohne Geschichte –, erinnert an den Alptraum, den Kundera, Huxley und Orwell ersonnen haben. In Orwells *1984* ist die Sprache selbst von ihrer Vergangenheit und damit auch von ihrer Fähigkeit abgeschnitten, Zukünfte zu erfinden, hilft sie, die Menschen in eine Gegenwart einzusperren, aus der es keinen Ausweg gibt. Dies ist der Alptraum der Macht, nicht der wissenschaftlichen Rationalität. Wir dürfen die Ausschaltung der Erinnerung, die Unterdrückung der Phantasie nicht länger als »Idealisierungen« rechtfertigen, als den legitimen Preis der wissenschaftlichen Rationalität. Wir müssen in ihnen das erkennen, was sie sind: Verstümmelungen, die das, was sie zu verstehen behaupten, zerstören.

Viertes Kapitel
Vom Einfachen zum Komplexen

1. Attraktoren

Wie unterscheidet sich das Einfache vom Komplexen? Die herkömmliche Antwort verweist auf eine Hierarchie. Am einen Extrem finden wir Objekte wie das Pendel, das einfachen, deterministischen Gesetzen gehorcht, am anderen die Menschen und ihre Gesellschaften. Zwischen diesen beiden Polen können wir uns eine Hierarchie der »Komplexifizierung« vorstellen, des Hervortretens des Komplexen aus dem Einfachen.

Doch in Wirklichkeit ist die Situation sehr viel verwickelter: Das Einfache und das Komplexe existieren nebeneinander, ohne hierarchisch verknüpft zu sein. Hinter der scheinbaren Einfachheit des Pendels kann sich eine ganze Welt der Komplexität verbergen. Im Hinblick auf die menschlichen Gesellschaften kennen wir einerseits den Begriff der »Regierung«, der die Möglichkeit der Vorhersage und der Kontrolle andeutet, andererseits den Begriff der »Geschichte«, der mit Einschränkungen der Vorhersage und Kontrolle verbunden ist.

Als Wegweiser bei unserer Erkundung des Verhältnisses zwischen dem Einfachen und dem Komplexen soll uns der Begriff des »Attraktors« dienen; darunter verstehen wir den Zustand oder das Verhalten, auf das die Entwicklung eines dissipativen Systems zusteuert. Physik und Mathematik haben diesem Begriff in jüngster Zeit eine veränderte Bedeutung gegeben. In der Vergangenheit glaubte man, alle Systeme, deren Entwicklung von einem Attraktor bestimmt wird, seien gleich. Heute verbindet sich mit diesem Begriff dagegen die Vielfalt der dissipativen Systeme[1].

Ein ideales Pendel ohne Reibung besitzt keinen Attraktor und setzt seine Schwingung unbegrenzt fort. Die Bewegung eines realen Pendels, das ein dissipatives System mit Reibung ist, kommt dagegen irgendwann in seiner Gleichgewichtslage zum Stillstand. Die Gleichgewichtslage ist ein Attraktor: Wir wissen, daß das Pendel, unabhängig von seiner Anfangsgeschwindigkeit und seiner Anfangsposition, nach hinreichend langer Zeit in seiner Gleichgewichtslage zur Ruhe kommen wird. Auch der Zustand des thermodynamischen Gleichgewichts ist ein Attraktor: Die Entwicklung der Milliarden und Abermilliarden Teilchen eines abgeschlossenen Systems strebt diesem Gleichgewichtszustand zu, dessen Beschreibung nur von wenigen Parametern abhängt, etwa der Temperatur und dem Druck.

Das ideale Pendel bietet uns ein Beispiel »struktureller Instabilität«. Ohne Reibung gibt es keinen Attraktor, doch die geringste Reibung verändert radikal die Bewegungsweise des Pendels und führt einen Attraktor ein. Im 11. Kapitel werden wir ein anderes Beispiel »struktureller Instabilität« erörtern und zeigen, warum der »Urknall« strukturell instabil ist.

Oft erweist es sich als hilfreich, uns unsere Konzepte geometrisch zu vergegenwärtigen. Um uns den Attraktor geometrisch zu vergegenwärtigen, führen wir einen Raum ein, der ebenso viele Dimensionen besitzt, wie Variable benötigt werden, um die zeitliche Entwicklung des Systems zu beschreiben. Diese Variablen können unterschiedlicher Art sein – es können die Koordinaten des Pendels oder die Temperatur eines Gases sein. In diesem Raum entspricht der Gleichgewichtszustand dissipativer Systeme definitionsgemäß einem »punktförmigen« Attraktor. Dies gilt auch für die stationären Zustände von Systemen in der Nähe des thermodynamischen Gleichgewichts, die dem Theorem der minimalen Entropieerzeugung gehorchen. In all diesen Fällen kann die Entwicklung des Systems ungeachtet seines anfänglichen Zustands unter gegebenen Randbedingungen durch eine Trajektorie dargestellt werden, die von dem Punkt, der den Anfangszustand repräsentiert, zu dem Attraktor führt. An diesem Punkt enden also alle Trajektorien in dem Raum.

Nicht alle dissipativen Systeme führen zu einem einzigen Endpunkt. So entwickelt sich die gleichgewichtsferne dissipative Struktur, die wir »chemische Uhr« nennen, nicht auf einen Zustand hin, sondern auf ein stabiles periodisches Verhalten. Dies ist gleichbedeutend mit einer Erweiterung

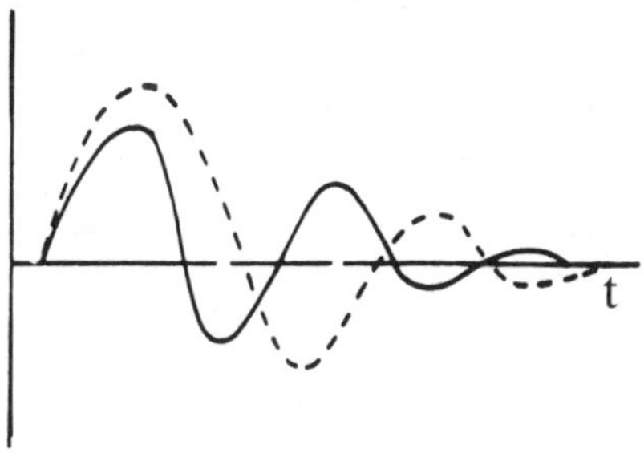

(a)

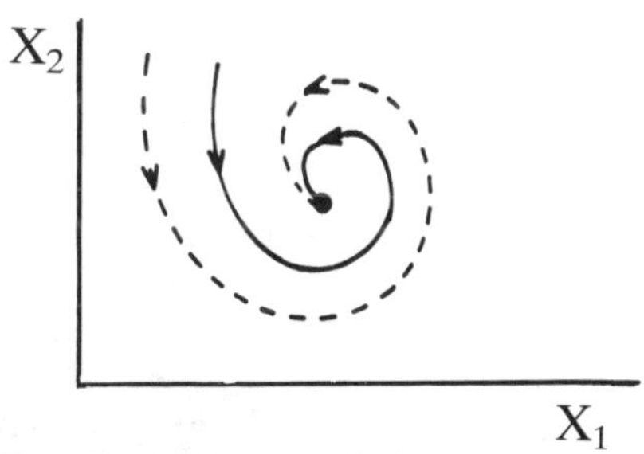

(b)

Abb. 4.1 Punktförmiger Attraktorzustand, charakterisiert durch zwei unabhängige Variablen X_1 und X_2: Alle Entwicklungen ähnlicher Systeme mit ähnlichen Randbedingungen führen zu dem gleichen Zustand. (a) zeigt zwei mögliche Entwicklungen in Abhängigkeit von der zeitlichen Entwicklung einer der Variablen. (b) zeigt zwei mögliche Entwicklungen in dem Raum, der mit den beiden unabhängigen Variablen konstruiert ist.

des Attraktorbegriffs: Der Attraktor ist nicht mehr ein Punkt, sondern eine Linie, die die periodische Veränderung der chemischen Konzentration in dem System beschreibt. Auch in diesem Fall entwickelt sich das System unabhängig von den Anfangsbedingungen auf diesen »Grenzzyklus« hin.

Ein System, das einen Grenzzyklus aufweist, ist noch immer ein vorhersehbares System, das sich auf einfache Weise beschreiben läßt. Aber in dieser Einfachheit steckt etwas Unerwartetes. Wir können uns den chemischen Gleichgewichtszustand vorstellen, können uns vorstellen, wie eine Vielzahl von chemischen Prozessen sich in ihren Wirkungen gegenseitig kompensieren, so wie bei einer Bevölkerung im demographischen Gleichgewicht die Todesfälle die Geburten kompensieren. Daß aber Milliarden und Abermilliarden

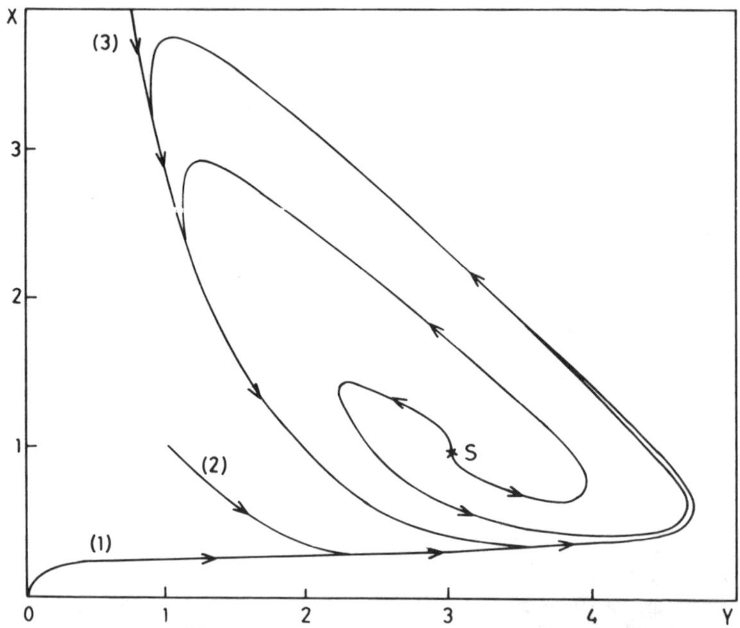

Abb. 4.2 Der in Abb. 4.1(b) dargestellte Grenzzyklus in dem Raum, der aus den unabhängigen Variablen des Systems *X* und *Y* konstruiert ist: Alle Entwicklungen führen zu dem gleichen periodischen Verhalten.

von Molekülen, die nur durch Stöße miteinander wechselwirken, dennoch »gemeinsam« agieren, derart, daß das Reaktionsmedium periodisch seine Farbe wechselt – das entzieht sich unserem Vorstellungsvermögen. Und dennoch beobachten wir genau das bei den chemischen Uhren: Wenn die entsprechenden Bedingungen gegeben sind, sehen wir, wie die Flüssigkeit mit einer Periode von etwa einer Minute erst rot, dann blau, dann wieder rot wird. Wir haben es hier mit einer spektakulären Manifestation der im vorigen Kapitel erörterten langreichweitigen Korrelationen zu tun. Die berühmteste dieser »Uhren« ist die Belusow-Zhabotinsky-Reaktion. Wie sie im einzelnen abläuft, braucht uns hier nicht zu interessieren; sie ist aber ein hervorragendes Beispiel nichtlinearer katalytischer Reaktionen, die fern vom Gleichgewicht zu Verzweigungen führen.

Es kommt vor, daß wir bei der graphischen Darstellung von Attraktoren nicht einen Punkt oder eine Gerade erhalten, sondern eine Fläche oder einen Körper. Überraschenderweise entdeckte man dann jedoch Attraktoren, die nicht einem dieser einfachen geometrischen Gebilde entsprechen, die sogenannten seltsamen Attraktoren. Die seltsamen Attraktoren sind, anders als die Gerade oder die Fläche, nicht durch ganzzahlige Dimensionen gekennzeichnet, sondern durch gebrochene Dimensionen. Sie sind das, was man seit Benoît Mandelbrot, der diese wichtige neue Klasse geometrischer Gebilde entdeckte, als fraktale Gebilde bezeichnet[2].

Wie kann eine Dimension gebrochen sein? Generell definiert eine Dimension ein geometrisches Gebilde durch die Anzahl der Variablen, die nötig sind, um einen seiner Punkte zu bestimmen. So ist zur Bestimmung eines Punktes auf einer Geraden eine einzige Zahl nötig, auf einer Fläche sind es zwei, in einem Körper sind es drei und so weiter. Es gibt jedoch abstraktere Arten, eine Dimension zu definieren. Nehmen wir zum Beispiel eine Gerade, deren Länge einen Zentimeter beträgt. Wie viele Abschnitte mit einer Länge von $\frac{1}{10}$ cm sind nötig, um diese Gerade zu überdecken? Natürlich zehn. Und wie viele Quadrate mit einer Seitenlänge von $\frac{1}{10}$ cm sind nötig, um eine Fläche mit einer Seitenlänge von einem Zentimeter zu überdecken? 100. Und bei einem Würfel beträgt die entsprechende Zahl 1000. Die Dimension tritt hier, wie man sieht, im Exponenten auf: 10, 10^2, 10^3, ... Diese Reihe von Exponenten finden wir immer, gleichgültig, wie groß wir die Länge des Abschnitts, der Quadratseite oder der Würfelkante wählen, die uns als Einheiten der Überdeckung dienen. Ohne hier auf Einzelheiten einzugehen, können wir sagen: Wenn man ein geometrisches Gebilde durch die Mindestanzahl von »Zellen« kennzeichnet, die nötig sind, um es zu überdecken, erscheint die Zahl d, die die Dimension angibt, als Potenz in der Beziehung zwischen der Anzahl N dieser Zellen und ihrer Abmessung u. Man kann aufgrund der einfachen Beispiele, die wir erörtert haben, schreiben: $N = (\frac{1}{u})^d$.

Bis hierher könnte es scheinen, als hätten wir nur eine einfache Idee kompliziert augedrückt. Wenn wir nun aber geometrische Gebilde wie die Gerade, das Quadrat und den Würfel verlassen und uns einem fraktalen Gebilde zuwenden, erkennen wir die Fruchtbarkeit dieser neuen Definition. Ein klassisches Beispiel eines Fraktals ist das »Cantorsche Diskontinuum«. Betrachten wir einen Abschnitt von der Länge 1. Zerlegen wir ihn in drei gleiche Teile und nehmen wir den mittleren Teil heraus. Diese Operation nehmen wir nun erneut vor, indem wir jeden der beiden Abschnitte durch 3 teilen und den Mittelteil entfernen. Der Algorithmus kann unbegrenzt wiederholt werden und führt zur Konstruktion einer unendlichen Menge von »Mikroabschnitten«, die man nicht mehr durch eine Länge beschreiben kann. Dennoch erlaubt uns die von uns eingeführte Definition, ihr eine Dimension zuzuschreiben.

Es liegt auf der Hand, daß nach der ersten Operation zwei Abschnitte von der Länge $\frac{1}{3}$ nötig sind, um das entstandene geometrische Gebilde zu überdecken. Nach der zweiten sind vier von der Länge $\frac{1}{9}$ nötig, nach der dritten acht von der Länge $\frac{1}{27}$. Nach der n-ten Operation ist die Anzahl N der erforderlichen Abschnitte gleich 2^n, und die Länge u dieser Abschnitte ist gleich $\frac{1}{3^n}$. Die Dimension d des Cantorschen Diskontinuums ist somit, wenn N gegen Unendlich und u gegen Null strebt, definiert durch die Beziehung $2^n = (3^n)^d$;

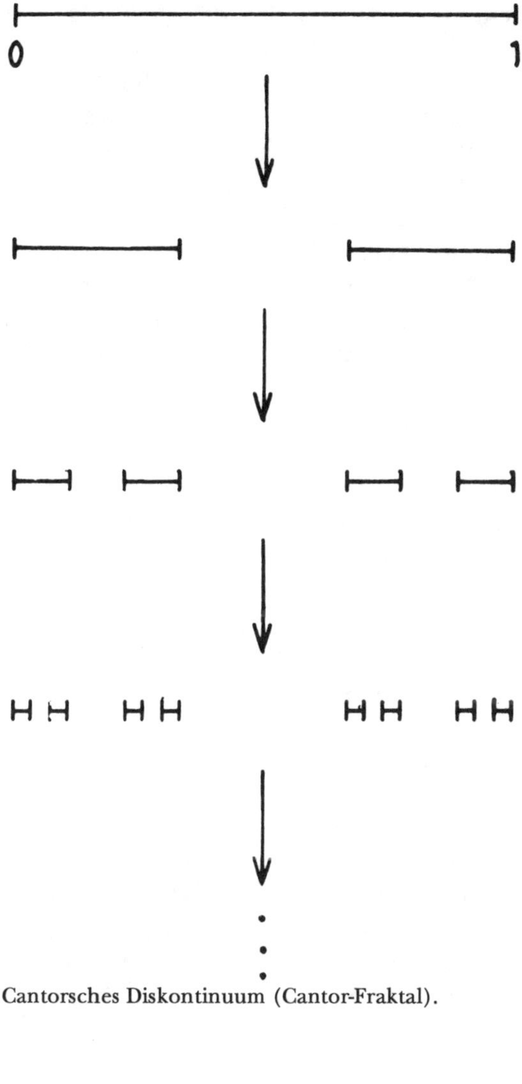

Abb. 4.3 Cantorsches Diskontinuum (Cantor-Fraktal).

daraus folgt $d = \frac{lg\,2}{lg\,3}$, also ungefähr 0,65. Dieser Menge, die nicht mehr als aus eindimensionalen Abschnitten zusammengesetzt verstanden werden kann, entspricht somit eine gebrochene Dimension, die zwischen 0, der Dimension des Punktes, und 1, der Dimension der Geraden, liegt.

Mandelbrots Entdeckung der fraktalen Gebilde hat uns schöne neue Perspektiven auf die Welt der natürlichen Formen eröffnet. Die meisten dieser Formen sind nämlich keine regelmäßigen geometrischen Gebilde, sondern können durch eine fraktale Dimension charakterisiert werden. So ist eine Wolke[3] weder ein Körper noch eine Fläche, sondern ein Mittelding, charakterisiert durch eine Dimension, die zwischen 2 und 3 liegt. Heute werden fraktale Algorithmen im weiten Umfang zur Erzeugung synthetischer Bilder benutzt; sie ermöglichen es, mit verblüffender Leichtigkeit und mit einer erstaunlichen »Treue« Formen zu konstruieren, denen Auge und Hand des Zeichners bislang nicht gewachsen waren.

Nach der Entdeckung von Attraktoren, die fraktale Dimensionen besitzen, kann die von den Fraktalen eröffnete neue Betrachtungsweise von den Formen auf das zeitliche Verhalten übertragen werden. Ein »fraktaler Attraktor« ist – wie das Cantorsche Diskontinuum – eine außerordentlich feingliedrige Struktur mit einem sehr komplexen zeitlichen Verhalten. Während die Existenz eines Attraktors bislang gleichbedeutend war mit Stabilität und Reproduzierbarkeit, während sie unabhängig von den Anfangsbedingungen auf die Rückkehr zum »Gleichen« hinauslief, determinieren diese neuen Attraktoren nun Verhaltensweisen, die weder vorhergesagt noch reproduziert werden können. In jedem beliebig kleinen Gebiet eines Systems, in dem sich ein fraktaler Attraktor befindet, finden wir die gleiche komplexe Struktur. Die Anfangsbedingungen mögen einander beliebig ähneln, sie führen dennoch zu divergenten Entwicklungen. Die geringste Differenz in den Anfangsbedingungen, die geringste Störung wird daher durch den Attraktor nicht gedämpft, sondern verstärkt. Der Attraktor determiniert Verhaltensweisen, die »empfindlich für die Anfangsbedingungen« sind.

2. Das dissipative Chaos

Der Begriff der »Ursache« ist immer mehr oder weniger explizit mit dem Begriff des »Gleichen« verknüpft gewesen, ohne den er nicht operational definiert werden kann: »Die *gleiche* Ursache erzeugt unter *ähnlichen* Umständen die *gleiche* Wirkung«; »wenn wir zwei *ähnliche* Systeme in der *gleichen* Weise präparieren, erhalten wir das *gleiche* Verhalten«. Auch Historiker nehmen an, daß sich an einer von ihnen analysierten Situation nichts Wesentliches geändert hätte, wenn die Umstände geringfügig anders gewesen wären. Wenn wir Wörter und Zahlen benutzen, die immer nur von endlicher Genauigkeit sind, setzen wir in der Tat voraus, daß unsere Beschreibung »robust« ist, daß sie nicht nur auf die Situation paßt, die wir gerade beschreiben, sondern auf eine Klasse ähnlicher Situationen, die sich mit den gleichen Worten und Zahlen vereinbaren lassen. Systeme, die empfindlich für ihre Anfangsbedingungen sind, lassen sich dagegen nicht auf robuste Weise oder mit Hilfe der deterministischen Kausalität beschreiben. Es ist nicht möglich, eine Klasse von »ähnlichen Situationen« zu definieren, bei denen ähnliche »Ursachen«, also ähnliche Anfangsbedingungen, ähnliche Entwicklungen nach sich ziehen.

Wir haben einen Raum eingeführt, um die zeitliche Entwicklung geometrisch darzustellen. Jeder Zustand des Systems ist in diesem Raum durch eine Menge von Zahlen charakterisiert. Gleichgültig, was diese Zahlen physikalisch bedeuten, kann unsere Beschreibung nur von begrenzter Genauigkeit sein, da die verwendeten Zahlen nur eine endliche Anzahl von Ziffern enthalten. Ein Zustand des Systems ist daher nicht durch einen Punkt im Raum definiert, sondern durch ein kleines Gebiet, dessen Ausdehnung von der Länge der Ziffernfolge abhängt. Alle Punkte in diesem Gebiet bezeichnen somit das »gleiche« System, doch unterliegen diese »gleichen« Systeme, falls sie empfindlich für die Anfangsbedingungen sind, nicht der gleichen Entwicklung. Sie gehören zu Trajektorien, die im Laufe der Zeit divergieren werden. Wir müssen, wie wir gleich sehen werden, den allgemeinen deterministischen Zusammenhang zwischen Ursache und Wirkung durch neue Eigenschaften ersetzen, die dem qualitativen Unterschied zwischen stabilen und chaotischen Verhaltensweisen entsprechen.

Damit kommen wir zur Definition des »chaotischen« Verhaltens. Ein Verhalten ist chaotisch, wenn der Abstand zwischen zwei Punkten, die einander beliebig nahe benachbart sind, mit der Zeit exponentiell zunimmt. Diese Divergenz wird demnach ausgedrückt durch eine Funktion $e^{\frac{t}{\tau}}$, wobei $\frac{1}{\tau}$, für chaotische Systeme definitionsgemäß positiv, der »Ljapunow-Exponent« und τ die »Ljapunow-Zeit« ist[4].

Die Ljapunow-Zeit erlaubt es, einen inneren »Zeitmaßstab« für chaotische Systeme zu definieren als jene Zeit, während derer es sinnvoll bleibt, von »zwei gleichen Systemen« zu sprechen, das heißt von Systemen, die den gleichen Anfangsbedingungen entsprechen, so daß eine Vorhersage möglich ist. Nach einer Entwicklungszeit, die im Vergleich zur Ljapunow-Zeit lang ist, ist die Erinnerung an den Anfangszustand des Systems völlig verlorengegangen: Seine Angabe erlaubt uns nicht mehr, die Trajektorie zu bestimmen. Die chaotischen Systeme besitzen somit einen *Zeithorizont*, der durch die Ljapunow-Zeit definiert ist und den wir bis zu einem gewissen Grad erweitern, aber nicht aufheben können. Um die Zeit zu verlängern, während derer wir eine Trajektorie vorhersagen können, müßten wir die Genauigkeit der Angabe des Ausgangszustandes erhöhen; damit würden wir die Klasse der Systeme, die wir als »die gleichen« betrachten, beschränken. Damit wächst aber der

Preis, den wir dafür zu zahlen hätten, exponentiell. Mit anderen Worten: Um die Zeit, während derer die Entwicklung eines Systems vorhersagbar bleibt, zu verzehnfachen, müßten wir die Genauigkeit der Definition der Anfangsbedingungen um einen Faktor e^{10} steigern...

Der Zeithorizont eines chaotischen Systems begründet einen fundamentalen Unterschied zwischen dem, was wir das »Jetzt« nennen können, das individuelle System, dessen Verhalten wir aufgrund unserer gegenwärtigen und früheren Erkenntnis vorhersagen können, und dem »Künftigen«, einer Entwicklung, die wir nicht mehr im Sinne eines individuellen Verhaltens beschreiben können, sondern nur noch mit Hilfe einer probabilistischen Beschreibung, die unabhängig von den jeweiligen Anfangsbedingungen die gleiche ist für alle Systeme, die durch den gleichen Attraktor gekennzeichnet sind. Dieser Unterschied ist ein objektiver: Er ist nicht von praktischen Beschränkungen abhängig und bleibt bestehen, gleichgültig, wie sehr wir unsere Messungen verfeinern. Die Existenz eines Zeithorizonts verleiht der Beschränkung, die jeder Messung und Beschreibung anhaftet, grundlegende Bedeutung. Dies ist die »negative« Definition des Chaos im Sinne eines Hindernisses, das es uns, unabhängig vom Umfang unserer Kenntnisse, unmöglich macht, individuelle Verhaltensweisen vorherzusagen.

In den letzten Jahren haben Physiker und Mathematiker eine Vielzahl von chaotischen Systemen entdeckt und einige »Wege« zum Chaos definiert. Auf die technischen Einzelheiten werden wir hier nicht eingehen, sondern lediglich ein besonders einfaches Beispiel zeigen, bei dem es um das Paradebeispiel des Determinismus und der Vorhersagbarkeit geht, um das Pendel[5]. Es ist wirklich faszinierend, detailliert zu beobachten, wie diese Eigenschaften auf dem Weg zum Chaos verlorengehen.

Betrachten wir ein schwach dissipatives Pendel (dessen Bewegung, würde sie nicht von außen aufrechterhalten, zum Stillstand kommen würde). Wir lassen die Schwingungen,

Abb. 4.4 Verhalten eines sphärischen Pendels mit der Eigenperiode T_0 für verschiedene Werte seiner Forcierungsperiode T (nach Miles, *Physica D 11*, 1984, S. 309). Die forcierende Bewegung erfolgt in der Richtung der x-Achse. Das linke Diagramm zeigt die Amplitudenänderung jenes Teils der Pendelschwingung, der mit der aufgezwungenen Bewegung in Phase ist. Im Falle einer einfachen Schwingung würde sich dieses Diagramm auf einen Punkt reduzieren. Das rechte Diagramm zeigt das Frequenzspektrum der komplexen Schwingung. Der Logarithmus L der spektralen Dichte ist dargestellt in Abhängigkeit von F, dem Verhältnis zwischen der Frequenz und der Eigenfrequenz.

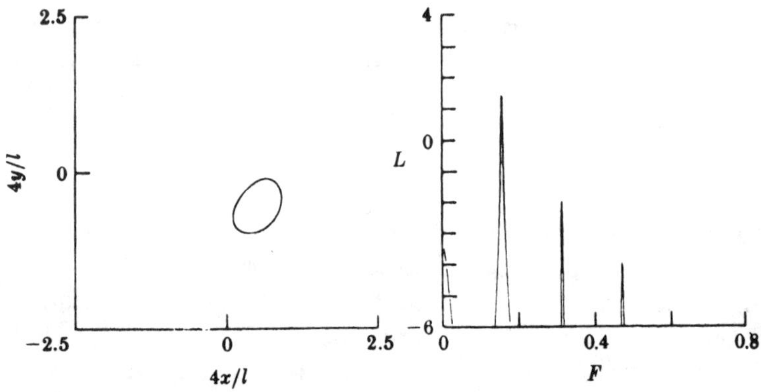

4.4-A $T = 0{,}99922\,T_0$. Das Pendel hat einen der beiden möglichen komplexen Schwingungsmoden angenommen (der andere ist symmetrisch zum ersten in bezug auf die x-Achse).

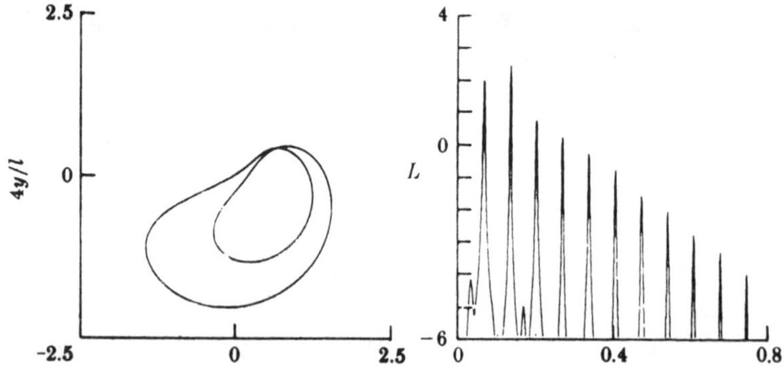

4.4-B $T = 1{,}00156\,T_0$.

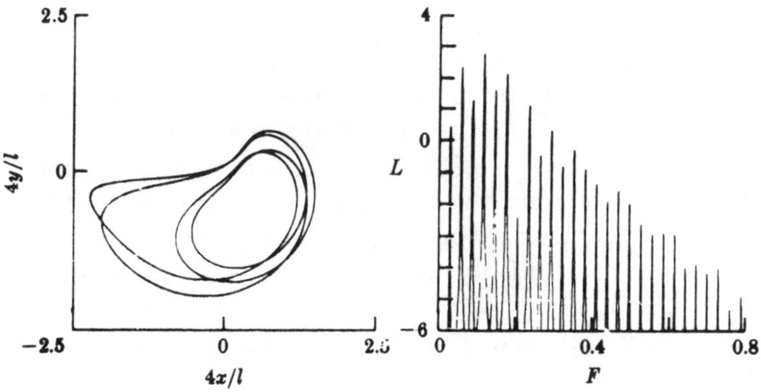

Abb. 4.4-C $T = 1{,}00222 T_0$.

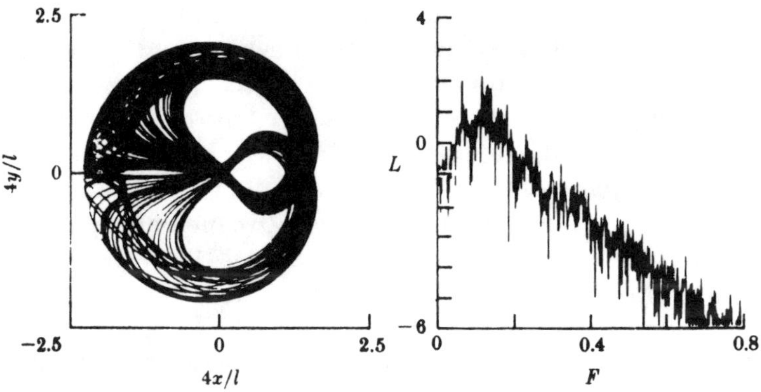

Abb. 4.4-D $T = 1{,}00234 T_0$. Die Bewegung des Pendels ist chaotisch geworden und geht zufällig von einem seiner beiden möglichen Moden in den anderen über.

die das Gewicht des Pendels ausführt, nicht eine Kurve, sondern eine Kugeloberfläche beschreiben (weshalb man von einem sphärischen Pendel spricht), und wir zwingen ihm darüber hinaus eine periodische Bewegung auf; statt an einem festen Punkt ist der Faden des Pendels an einer Aufhängung befestigt, die sich periodisch vor- und zurückbewegt, wodurch die Periode T der »erzwungenen Schwingung« festgelegt ist. Wenn wir die Eigenperiode des freien

Pendels mit T_0 bezeichnen, dann wird der Weg ins Chaos von dem Verhältnis zwischen T und T_0 bestimmt.

Der erste Schritt auf diesem Weg, also die erste Verzweigung, erfolgt, wie Computersimulationen ergeben, wenn wir T einen Wert von $0{,}989\,T_0$ geben. Wenn T diesen Schwellenwert überschreitet, ist die einfache, sphärische, das heißt planare Schwingung nicht länger stabil, und es werden zwei andere einfache, nichtplanare Schwingungen stabil, von denen das Pendel die eine oder andere annimmt. Eine zweite Verzweigung entsteht für $T = 0{,}99887\,T_0$, wobei subharmonische Schwingungen auftreten (Abb. 4.4-A, S. 110). Es entstehen noch weitere Verzweigungen, gekennzeichnet durch eine Verdopplung der Periode (Abb. 4.4-B und C), und wenn die Periode T schließlich den Wert $1{,}00234\,T_0$ annimmt, hört jede Regelmäßigkeit auf. Die Bewegung ist völlig erratisch geworden und nicht länger durch bestimmte Frequenzen gekennzeichnet. Die an der ersten Verzweigung getroffene Wahl ist vergessen: Das System geht von einer der beiden Verhaltensformen zur anderen über. Die Übergänge sind zufallsbedingt und weisen keinen Zusammenhang mehr mit den Anfangsbedingungen auf (Abb. 4.4-D). Die beschriebene Bewegung ist scheinbar sehr einfach, denn sie kam zustande durch Kopplung zwischen zwei deterministischen Bewegungen – der natürlichen Schwingung des Pendels und der durch die Verlagerung des Aufhängungspunktes aufgezwungenen. Dennoch ist sie zu einer chaotischen, unvorhersagbaren Bewegung geworden.

3. Das uns umgebende Chaos

Die Existenz von chaotischen Systemen verändert unsere Vorstellungen von der Vorhersagbarkeit und der probabilistischen Beschreibung. Es ist offensichtlich, daß sich in vielen Fällen hinter den Wahrscheinlichkeiten Unkenntnis verbirgt: Allzu viele Faktoren sind an einem Ereignis beteiligt. Dies gilt beispielsweise für Ereignisse wie Eheschließungen, Scheidungen, Todesfälle, Geburten und so weiter. Wenn wir nicht an einem speziellen Fall interessiert sind, müssen wir uns der statistischen Methode bedienen. Dies entspricht der klassischen Definition der Kontingenz, des »wirklichen« Zufalls. Aber der liegt nicht immer vor, und wir müssen jetzt lernen, zwischen verschiedenen Arten von unvorhersagbaren Verhaltensweisen zu unterscheiden.

Nehmen wir zum Beispiel das Klima[6]. Jeder weiß, daß das Klima auf dem Wechselspiel zahlreicher Faktoren beruht; das zeigt sich an den Kleinklimata, der Abhängigkeit des Klimas von der lokalen Geländeform, der Vegetation und so weiter. Wir wissen aber auch, daß es im Erdklima gewaltige Änderungen gegeben hat, die sich nachhaltig auf die Geschichte der Erde ausgewirkt haben. So war das Klima vor

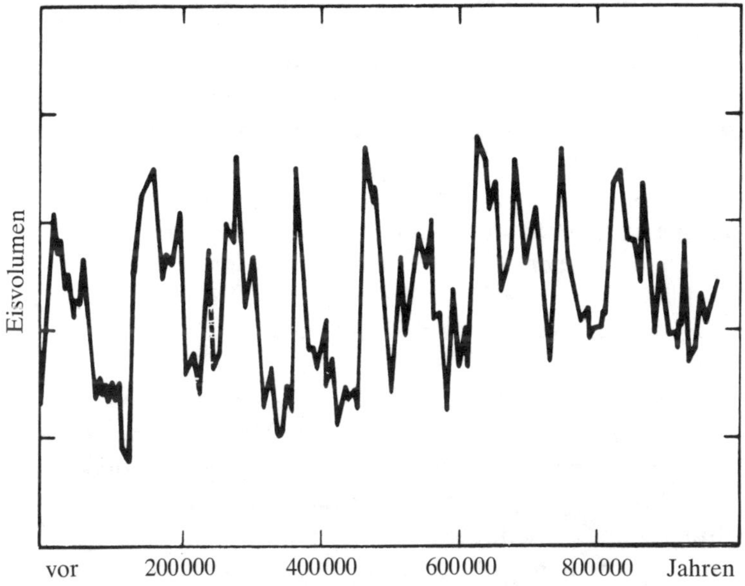

Abb. 4.5 Entwicklung des Eisvolumens der Erde im Laufe geologischer Zeitalter.

200–300 Millionen Jahren sehr viel wärmer als heute; es gab praktisch kein Eis auf den Kontinenten, und der Meeresspiegel lag 80 Meter höher als heute. Vor 40 Millionen Jahren, im Tertiär, verstärkte sich der Temperaturunterschied zwischen den Polen und der Äquatorialzone. Erinnert sei ferner an die Serie von Eiszeiten, die das Quartär geprägt haben. Vor 7000 Jahren, als das Eis zurückgewichen war, erlebte die Erde ein, wie es oft heißt, »klimatisches Optimum«: In dieser Epoche, die zu Beginn der Eisenzeit vor 3000 Jahren zu Ende ging, blühte die Landwirtschaft in der Sahara. Wie lassen sich diese enormen langfristigen Veränderungen erklären? Muß man dafür äußere Ursachen verantwortlich machen, etwa eine Schwankung im Energiefluß von der Sonne? Oder haben wir es mit einer globalen chaotischen Dynamik zu tun? Wie können wir das erratische, von einem chaotischen Attraktor erzeugte Verhalten erkennen und es von anderen Ursachen der Unvorhersagbarkeit unterscheiden?

Wir kennen nicht a priori die Art und Anzahl der Variablen, die für den etwaigen chaotischen Attraktor bestimmend sind. Im allgemeinen besitzen wir nur eine zeitliche Reihe von Messungen einer einzigen oder einiger weniger Variablen. Die Klimatologen können beispielsweise die Temperaturwerte in einem bestimmten Gebiet der Erde über geologische Zeitalter hinweg rekonstruieren. Unser Problem ist somit eine Umkehrung des Problems, vor dem wir gewöhnlich in der Physik stehen. Zuerst haben wir meistens ein System von Gleichungen, das wir lösen, um die zeitliche Veränderung der darin vorkommenden Variablen zu erhalten (siehe Abb. 4.1-A). Hier haben wir zunächst eine zeitliche Reihe von Werten einer Variablen. Wir benutzen diese Information, um herauszufinden, welche Art von Gleichungen eine solche Reihe erzeugen könnte.

Es ist nicht schwierig, anhand einer solchen Zeitreihe einen punktförmigen Attraktor zu erkennen: Die Reihe entwickelt sich auf einen bestimmten Wert hin und bleibt dann im Zeitverlauf konstant. Auch ein Grenzzyklus ist leicht zu erkennen. Die Reihe nimmt in diesem Fall ein periodisches Verhalten an, das sich unschwer erkennen läßt. Doch eine Folge, die durch einen chaotischen Attraktor mit fraktaler Dimension erzeugt wurde, zeigt keine einfache Periodizität. Dennoch ist es möglich, die Dimension des eventuellen Attraktors zu bestimmen und die Mindestanzahl der beteiligten unabhängigen Variablen festzustellen.

Hier sei kurz die von Grassberger und Proccacia vorgeschlagene Methode skizziert[7]. Zunächst besitzen wir Informationen über eine einzige Variable. Wir nehmen an, daß die Werte, die diese Variable X mit der Zeit angenommen hat, bestimmt werden durch ihre Zusammenhänge mit anderen Variablen, über deren Art und Anzahl wir nichts wissen. Wir wissen aber, daß, sollte die meßbare Variation tatsächlich von einer globalen Dynamik bestimmt sein, die Entwicklung des Systems über die Einführung einer hinreichenden Zahl von Variablen durch ein lineares System mit n Variablen beschrieben werden kann. Dieses System von Gleichungen können wir durch schrittweises Eliminieren umformen in eine *einzige* nichtlineare Gleichung n-ten Grades, die die beobachtete Variable X als *einzige* Variable enthält (das heißt eine Gleichung, die die Variable x und ihre ersten n–1 Ableitungen nach der Zeit enthält). Die Lösung dieser Gleichung hängt vom Anfangswert der Variablen und von ihren n–1 Ableitungen ab. Sie hängt, anders gesagt, von den Werten von n Zahlen ab. Diese Werte kennen wir jedoch nicht. Wir können dagegen aus unserer Wertereihe verschiedene Reihen von Daten konstruieren, die bei gleichem zeitlichen Abstand jeweils zeitlich versetzt beginnen. Wir variieren nun die Anzahl d der Reihen, in der Annahme, daß sie unabhängig voneinander bleiben, solange d kleiner als oder gleich n ist, der Anzahl der an der hypothetischen globalen Dynamik beteiligten Variablen. Für d größer als n erwarten wir dagegen, Korrelationen zwischen den Reihen zu finden. Die Methode besteht also darin, den kritischen

Wert von *d* herauszufinden, oberhalb dessen Korrelationen zwischen den Daten auftreten. Dieser kritische Wert gibt uns die Dimension *n* des unbekannten Systems, und die Dimension des Attraktors, gleich, ob er fraktal ist oder nicht, wird kleiner als *n* sein.

Was geschieht nun, wenn die Reihen, die wir untersuchen, nicht auf einer globalen Dynamik, sondern auf einem wirklich zufallsbedingten Prozeß beruhen? In diesem Fall können wir *d* beliebig erhöhen, eine Korrelation wird sich nicht ergeben. Der zeitlichen Variation der Observablen liegt dann kein deterministisches Schema zugrunde. Von einer zeitlichen Entwicklung, die nicht durch einen Attraktor, sondern durch einen wirklich zufälligen Prozeß erzeugt wird, sagen wir, sie sei durch eine unendliche Anzahl von Dimensionen charakterisiert.

Diese Methode, zwischen »wirklichem Zufall« und »deterministischem Chaos« zu unterscheiden, haben G. und C. Nicolis auf die Klimaänderung angewandt, die die Geschichte unseres Planeten geprägt hat. Sie untersuchten die sich über 900000 Jahre erstreckende Reihe von Temperaturen, die sich erschließen läßt aus dem Gehalt der unterschiedlichen Sauerstoffisotope in Sedimenten aus der Äquatorialzone des Pazifiks[8]. Ihre Analyse mündet in die Feststellung, daß die Reihe tatsächlich durch einen chaotischen Attraktor von niedriger Dimension erzeugt wurde.

Dieses Ergebnis eröffnet interessante Perspektiven. Die lokalen Temperaturen sind das Resultat einer großen Anzahl von Variablen, angefangen vom Salzgehalt des Wassers über die Sonnenflecken bis hin zu den Vulkanausbrüchen und so weiter, wobei jede dieser Variablen ihrerseits einer statistischen Verteilung unterliegt. Die Analyse der Daten deutet jedoch darauf hin, daß einige unabhängige Variablen genügen könnten, um die langfristige Änderung des Erdklimas zu erklären! Dies ist ein sehr beeindruckendes Beispiel für die neue Situation, die wir eingangs dieses Kapitels unterstrichen haben. Wir sind außerstande, a priori zu entscheiden, was einfach und was komplex ist. So wie die erzwungene Bewegung des Pendels durch unerwartete Komplexität gekennzeichnet ist, könnte man in Situationen, wo wir ein komplexes Wechselspiel vieler Faktoren erwartet hätten, eine unerwartete Einfachheit entdecken.

Auf vielen Gebieten der Wissenschaft werden jetzt ähnliche Untersuchungen durchgeführt. So wurden mit der eben skizzierten Methode Daten untersucht, die aus Messungen der Hirnaktivität mit Hilfe des Elektroenzephalogramms gewonnen wurden[9]. Die Hirnaktivität weist im Tiefschlaf Züge des deterministischen Chaos auf und ist durch einen fraktalen Attraktor von fünf unabhängigen Variablen charakterisiert. Im Wachzustand läßt sich dagegen kein Attraktor von endlicher Dimension feststellen. Was die elektrische Aktivität betrifft, haben wir es also mit wirklichem Zufall zu tun. Das ist nicht erstaunlich. Wenn das Gehirn mit seiner Umgebung interagiert, kann die Hirnaktivität nicht mehr als ein dynamisch selbsterzeugtes System dargestellt werden. Bei epileptischen Anfällen tritt schließlich ein fraktaler Attraktor von zwei unabhängigen Variablen auf. Die Epilepsie kann also nicht mit einem unregelmäßigen Verhalten gleichgesetzt werden, sondern ist vielmehr gekennzeichnet durch eine allzu große »Regelmäßigkeit«. So gesehen, ist »geistige Gesundheit« gewissermaßen krankhaft, oder um es mit dem französischen Dichter Paul Valéry zu sagen: »Das Gehirn ist die Instabilität selbst.«[10] Diese Instabilität ist sicherlich kein Zufall, sondern Ausdruck der Bedeutung, den die biologische Evolution unserem Zentralnervensystem beigemessen hat, unserer empfindlichsten »Schnittstelle« mit der Außenwelt.

Wir sind jetzt sehr weit von der vorhersagbaren Welt entfernt, in der die punktförmigen Attraktoren regieren, die in der Gleichgewichtsphysik vorherrschten. Heute machen Attraktoren die Vielfalt der Verhaltensweisen deutlich, die dissipative Systeme zeigen können. Sie veranlassen uns, nicht mit Verallgemeinerungen, sondern fragend an die Natur heranzugehen. Je nach den Umständen kann ein

System ein vorhersagbares oder ein chaotisches Verhalten zeigen. Lebende Systeme scheinen diese Vielfalt voll auszuschöpfen. Während einige Mechanismen der Stoffwechselregulation mit Grenzzyklen arbeiten[11], sind chaotische Attraktoren an der Hirnaktivität beteiligt. So finden wir in einem einzigen Lebewesen den Kontrast, der Aristoteles einen Gegensatz zwischen dem Himmel und der sublunaren Welt annehmen ließ. Bis zu einem gewissen Grad bleibt dieser traditionelle Kontrast gültig: Während wir die Stellung der Erde zur Sonne auf Millionen Jahre im voraus bestimmen können, beschränkt sich die Wettervorhersage auf Tage oder Wochen. Inzwischen verstehen wir aber, daß es sich bei diesem Kontrast nicht um einen Gegensatz zwischen zwei Welten handelt, denn er kann sich einfach aus der jeweiligen Dynamik ergeben. Der Umlauf der Erde um die Sonne wird im wesentlichen von einem stabilen dynamischen Zweikörpersystem bestimmt. Die Dynamik der atmosphärischen Wellen (Bildung von Zyklonen und Antizyklonen) ist offenbar gekennzeichnet durch einen chaotischen Attraktor mit sieben unabhängigen Variablen, deren Verhalten sich heute auf drei Wochen im voraus vorhersagen läßt. Was die örtliche Wettervorhersage angeht, enthalten die besten derzeit benutzten Modelle rund 600000 Variablen, und der Fehler verdoppelt sich innerhalb von drei Tagen!

4. Information

Bisher haben wir uns mit dem Reichtum der gleichgewichtsfernen Welt befaßt und dabei hauptsächlich Beispiele aus der Chemie und der Hydrodynamik benutzt. Es besteht jedoch ein grundlegender Unterschied zwischen hydrodynamischen Strukturen, etwa den Bénard-Wirbeln (siehe 3. Kapitel), und chemischen Prozessen. Die ersteren verschwinden, sobald die Nichtgleichgewichts-Zwänge gelockert werden, während chemische Prozesse Produkte hervorbringen, die die Erinnerung an die irreversiblen Prozesse, denen sie ihre Entstehung verdanken, bewahren können. Es ist demnach möglich, daß die Irreversibilität sich nicht nur in vergänglichen Verhaltensweisen niederschlägt. Durch die Chemie wird die Irreversibilität der Materie selbst einbeschrieben.

Betrachten wir eine Schneeflocke. Wenn sie aus sphärischen Kristallen besteht, können wir daraus folgern, daß sie unter gleichgewichtsnahen Bedingungen entstanden ist: Die Moleküle hatten Zeit, sich über die ganze Oberfläche auszubreiten. Weist sie dagegen ausgeprägte Zweige auf, so ist sie fern vom Gleichgewicht entstanden: Die Kristallisation verlief sehr viel schneller. Heute erforscht man nicht mehr ideale, sondern reale Kristalle, die in den »Mängeln« ihrer Struktur (Dislokationen usw.) die Erinnerung an ihre Entstehung bewahren. Dank solcher Untersuchungen können wir umgekehrt durch Veränderung ihrer Entstehungsbedingungen Stoffe schaffen, die interessante neue elektrische, magnetische, mechanische oder optische Eigenschaften besitzen.

Die Chemie ist, wie wir betont haben, nicht von der Entropieerzeugung zu trennen. Viele Moleküle können im übrigen nur bei Reaktionen gebildet werden, die fern vom Gleichgewicht ablaufen. Moleküle sind also wahrhaft Geschöpfe der Irreversibilität, sie können aber auch Ausgangspunkte von neuartigen Entwicklungen sein.

Eine der faszinierendsten Fragen im Hinblick auf die Entwicklung der Materie ist natürlich die nach dem Ursprung des Lebens. Wir wissen inzwischen, daß das Leben nicht gegen den mit der Entwicklung zur Unordnung gleichgesetzten Zweiten Hauptsatz anzukämpfen braucht, daß es vielmehr seine Wurzel in der kohärenten dissipativen Aktivität der Materie hat. Doch dies ist nur die allgemeine Perspektive – es sind präzisere Fragen, auf die wir eine Antwort brauchen. Läßt sich die »Einverleibung« der Irreversibilität in die Materie mit der Entstehung des Lebens in Verbindung bringen?

Die heute vorkommenden Biomoleküle sind sowohl Akteure als auch Produkte der Stoffwechselaktivität. Aber was ist mit den Vorläufern dieser Biomoleküle? Wie konnten sie einmal in hinreichend großer Zahl entstehen, um eine neue Art von Evolution einzuleiten? Wie erklärt sich der Übergang von einer »chemischen« Geschichte, in der individuelle Moleküle synthetisiert oder zerstört werden, zu einer »biologischen« Geschichte, in der zwischen vielfältigen chemischen Reaktionswegen eine Interdependenz entsteht, von der die Erhaltung eines Individuums neuer Art abhängt? Wie wurden die Moleküle zu »Akteuren«, deren Existenz auf andere »Akteure« angewiesen ist, die an einem in sich stimmigen und sinnvollen Stück mitwirken? Mit anderen Worten: Wie entstand biologische »Information«?

Einige interessante Schritte in dieser Richtung sind bereits unternommen worden[12], doch steckt in ihnen eine allgemeinere Frage. Können wir uns einen Reaktionsmechanismus vorstellen, der Moleküle synthetisiert hat, die zu »Informationsträgern« wurden, den Vorläufern unserer Biomoleküle? Die Irreversibilität wird, wie schon erwähnt, durch die Chemie der Materie einbeschrieben. Kann diese Einschreibung zur Bildung von Molekülen führen, die ihrerseits zu Akteuren bei weiteren Entwicklungen werden könnten?

Die Informationstheorie hat ein quantitatives Maß für den Informationsgehalt entwickelt, der in einer aus einem gegebenen Alphabet gebildeten Sequenz steckt. Dies gilt für Biomoleküle wie die Gene, die in Sequenzen von Nukleotiden oder Proteinen bestehen, die ihrerseits in Sequenzen von Aminosäuren bestehen, es gilt aber auch für Texte, für Musikpartituren und so weiter. Die klassische Definition der Information verdanken wir Shannon[13]. Seiner Theorie zufolge bemißt sich die Information nach der »Überraschung«, die uns der einzelne Buchstabe einer Sequenz bereitet. Die reichhaltigste Information entspräche danach einer rein zufälligen Sequenz: Hätten wir die ersten 99 »Zeichen« gelesen, wüßten wir trotzdem nicht das 100. vorauszusehen. Dieser Informationsbegriff erinnert an die berühmte Vorstellung des französischen Mathematikers Emile Borel von dem Schreibmaschine schreibenden Affen. Der Affe, der ganz zufällig auf der Schreibmaschine herumtippt, würde hauptsächlich Texte erzeugen, die im Sinne Shannons den größten Informationsgehalt besäßen. Und die meisten davon würden blanker Unsinn sein. Schließlich würde der Affe, da unwahrscheinliche Ereignisse immer möglich sind, wenn man nur lange genug wartet, auch ein Stück von Shakespeare tippen.

Aber wer brächte die Geduld auf, all die »Texte« zu lesen, die Borels Affe hervorbrächte, um nach etwas zu suchen, das »Sinn macht«? Jeder Text wäre ein einzigartiges, von allen anderen verschiedenes Ereignis! In einem dieser Texte könnte eine Buchstabenfolge vorkommen, der wir einen Sinn beilegen könnten, doch in den anschließenden Versuchen käme diese Folge nicht mehr vor. Shannons Definition der Information trägt nicht dazu bei, die Frage zu klären, anhand welcher syntaktischen, grammatikalischen oder sonstigen Regeln wir einen Text erkennen, mag sein Inhalt auch noch so verrückt sein. Diese Definition hilft uns auch nicht, die Frage zu klären, welcher Art die ersten »Biomoleküle« waren. Wenn jede der 20 verschiedenen Aminosäuren die gleiche Chance hat, jede der 100 Positionen auf einem Protein einzunehmen, sind theoretisch 20^{100} Proteinsequenzen möglich. Nach Shannons Definition besitzt jede der 20^{100} Sequenzen einen hohen Informationsgehalt. Aber wie sollten sich aus dieser unglaublichen Vielfalt bestimmte bevorzugte Sequenzen ergeben, die bei der anschließenden Evolution des Lebens eine besondere Rolle spielten? Hätte der Bildungsmechanismus der ersten Vorläufer unserer Biomoleküle den Zufallscharakter von Borels tippendem Affen gehabt, wäre die Geschichte des Lebens nicht mehr erklärbar. Jede einzelne Sequenz wäre ein einmaliges, nicht reproduzierbares Ereignis. Damit sich eine bestimmte Familie von Sequenzen bilden kann, müssen die Möglichkeiten eingeschränkt werden, so daß die Wahrscheinlichkeit steigt, daß bestimmte Sequenzen entstehen.

Wie läßt sich nun der tippende Affe so »programmieren«, daß er bestimmte Regeln befolgt? Wenn wir im voraus angeben könnten, »was« wir wollen und was die »interessante Eigenschaft« wäre, könnten wir uns an die von Chaitin und Kolmogoroff[14] vorgeschlagene algorithmische Theorie der Information halten: Das Maß der Information bestünde dann in der Länge des Programms, das ein Computer – oder Borels Affe – benötigen würde, um die von uns gewünschte Struktur zu realisieren. Der Mangel einer solchen Definition ist, daß sie von uns verlangt, im voraus anzugeben, was an einer Nachricht bedeutungsvoll ist. In der Mathematik ist das natürlich möglich. Aus einem ganz anderen Grund trifft es auch auf ein Stück Shakespeares oder ein Quartett Beethovens zu: Ein Programm, das kürzer wäre als das Werk, würde dieses verstümmeln. Ein genereller Mangel des von Kolmogoroff und Chaitin vorgeschlagenen Informationsmaßes besteht jedoch darin, daß es implizit die Finalität der Struktur anspricht, die der Computer produzieren soll. Ihre Definition setzt einen operationalen Kontext voraus, in dem die Bedeutungen und die Zusammenhänge zwischen Zwekken und Mitteln bereits feststehen. Wenn wir den Ursprung einer Geschichte, etwa der Geschichte des Lebens, zu begreifen versuchen, können wir aber nicht a priori die Unterscheidung festsetzen, die diese Geschichte erst noch hervorbringen wird, nämlich die Unterscheidung zwischen dem, was bloßes Hintergrundgeräusch ist, und dem, was relevant ist.

Das dissipative Chaos spielt nach unserer Überzeugung eine wichtige Rolle in neuen Szenarien, in denen die Information – sie unterscheidet zwischen dem, was signifikant ist, und dem, was nicht signifikant ist – sich mit dem Werden verbindet, also in Szenarien über die »Genese« sowohl der Information als auch von Situationen, in denen es auf Information ankommt. Das dissipative Chaos ist nämlich ein Mittelding zwischen dem reinen Zufall und der redundanten Ordnung. Das erratische Verhalten eines dissipativen chaotischen Systems könnte das in Shannons Definition enthaltene Element der »Überraschung« liefern, während gleichgewichtsferne Zwänge die Vielfalt dieses Verhaltens, gemessen an a priori gleichen Möglichkeiten, stark einschränken.

Damit das Chaos bei der »Genese« der Information eine Rolle spielen kann, muß natürlich ein Mechanismus vorhanden sein, der dafür sorgt, daß die chaotische Aktivität eine »Erinnerung« in der Materie hinterläßt. G. Nicolis und S. Subba Rao[15] haben ein sehr einfaches Modell vorgeschlagen, in dem ein chaotisches chemisches System mit der Bildung einer Polymerkette gekoppelt ist: Sobald die Konzentration eines an den chemischen Reaktionen beteiligten Monomers eine gegebene Schwelle überschreitet, wird dieses Monomer an die wachsende Polymerkette angefügt. Auf Details können wir hier nicht eingehen, sondern weisen nur darauf hin, daß das so entstehende Polymer die Merkmale einer Markow-Kette 5. Ordnung besitzt, das heißt einer Kette, bei der, wenn eine Sequenz von fünf Einheiten gegeben ist, die sechsten Einheiten durch eine wohldefinierte Wahrscheinlichkeit charakterisiert sind, im Gegensatz zu rein erratischen Sequenzen, bei denen aufgrund der Kenntnis der vorhergehenden Sequenz eine Vorhersage über eine Einheit nicht möglich ist. Dies ist ein wirklich bemerkenswertes Resultat, da all unsere Texte, seien es Schrifttexte oder Musikpartituren, zumindest in einer gewissen Näherung die Merkmale von Markow-Ketten realisieren.

Dies ist natürlich erst ein Anfang, aber doch ein signifikanter, macht er doch das weite Feld der Untersuchungen deutlich, die uns der Chaosbegriff, das heißt die konstruktive Rolle der Irreversibilität, jetzt eröffnet. Diese Untersuchungen werden nach unserer Überzeugung zu einem neuen, um das Problem des Werdens zentrierten Bild der Wissenschaft führen. Doch was die Zukunft auch bringen mag, eines ist klar: Ohne irreversible Prozesse ist es nicht möglich, die Welt, die uns umgibt, zu beschreiben. Die grundlegende Frage ist daher die nach dem Ursprung der Irreversibilität und nach ihrem Verhältnis zu den fundamentalen Gesetzen der Physik. Diesem Problem wenden wir uns nun zu.

Dritter Teil
Die Gesetze der Physik

Fünftes Kapitel
Die Herausforderung des Chaos

1. Die Botschaft der Entropie

Die beiden vorangehenden Kapitel waren der makroskopischen Physik gewidmet. Wir haben uns bemüht, den Leser davon zu überzeugen, daß wir die Welt, die uns umgibt, nicht beschreiben können, wenn wir nicht die konstruktive Rolle der Zeit berücksichtigen. Beim Übergang zur mikroskopischen Welt darf dieser wesentliche Aspekt nicht verlorengehen. Wir haben schon beschrieben, wie Boltzmann sich bemühte, den Zweiten Hauptsatz der Thermodynamik in die klassische Physik zu integrieren. Wir haben gesehen, daß er zu dem Schluß kam, die der Thermodynamik inhärente Irreversibilität sei nicht mit den reversiblen Gesetzen der Dynamik zu vereinbaren. Boltzmann entschloß sich, der Dynamik treu zu bleiben, und bezeichnete eine durch die Thermodynamik verbotene Entwicklung nicht als unmöglich, sondern lediglich als unwahrscheinlich. Bergson bestätigte diese Niederlage. Er erklärte, die Physik könne nicht anders, als die Zeit zu leugnen und das Werden auf die Wiederholung des immer Gleichen zu reduzieren.

Für Boltzmann war es eine dramatische Niederlage, für Bergson der Ausgangspunkt für eine Erneuerung der Metaphysik. Doch in einem stimmten der Physiker und der Philosoph überein: Beide hielten das Urteil, das die Physik im Namen der klassischen Dynamik ausgesprochen hatte, für endgültig. Die Physik fast des ganzen 20. Jahrhunderts schien ihnen recht zu geben, denn sowohl die Relativitätstheorie als auch die Quantenmechanik leugneten, genau wie die klassische Dynamik, weiterhin den Pfeil der Zeit. Inzwischen hat sich aber ein einschneidender Wandel vollzogen. Als Zeugen dieses Wandels möchten wir Sir James Lighthill zitieren, der 1986, damals Präsident der International Union of Theoretical and Applied Mechanics, feierlich erklärte: »Hier muß ich innehalten und im Namen der großen Bruderschaft der Praktiker der Mechanik sprechen. Wir sind uns heute sehr der Tatsache bewußt, daß die Begeisterung, die unsere Vorgänger für den phantastischen Erfolg der Newtonschen Mechanik empfanden, sie auf diesem Gebiet der Vorhersagbarkeit zu Verallgemeinerungen verleitet hat, an die wir vor 1960 möglicherweise allgemein geglaubt haben, die wir aber inzwischen als falsch erkannt haben. Wir möchten uns gemeinsam dafür entschuldigen, daß wir das gebildete Publikum in die Irre geführt haben, indem wir bezüglich des Determinismus von Systemen, die den Newtonschen Bewegungsgesetzen genügen, Ideen verbreitet haben, die sich nach 1960 als inkorrekt erwiesen haben.«[1]

Das ist ein recht ungewöhnliches Bekenntnis. Wissenschaftshistoriker sind vertraut mit »Revolutionen«, in deren Verlauf eine Theorie widerlegt wird, während eine andere sich durchsetzt. Daß Fachleute zugeben, sie hätten sich über die Reichweite und die Bedeutung ihrer Theorie drei Jahrhunderte lang getäuscht, ist wirklich selten. Die Erneuerung, die unsere älteste Naturwissenschaft seit einigen Jahrzehnten erlebt, ist denn auch in der Wissenschaftsgeschichte einmalig. Der Determinismus, der lange geradezu als Inbegriff des wissenschaftlichen Erklärungsmodells galt, ist zu einer Eigenschaft geschrumpft, die nur in besonderen Fällen gültig ist. Zudem bekommen die Wahrscheinlichkeiten, die Boltzmann notgedrungen zu einem Ausdruck unserer Unwissenheit machte, jetzt eine objektive Bedeutung.

Im vorigen Kapitel sprachen wir von der exponentiellen Divergenz der Trajektorien hochgradig instabiler chaotischer Systeme, die in einem positiven Ljapunow-Exponenten zum Ausdruck kommt. Wir erwähnten auch den Begriff des Zeithorizonts, jenseits dessen man das Verhalten eines chaotischen Systems nicht mehr durch individuelle Trajektorien beschreiben kann. Wir werden noch auf diese Ideen zurückkommen, um die sich auch Lighthills Artikel dreht. Dort hatten wir es jedoch mit makroskopischen Systemen zu tun, die aus einer riesigen Anzahl wechselwirkender Teilchen bestehen, mit Systemen, die durch individuelle Trajektorien zu beschreiben aussichtslos ist. Auch das Modell, das Boltzmann wählte, um den Zweiten Hauptsatz der Thermodynamik zu erläutern, enthält eine große Zahl von Teilchen. In solchen Situationen mußten die Physiker zu Näherungen greifen, und es konnte ihnen daher gerechtfertigt erscheinen, die Irreversibilität zum Resultat der Näherungen zu machen. Heute erkennen wir jedoch, daß die Begriffe des chaotischen Verhaltens und des Zeithorizonts auch für einfache dynamische Systeme gelten, die wir, ohne Näherungen einzuführen, exakt beschreiben können.

Das Auftreten des Chaos auf der mikroskopischen dynamischen Ebene hat weitreichende Folgen. Es ist der eigentliche Grund, warum wir die traditionelle Beschreibung aufgeben und zu einer probabilistischen Beschreibung übergehen müssen. Dies führt dann wiederum zur Brechung der zeitlichen Symmetrie.

Ein bekanntes Beispiel einer probabilistischen Beschreibung, in dem die zeitliche Symmetrie gebrochen wird, ist der »Random Walk«, ein idealisiertes, aber dennoch erfolgreiches Modell der Brownschen Bewegung[2]. Den einfachsten Fall stellt ein eindimensionaler Random Walk dar, bei dem ein Brownsches Teilchen in regelmäßigen Zeitintervallen einen einstufigen Übergang macht (Abb. 5.1). Die Wahrscheinlichkeit, daß es beim nächsten Schritt nach links beziehungsweise nach rechts geht, beträgt jeweils $\frac{1}{2}$. Das Teilchen geht einen völlig unregelmäßigen Weg. Natürlich können wir die Wahrscheinlichkeit einer gegebenen »Trajektorie« berechnen (sie kann beispielsweise vom

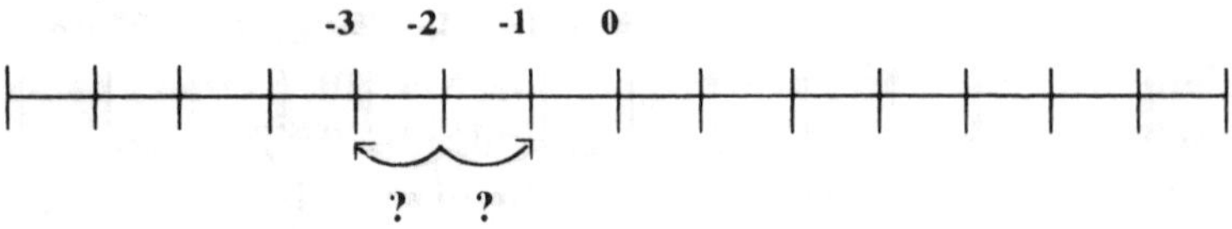

Abb. 5.1 Der Random Walk: An jedem Punkt, hier –2, kann das Teilchen nach links (–3) oder nach rechts (–1) gehen.

Ursprung 0 nach 1 führen, von dort weiter $1 \to 0 \to -1 \to -2 \to -1 \to -2 \ldots$).

Wir kommen jedoch viel weiter, wenn wir Ensembles betrachten, Gesamtheiten von Brownschen Teilchen. Wir finden, daß das Verhalten dieser Teilchen deterministischen Gesetzen gehorcht. Während wir für den einzelnen Schritt des Random Walk nur eine probabilistische Vorhersage machen können, verhält sich das Ensemble deterministisch. Wir wollen also die Wahrscheinlichkeit $\rho\ (x, t)$ einführen, ein Teilchen nach N Schritten zur Zeit t am Punkt x anzutreffen. Es ist recht bemerkenswert, daß diese Funktion einer eindimensionalen Diffusionsgleichung entspricht, die aus der makroskopischen Physik gut bekannt ist. Wenn wir von nichtgleichförmigen Anfangsbedingungen – $\rho\ (x, t_0)$ nicht konstant – ausgehen, beschreibt diese Gleichung die Annäherung an die Gleichförmigkeit.

Die Diffusionsgleichung hat eine gebrochene zeitliche Symmetrie. Sie beschreibt eine irreversible Annäherung ans Gleichgewicht. Von unserem Ziel sind wir jedoch noch weit entfernt, da die Irreversibilität in diesem Fall daher rührt, daß wir auf der mikroskopischen Ebene (des Random Walk) Übergangswahrscheinlichkeiten einführen. Wir gehen bereits von einer probabilistischen Beschreibung aus. Die bemerkenswerte Tatsache ist, daß es Klassen von dynamischen Systemen mit deterministischer Bewegungsgleichung gibt, die ganz ähnliche Merkmale aufweisen.

Im Modell der Brownschen Bewegung benutzten wir eine »diskrete Zeit«. Systeme, in denen Veränderungen in diskreten Schritten erfolgen, nennt man »diskrete Abbildungen«. Die Erforschung von Abbildungen steht heute in voller Blüte. Der Grund ist, daß die theoretische Untersuchung solcher Systeme sehr viel einfacher ist als die von Systemen, in denen die Zeit stetig verläuft. Darum besprechen wir in diesem Kapitel zwei Beispiele von Abbildungen, die »Bernoulli-Abbildung« und die »Bäcker-Transformation«. Beide Beispiele führen, wie man sehen wird, zu einem positiven Ljapunow-Exponenten und damit zum Chaos. In beiden Fällen wird es nötig sein, zu einer probabilistischen Beschreibung überzugehen. Anhand dieser Beispiele können wir bereits einige interessante Bemerkungen über das Problem der Irreversibilität und ihren Zusammenhang mit den Bewegungsgleichungen vortragen. Doch erst im 11. Kapitel werden wir eine ausführliche Darstellung unserer Methoden geben, die für chaotische Systeme die zeitlich reversiblen Bewegungsgleichungen mit der Annäherung ans Gleich-

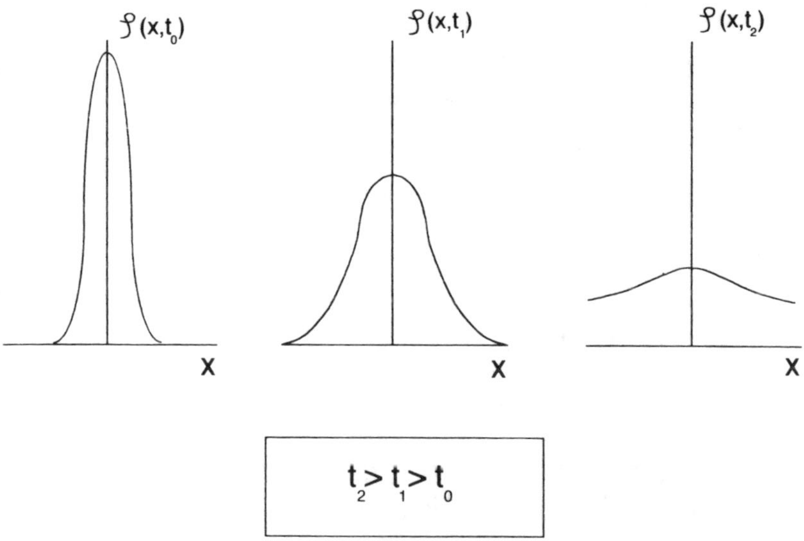

Abb. 5.2 Entwicklung der Wahrscheinlichkeit, das einer Diffusionsgleichung folgende Brownsche Teilchen anzutreffen.

gewicht und demnach mit dem Gesetz der Entropiezunahme in Einklang bringen.

Warum die Entropie? Welcher Physiklehrer hat sich nicht schon diese Frage gestellt! Wir können jetzt eine Antwort geben: Die Zunahme der Entropie ist ein Ausdruck der chaotischen Eigenschaften der zugrundeliegenden Dynamik. Dies ist ein Punkt, auf den wir des öfteren zurückkommen werden.

2. Die Bernoulli-Abbildung

Wir wollen nun das einfachste Beispiel eines chaotischen Systems betrachten, die sogenannte Bernoulli-Abbildung. Wir verdoppeln in regelmäßigen Zeitintervallen den Wert

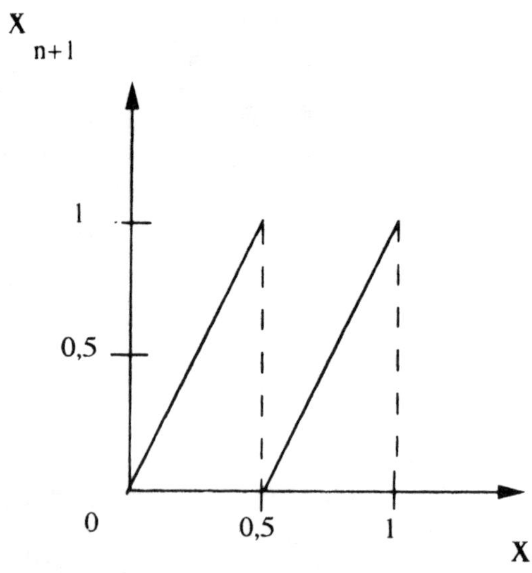

Abb. 5.3 Bernoulli-Abbildung: Jeder Punkt auf den durchbrochenen Linien ist definiert durch seinen Wert (x_n, x_{n+1}).

einer Zahl, sagen wir x, aber so, daß er zwischen 0 und 1 bleibt, das heißt, wir nehmen die Zahl »modulo 1« (wenn die Zahl größer als 1 ist, subtrahieren wir 1). Wir erhalten so die *Abbildung* $x_{n+1} = 2x_n$ (mod. 1), dargestellt in Abb. 5.3. Dies entspricht der »Bewegungsgleichung« für die Bernoulli-Abbildung.

Man beachte, daß die Bewegungsgleichung deterministisch ist. Sobald wir x_n kennen, ist x_{n+1} eindeutig bestimmt. Wir haben hier ein Beispiel des »deterministischen Chaos«. Wir können, ausgehend von einer beliebigen Zahl, die entstehenden Sequenzen nachprüfen (zum Beispiel 0,13, 0,26, 0,52, 0,04, 0,08, 0,16, 0,32, 0,64, 0,28, ...). Beginnen wir nicht mit 0,13, sondern mit 0,14, so erhalten wir nach der gleichen Anzahl von Schritten 0,84, ganz verschieden von 0,28. Wir können mit einem beliebigen Anfangswert x_0 die Bewegungsgleichung $x_n = x_0 2^n$ (mod. 1) lösen, doch ist diese Lösung nicht brauchbar, weil zwei beliebig eng benachbarte Anfangswerte x_0 mit wachsendem n divergierende Resultate ergeben.

In Abb. 5.4 sehen wir das Resultat einer numerischen Simulation. Die Trajektorie ist wie im Fall der Brownschen Bewegung erratisch.

Es ist leicht einzusehen, warum zwei beliebig eng benachbarte Punkte mit der Zeit divergieren. Wir wollen x nun in einer binären Schreibweise darstellen: $x = \frac{u_{-1}}{2} + \frac{u_{-2}}{2^2} + \frac{u_{-3}}{2^3} + \ldots$, wobei $u_i = 0$ oder 1 ist (wir führen negative Indizes ein, in Anknüpfung an die in Abschnitt 3 erörterte Bäcker-Transformation). Jede Zahl x wird auf diese Weise dargestellt durch eine Reihe von Ziffern, die entweder 0 oder 1 sind. Es ist leicht nachzuprüfen, daß die Abbildung der Verschiebung $u'_{-n} = u_{n-1}$ entspricht (so ist $u'_{-2} = u_{-3}$). Die Abbildung verschiebt die Zahl u_i nach links; da der Wert jeder Ziffer in der eine Zahl repräsentierenden Reihe von den anderen unabhängig ist, kann man das Ergebnis der aufeinander folgenden Verschiebungen mit dem eines Münzwurfs

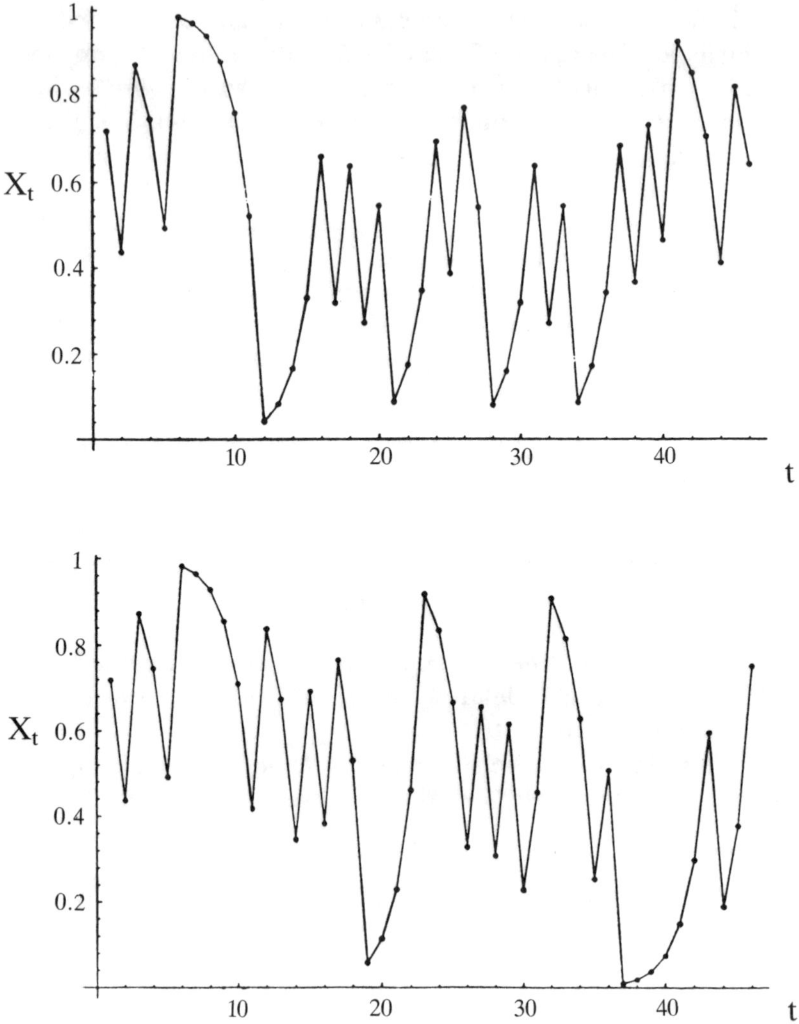

Abb. 5.4 Zwei Trajektorien, erhalten durch Iteration der Bernoulli-Transformation. Die Ausgangspunkte sind nahezu die gleichen, doch nach einigen Schritten unterscheiden sich die Trajektorien vollkommen (Simulation durch Dean Driebe).

vergleichen. Deshalb bezeichnet man dieses System als »Bernoulli-Verschiebung«, zur Erinnerung an den großen Mathematiker des 18. Jahrhunderts, der die Glücksspiele untersucht hat. Wir erkennen auch die Bedeutung der »Empfindlichkeit für die Anfangsbedingungen«: Zwei Zahlen, die anfangs nur geringfügig differieren (sagen wir, um u_{-40}, also um weniger als 2^{-39}!), werden nach 40 Schritten um $\frac{1}{2}$ differieren. Wir können sogar einen positiven Ljapunow-Exponenten definieren, dessen Wert log 2 ist, da x sich bei jedem Schritt verdoppelt.

Man beachte, daß diese Abbildung nicht umkehrbar ist. Sie entspricht von Anfang an einer bevorzugten Zeitrichtung; wenn wir statt $x_{n+1} = 2x_n$ (mod. 1) die umgekehrte *Abbildung* $x_{n+1} = \frac{x_n}{2}$ betrachten, finden wir einen einzigen punktförmigen Attraktor, der $x = 0$ entspricht. Die zeitliche Symmetrie ist bereits auf der Ebene der Bewegungsgleichung gebrochen. Dies kontrastiert mit dynamischen Systemen, deren Bewegungsgleichungen reversibel sind. Nichtumkehrbare Systeme wie die Bernoulli-Abbildung werden in der Literatur als »exakte Systeme« bezeichnet[3].

Wir möchten darauf aufmerksam machen, daß die zeitliche Entwicklung eines solchen chaotischen Systems trotz seiner deterministischen Bewegungsgleichung nicht durch Trajektorien beschrieben werden kann. Eine Trajektorie ist, wie Pierre Duhem schon 1906 betonte[4], nur dann eine angemessene Darstellungsform, wenn sie bei geringfügiger Variation der Anfangsbedingungen »annähernd gleich« bleibt. Genau diese »Robustheit« ist für die Beschreibung chaotischer Systeme durch Trajektorien nicht gegeben. Ebendas bedeutet »Empfindlichkeit für die Anfangsbedingungen«. Zwei anfangs beliebig eng benachbarte Trajektorien divergieren mit der Zeit exponentiell. Dic Fragen, die wir an ein System stellen, sind nur dann physikalisch sinnvoll, wenn sie robuste Antworten haben. Deshalb müssen wir in solchen Situationen auf eine für beliebige Zeiten gültige statistische Beschreibung zurückgreifen.

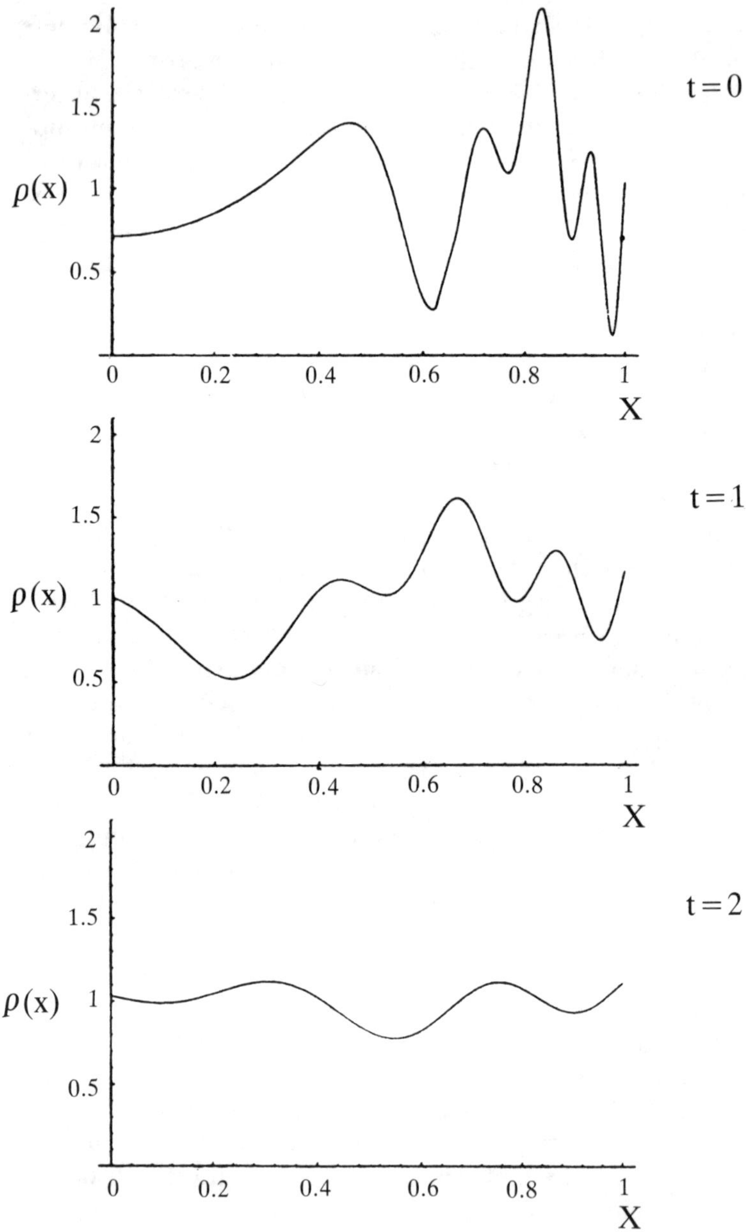
t = 0
t = 1
t = 2
ρ(x)
X
0 0.2 0.4 0.6 0.8 1
0.5 1 1.5 2

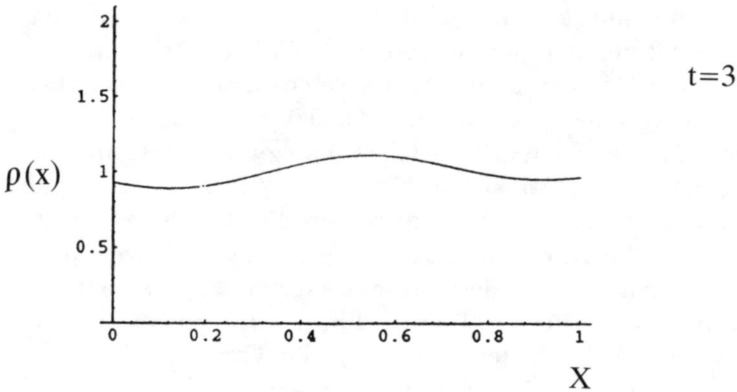

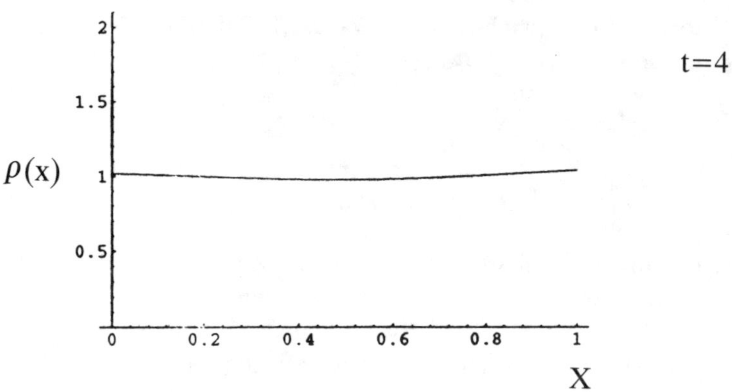

Abb. 5.5 Entwicklung der Wahrscheinlichkeitsverteilung bei der Bernoulli-Abbildung (Simulation durch Dean Driebe).

Wir führen daher die Wahrscheinlichkeit $\rho_n(x)$ ein, eine Trajektorie nach n Iterationen am Punkt x anzutreffen. Schreiben wir $\rho_{n+1}(x) = \mathcal{U}\rho_n(x)$: Die Wahrscheinlichkeit $\rho_{n+1}(x)$ nach $(n+1)$ Iterationen wird erhalten als Effekt einer Operation an $\rho_n(x)$. Die explizite Form von $\mathcal{U}$ beschreiben wir im 10. Kapitel. Hier schon einige vorläufige Ergebnisse. Durch Iteration der Beziehung erhalten wir die Lösung $\rho_n(x) = \mathcal{U}^n\rho_0(x)$, wobei $\rho_0(x)$ die Wahrscheinlichkeitsverteilung ist, mit der wir beginnen. In Abb. 5.5 sehen wir das Resultat der Iteration an einem spezifischen Beispiel.

Wie wir sehen, tendiert $\rho_n(x)$ rasch zu einer Konstanten, was der Annäherung an eine Gleichgewichtssituation entspricht. Wie bei der Brownschen Bewegung ist das langfristige Resultat $\rho_n \to$ konstant für $n \to \infty$. Wir möchten jedoch noch mehr wissen. Wie schnell wird das Gleichgewicht erreicht? Wie ist das Verhältnis zum Ljapunow-Exponenten? Zur Beantwortung dieser Fragen müssen wir geeignete Instrumente einführen. Dies wird in den folgenden Kapiteln geschehen. Doch der wesentliche Punkt sollte schon hier deutlich werden: Für chaotische Systeme müssen die Naturgesetze so formuliert werden, daß sie statt individueller Trajektorien die Entwicklung der Wahrscheinlichkeitsverteilungen beschreiben.

3. Die Bäcker-Transformation

In dynamischen Systemen spielen die Zukunft, $+t$, und die Vergangenheit, $-t$, in den Bewegungsgleichungen eine symmetrische Rolle. Die zeitliche Entwicklung solcher dynamischen Variablen wie Ort oder Geschwindigkeit ist durch die Bewegungsgleichungen bestimmt. Diese Variablen können als Koordinaten eines »Phasenraums« aufgefaßt werden. In diesem Raum wird jeder Zustand des Systems durch einen Punkt, seine zeitliche Entwicklung durch eine Trajektorie dargestellt. Betrachten wir eine Gesamtheit solcher Punkte, die ein Volumen im Phasenraum einnehmen. Dies würde einem Ensemble entsprechen, einer Gesamtheit von Systemen, die bei unterschiedlichen Anfangsbedingungen durch die gleichen Bewegungsgleichungen beschrieben werden. Es ist nun eine grundlegende Eigenschaft der dynamischen Entwicklung, daß das von dem Ensemble eingenommene Phasenraumvolumen konstant bleibt (siehe 6. Kapitel). Dies folgt aus dem Liouville-Theorem der klassischen Dynamik, auf das wir wiederholt zurückkommen werden (siehe Abb. 5.6).

Es muß betont werden, daß das Volumen im Phasenraum zwar erhalten bleibt, seine Form sich jedoch ändern kann. Da bei chaotischen Systemen zwei anfangs beliebig eng benachbarte Trajektorien mit der Zeit exponentiell divergieren, wird das Ausgangsvolumen stark fragmentiert und zu einer Art von geometrischem Monster (Abb. 5.7).

Das einfachste Beispiel einer Abbildung, die diese Eigenschaften mit den dynamischen Systemen teilt, ist die »Bäker-Transformation«. Der Phasenraum hat in diesem Fall nur zwei Dimensionen; er ist ein Quadrat mit der Seitenlänge 1. Die Regel, der die Bäcker-Transformation folgt, ist ganz einfach (Abb. 5.8). Sie kann als eine Verallgemeinerung der in Abschnitt 2 dargestellten Bernoulli-Abbildung betrachtet werden. Zunächst wird das Quadrat zu einem Rechteck mit der Länge 2 und der Höhe $\frac{1}{2}$ zusammengedrückt, dann zerschnitten und die rechte Hälfte über die linke gesetzt, so daß wieder ein Quadrat entsteht. Wie man sofort feststellen kann, bleibt die Fläche erhalten (wir haben es mit einem zweidimensionalen System zu tun). Angenom-

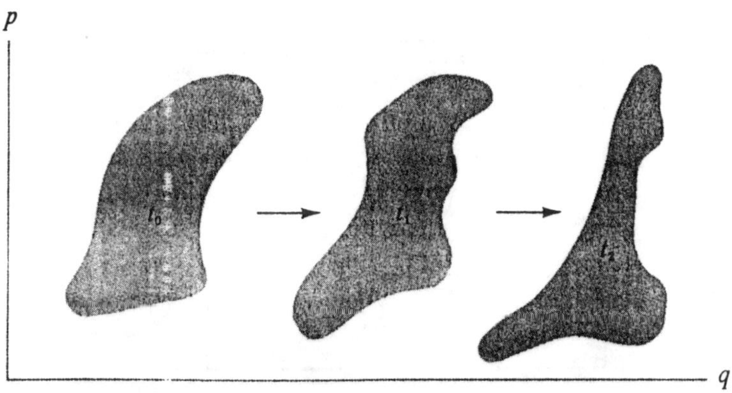

Abb. 5.6 Erhaltung der Fläche im zweidimensionalen Phasenraum, gefordert durch das Liouville-Theorem (*p* Impuls, *q* Ortskoordinate).

men, die Ausgangspunkte liegen im unteren Teil des Quadrats. Nach einer Transformation werden sie in zwei verschiedenen Streifen liegen, doch die Fläche bleibt gleich. Die Transformation ist im übrigen reversibel: Die umgekehrte Transformation, die das Quadrat zu einem Rechteck mit der Länge $\frac{1}{2}$ und der Höhe 2 verformen würde, würde jeden Punkt wieder in seine Ausgangslage zurückbringen (Abb. 5.9).

Die Bewegungsgleichungen sind wie bei der Bernoulli-Abbildung sehr einfach; die Koordinaten (x, y) werden für $0 \leq x < \frac{1}{2}$ zu $(2x, \frac{y}{2})$, für $\frac{1}{2} < x \leq 1$ zu $(2x-1, \frac{y+1}{2})$. Um die inverse Bäcker-Transformation zu erhalten, brauchen wir nur x und y zu vertauschen.

Betrachten wir nun eine Folge von Bäcker-Transformationen. Wir haben hier wieder ein Beispiel eines instabilen dynamischen Systems, das Duhems Robustheitsbedingung nicht erfüllt. Nehmen wir doch irgendein Gebiet des

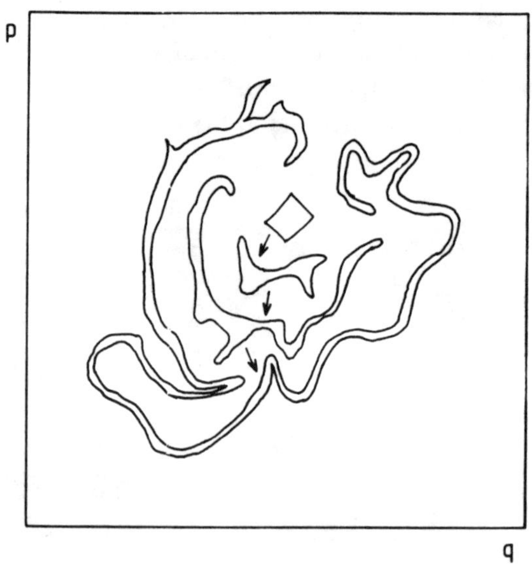

Abb. 5.7 Deformation der Gestalt bei Erhaltung der Fläche als Ergebnis der Divergenz.

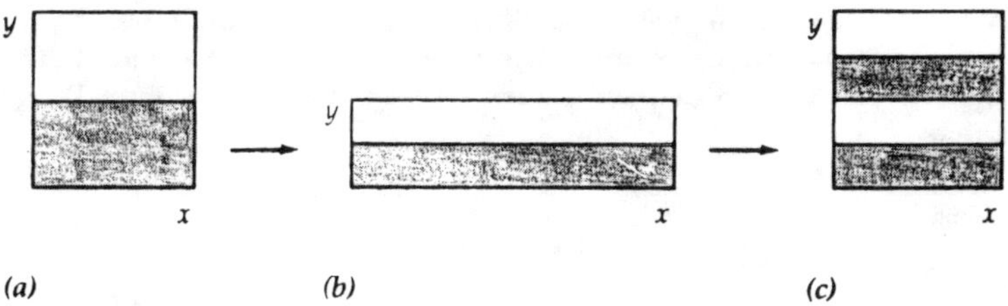

Abb. 5.8 Die Bäcker-Transformation.

Phasenraums. Gleichgültig, wie groß es ist, in der Zukunft wird es stets in waagerechte Streifen zerlegt sein. Das heißt, daß zwei anfangs beliebig eng benachbarte Punkte divergenten Trajektorien folgen werden. Es ist daher keine Überraschung, daß die Bäcker-Transformation einen positiven Ljapunow-Exponenten hat, der, wie wir gesehen haben, das Kennzeichen chaotischen Verhaltens ist.

Bei der Bäcker-Transformation spielen die beiden Koordinaten eine unterschiedliche Rolle. Die waagerechte Koordinate ist die »sich dehnende Koordinate«. Sie spielt die gleiche Rolle wie die Koordinate im Fall der Bernoulli-Abbildung in Abschnitt 2. Aber hier bleibt die Fläche erhalten,

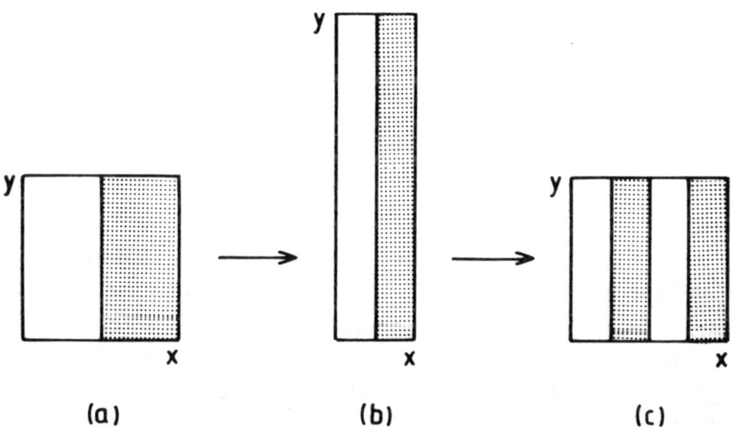

Abb. 5.9 Die umgekehrte Bäcker-Transformation.

Abb. 5.10 Dispersion eines anfänglichen Punkteensembles durch Iteration der Bäcker-Transformation. Wie bei der Bernoulli-Abbildung führt Iteration zu einem hochgradig diffusen Verhalten (Simulation durch Dean Driebe).

5.10-A

da wir zugleich eine »schrumpfende« Koordinate haben: In der Richtung der senkrechten Koordinate rücken die Punkte zusammen, wenn das Quadrat zu einem Reckteck zusammengedrückt wird. Da der Abstand zwischen zwei Punkten längs der waagerechten Koordinate sich mit jeder Transformation verdoppelt, wird er nach n Transformationen um einen Faktor 2^n multipliziert sein. Wir können 2^n umformu-

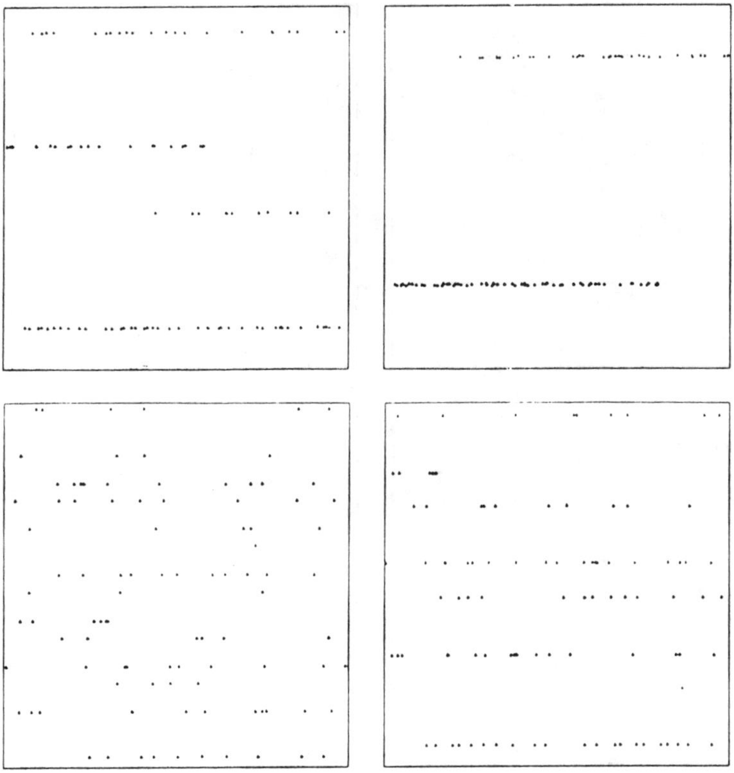

5.10-B

lieren als $e^{n \log 2}$. Da die Anzahl n der Transformationen die Zeit mißt, ist der Ljapunow-Exponent einfach log 2, wie bei der in Abschnitt 2 betrachteten Bernoulli-Abbildung. Ein zweiter Ljapunow-Exponent, der den Wert −log 2 hat, entspricht der schrumpfenden Richtung[5].

Ungeachtet der Tatsache, daß die Bäcker-Transformation wie alle dynamischen Systeme umkehrbar ist, sind die Entwicklungen für $t \to \infty$ und für $t \to -\infty$ verschieden. Für $t \to +\infty$ erhalten wir waagerechte Streifen (siehe Abb. 5.8), während wir für $t \to -\infty$ senkrechte Streifen erhalten (siehe Abb. 5.9). Diese Unterscheidung wird sehr wichtig sein,

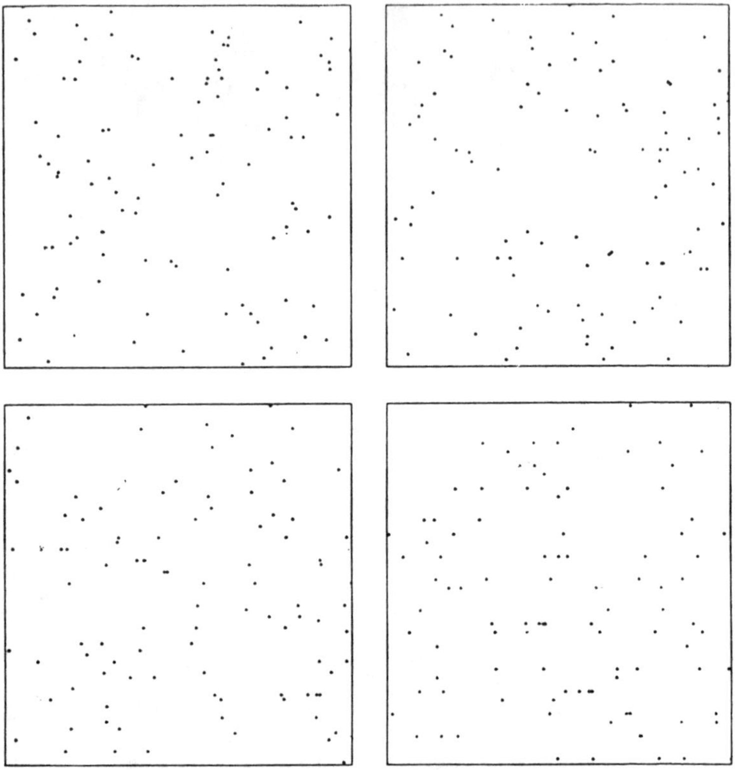

5.10-C

wenn wir die Formulierung der Naturgesetze unter Einbeziehung der Brechung der zeitlichen Symmetrie ableiten.

Zeigen wir zunächst, daß die Bäcker-Transformation (siehe auch Abb. 5.10 für ein Punkteensemble) genauso wie die Bernoulli-Abbildung in Abschnitt 2 beschrieben werden kann. Wir drücken also die beiden Koordinaten, die einen Punkt im Phasenraum definieren, durch eine binäre Darstellung aus. Da die Koordinaten zwischen 0 und 1 eingegrenzt sind, werden sie dargestellt durch eine 0, gefolgt von einer Reihe von Ziffern, die jeweils entweder 0 oder 1 sind.

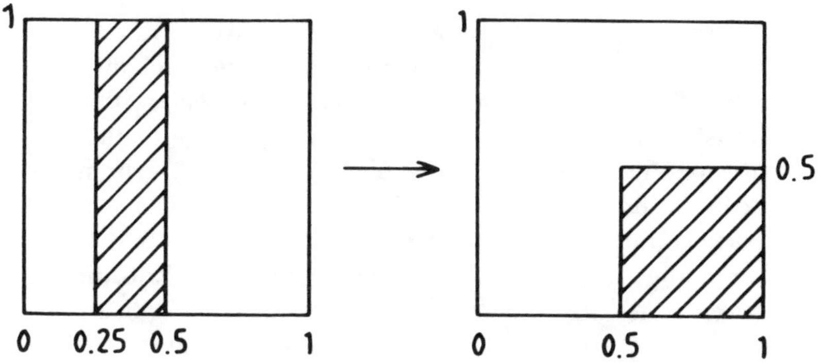

Abb. 5.11 Transformation des durch den Wert 0,01 definierten Bereichs der Dehnungskoordinate.

Betrachten wir die Menge aller Punkte, deren waagerechte Koordinate einer Zahl entspricht, deren erste Ziffern 0,01 lauten. Der Wert 0,0 bedeutet, daß diese Punkte zur linken Seite des Quadrats gehören. Der Wert 1 der nächsten Ziffer besagt, daß sie zur rechten Hälfte dieser linken Seite gehören. Verfolgen wir nun (Abb. 5.11), wie sich die Bäcker-Transformation auf diese Menge von Punkten auswirkt. Alle finden sich wieder in dem Gebiet, das durch den Wert 0,1 der ersten Ziffer der waagerechten Koordinate gekennzeichnet ist, zugleich aber durch den Wert 0,0 der ersten Ziffer

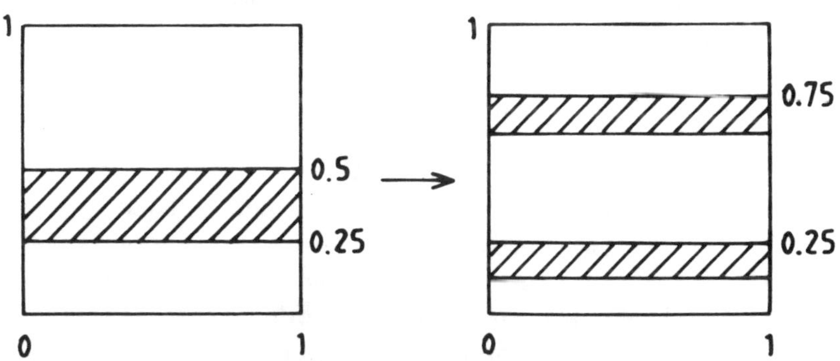

Abb. 5.12 Transformation des durch den Wert 0,01 definierten Bereichs der Schrumpfungskoordinate.

der senkrechten Koordinate. Wären wir von den Punkten ausgegangen, deren waagerechte Koordinate durch die erste Ziffer 0,10 definiert ist, so läßt sich leicht zeigen, daß das transformierte Gebiet als erste Ziffer der waagerechten Koordinate den Wert 0,0, als erste Ziffer der senkrechten Koordinate den Wert 0,1 hätte. Abb. 5.12 zeigt, wie sich die Bäcker-Transformation auf eine Menge von Punkten auswirkt, die definiert ist durch eine senkrechte Koordinate, deren erste Ziffern 0,01 sind. Jetzt erzeugt die Transformation zwei Gebiete, deren senkrechte Koordinaten mit den Ziffern 0,001 bzw. 0,101 beginnen. Dies bestätigt, daß der Wert der ersten Ziffer der neuen, schrumpfenden Koordinate dem Wert der ersten Ziffer der sich dehnenden Koordinate vor der Transformation entspricht.

Wir sehen, anders gesagt, daß die erste Ziffer der waagerechten, sich dehnenden Koordinate zur ersten Ziffer der senkrechten, schrumpfenden Koordinate wird, während die zweite Ziffer der waagerechten Koordinate zur ersten wird.

Wir wollen nun jeden Punkt durch die umgekehrte Doppelfolge der Ziffern seiner Koordinaten (wiederum unter Vernachlässigung von 0) darstellen: $...u_{-3}u_{-2}u_{-1}u_0u_1u_2u_3...$ (u_0 ist die erste Ziffer der sich dehnenden Koordinate, die durch die negativen Indizes gekennzeichnet ist). Der Leser kann anhand einfacher Beispiele, wie wir sie beschrieben haben, nachprüfen, daß die Bäcker-Transformation durch eine Verschiebung der Indizes in den umgekehrten Folgen dargestellt werden kann. Eine Ziffer u_n der neuen Folge wird nach einer Transformation den Wert der Ziffer u_{n-1} der ursprünglichen Folge haben. Wir erhalten daher wieder die Bernoulli-Abbildung $u'_n = u_{n-1}$. Die »sich dehnenden« Ziffern rücken also um eine Stelle auf (die zweiten werden zu den ersten), während die »schrumpfenden« Ziffern um eine Stelle nach hinten rücken (die ersten werden zu den zweiten).

Die als eine »Bernoulli-Verschiebung« dargestellte Bäcker-Transformation ist, genau wie die Bernoulli-Abbildung, ein Gemisch aus qualitativ verschiedenen Trajektorien.

»Überall« im Phasenraum finden wir Punkte, deren Koordinaten in binärer Darstellung einer periodischen Folge der Zahlen 0 und 1 (rationalen Zahlen) entsprechen. Diese Punkte führen zu periodischen Trajektorien. Die übrigen Punkte, die nichtperiodischen Folgen entsprechen, gehören zu »ergodischen« Trajektorien, die den ganzen Phasenraum »ausfüllen«. Periodische Trajektorien sind somit die Ausnahme, da sie auf rationalen Zahlen beruhen.

Des weiteren macht die Bäcker-Transformation deutlich, warum die Begriffe des Punktes und der deterministischen Trajektorie im Falle chaotischer Systeme eine ungerechtfertigte Idealisierung sind. Ausgangszustände sind, aus Beobachtung oder Präparation resultierend, immer nur von endlicher Genauigkeit. Wir müssen ein System daher durch ein endliches Gebiet des Phasenraums definieren, was hier bedeutet, durch eine endliche Folge $u_{-n}...u_{-1}u_0u_1...u_n$. Der Wert von n bringt die Größe des »Fensters« zum Ausdruck, durch das wir Zugang zum System haben.

Sehen wir uns nun diese endliche Folge $u_{-n}...u_{-1}u_0u_1...u_n$ an. Durch die erste Verschiebung rückt eine unbekannte Ziffer u_{-n-1} an die Stelle u_{-n}. Dies hat eine bedeutende Konsequenz. Entweder akzeptieren wir, daß unser Fenster schrumpft, oder wir sind genötigt, von diesem Schritt an auf Wahrscheinlichkeiten zurückzugreifen: Die Verschiebung hat zwei mögliche Resultate, die beide gleich wahrscheinlich sind, abhängig von dem Wert von u_{-n-1}.

Mit jeder weiteren Transformation wird die Genauigkeit unserer Beschreibung einmal mehr reduziert: Mehr und mehr unbekannte Ziffern rücken in unser Fenster. Nach $2n+1$ Transformationen kann man das System überall im Phasenraum antreffen. Die Information, die der Ausgangszustand enthielt, ist vollkommen verschwunden. Es ist eine interessante Frage, was die Annäherung an das Gleichgewicht für die Bäcker-Transformation bedeutet[6].

Hier muß eine Unterscheidung zwischen schrumpfenden und sich dehnenden Geraden (oder Fasern) getroffen werden. Ihre besondere Bedeutung rührt daher, daß ihre Länge bei einer Reihe von Bäcker-Transformationen *nicht erhalten bleibt.* Die Länge der waagerechten, »sich dehnenden« Fasern wird bei jeder Transformation mit 2 multipliziert, während die senkrechten, »schrumpfenden« Fasern um die Hälfte kürzer werden (Abb. 5.13). Mit anderen Worten: Alle zu einer schrumpfenden Faser gehörenden Punkte konvergieren auf die *gleiche Zukunft,* während die zu einer sich dehnenden Faser gehörenden Punkte im Laufe der Zeit den ganzen Phasenraum dicht ausfüllen werden. Man beachte, daß die Fasern Verteilungen entsprechen, die unstetig sind, in der Koordinate x für schrumpfende und in der Koordinate y für sich dehnende Fasern.

Um in der Zukunft ($t \to \infty$) zum Gleichgewicht zu gelangen, können wir nicht mit einer Wahrscheinlichkeitsverteilung $\rho(x, y)$ beginnen, die sich auf eine schrumpfende Faser beschränkt. Diese Verteilung würde einem einzigen Punkt entgegenstreben. Wir brauchen eine Verteilung, die

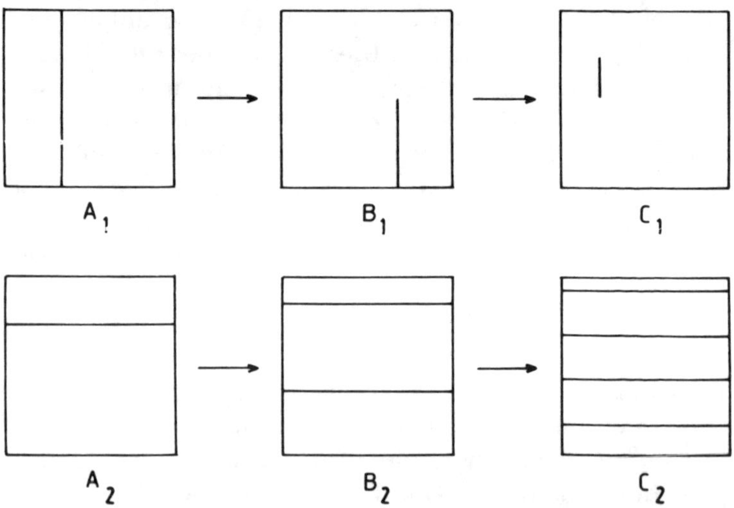

Abb. 5.13 Entwicklung einer schrumpfenden Faser (A_1, B_1, C_1) und einer sich dehnenden Faser (A_2, B_2, C_2).

in der waagerechten Koordinate x *stetig* ist. Die langfristige Verteilung besteht dann in waagerechten Streifen, die einander mit der Zeit immer näher kommen (siehe Abb. 5.14). Der asymptotische Gleichgewichtszustand ist daher gleichbedeutend mit einer *gleichförmigen* Verteilung über die (x,y)-Ebene, wenn wir Observable betrachten, die in y stetig sind.

Um die Annäherung an das Gleichgewicht in der Vergangenheit $(t \to -\infty)$ zu erhalten, brauchen wir Anfangsverteilungen, die in y stetig sind, und Observable, die in x stetig sind.

Der wesentliche Punkt ist, daß wir für die Beschreibung der Annäherung an das Gleichgewicht außer den Bewegungsgleichungen spezifische Bedingungen hinsichtlich der Verteilungen ρ und der Observablen benötigen, *die sich im Hinblick auf Vergangenheit und Zukunft unterscheiden.*

Im 9. Kapitel werden wir zeigen, daß diese Merkmale zu zwei verschiedenen Beschreibungen der zeitlichen Entwicklung führen, von denen die eine für die Vergangenheit und die andere für die Zukunft gültig ist. Unsere Untersuchung wird sich wie bei der Bernoulli-Verschiebung auf die Ent-

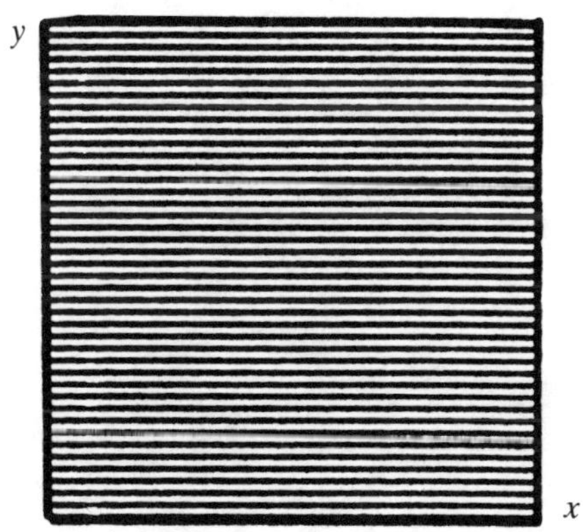

Abb. 5.14 Langfristige Verteilung bei einer in x stetigen Anfangsverteilung.

wicklung von Wahrscheinlichkeitsverteilungen konzentrieren, weil bei Zeiten, die im Vergleich zu dem mit dem Ljapunow-Exponenten verbundenen Zeithorizont groß sind, eine auf Trajektorien gestützte Beschreibung versagt. Zuvor müssen wir den Leser jedoch in den folgenden Kapiteln mit den wesentlichen Methoden der klassischen und der Quantenmechanik bekannt machen. Hier sei uns jedoch schon der Hinweis gestattet, daß es in dynamischen chaotischen Systemen außer der Uhrzeit eine mit dem positiven Ljapunow-Exponenten verknüpfte »innere Zeit« gibt. Unsere Zeit fließt in die Richtung der sich dehnenden Koordinate (siehe Abb. 5.13). Schon in einem so einfachen System wie der Bäcker-Transformation beobachten wir das Auftreten eines evolutionären Musters.

Sechstes Kapitel
Klassische Dynamik, Chaos und Integrierbarkeit

1. Einleitung

Die Systeme, die wir im 5. Kapitel untersuchten, waren »diskrete Abbildungen«. Veränderungen vollziehen sich deshalb in diskreten Schritten. Wir kommen jetzt zu dynamischen Systemen, wo die Zeit stetig wirkt. Dies ist die übliche Situation in der klassischen und der Quantenmechanik. Auch dort spielen, wie wir sehen werden, Instabilität und Chaos eine fundamentale Rolle.

Das grundlegende Problem in der klassischen Dynamik ist das Problem der *Integration.* Wenn wir die Bewegungsgleichungen (siehe Abschnitt 2) haben, möchten wir explizite Ausdrücke für Variablen wie Koordinaten oder Geschwindigkeiten als Funktionen der Zeit erhalten. Henri Poincaré hat gezeigt, daß dies im allgemeinen unmöglich ist. Bevor er gegen Ende des 19. Jahrhunderts diesen Nachweis führte, glaubte man, daß alle dynamischen Systeme gleich seien. Beim Übergang von einfachen Problemen wie dem planetaren Zweikörperproblem zu komplexeren wie dem Dreikörperproblem sollte es angeblich nur »technische Schwierigkeiten« geben. Wir wissen heute, daß dies nicht zutrifft. Es gibt zwei Arten von Systemen, »integrable« und »nichtintegrable Systeme«. Bei den integrablen Systemen können wir, kurz gesagt, die Wechselwirkungen eliminieren und das Problem auf das der freien Bewegung reduzieren. Dann ist es natürlich nicht schwierig, die Orte und Geschwindigkeiten als explizite Funktionen der Zeit zu erhalten. Wir werden uns jedoch hauptsächlich für *nichtintegrable Systeme* interessieren. Bei nichtintegrablen Systemen werden wir – wie im 5. Kapitel – genötigt sein, die Beschreibung durch Trajektorien aufzugeben und zu einer *probabilistischen Beschreibung* überzugehen.

Auf den ersten Blick könnte es scheinen, als verhalte es sich in der Quantentheorie anders. In Bohrs Atommodell haben wir nämlich anfangs sowohl Gesetze als auch Ereignisse, die einer probabilistischen Beschreibung unterliegen. Einerseits gibt es die Quantenbahnen, zu denen man durch eine Erweiterung der klassischen Bewegungsgesetze gelangt, andererseits Quantensprünge, die Ereignisse darstellen. In der gegenwärtigen Standard-Quantentheorie kommen Ereignisse dagegen nicht vor. Die fundamentale Gleichung, die Schrödinger-Gleichung, ist deterministisch und zeitlich reversibel. Ereignisse werden hier auf unsere Messungen zurückgeführt. Für Stochastizität und Irreversibilität sollen unsere Beobachtungen verantwortlich sein. Diese Folgerung der Quantenmechanik hat unzählige Kontroversen ausgelöst[1].

Doch erkenntnistheoretische Probleme sind nicht die einzigen Schwierigkeiten, die der Quantenmechanik zu schaffen machen. Während in der klassischen Dynamik, wie schon erwähnt, die Integration das zentrale Problem ist, ist es in der Quantenmechanik die Lösung eines »Eigenwertproblems« für eine physikalische Größe (eine »Observable«) wie die Koordinate, die Geschwindigkeit oder die Energie. Ist dieses Problem gelöst, können wir dieser physikalischen Größe bestimmte numerische Werte zuordnen. Dies ist der Ansatz, der auf Heisenberg zurückgeht, und der Ausgangspunkt der gegenwärtigen Quantentheorie. Dieser Ansatz, der das Quantengegenstück zum klassischen Problem der Integration ist, war bislang aber nur teilweise erfolgreich. Der Grund für diese Einschränkung ist, wie wir sehen werden, wiederum das Poincaré-Theorem. Auch in der Quantentheorie haben wir ebenfalls zwei Arten von Systemen, solche, bei denen das Eigenwertproblem lösbar ist, und solche, bei denen das nicht möglich ist, zumindest nicht durch Störungsentwicklungen.

Klassische und Quantenmechanik leiden also, vom Problem der Rolle der Zeit ganz abgesehen, an ernsthaften Beschränkungen. Unsere Methoden sind daher nicht nur von »ideologischem« Interesse, insofern sie gestatten, die Irreversibilität einzubeziehen, sondern sie schließen auch eine Lücke. Statt individuelle Trajektorien (oder, in der Quantenmechanik, Wellenfunktionen) zu betrachten, werden wir wie im 5. Kapitel einen *probabilistischen Ansatz* verfolgen, der auf Ensembles von Trajektorien (oder Wellenfunktionen) anwendbar ist. Wie schon erwähnt, benötigen wir für die Einbeziehung solcher Eigenschaften wie die Annäherung an das Gleichgewicht zusätzliche Bedingungen hinsichtlich der Verteilungsfunktionen und Observablen (siehe 5. Kapitel, Abschnitt 3). Dies wird uns zu *irreduziblen probabilistischen* Beschreibungen führen, also zu probabilistischen Beschreibungen, die eine Beschreibung durch einzelne Trajektorien (oder Wellenfunktionen) *ausschließen.*

2. Von Newton zu Hamilton

Das grundlegende Problem der Newtonschen Mechanik besteht darin, mit Hilfe von Newtons berühmter Bewegungsgleichung $F = ma$, die die Beschleunigung, also die Veränderung des Bewegungszustands, mit der Kraft verknüpft, die Bewegung von wechselwirkenden Körpern zu berechnen.

Die mit einer Trajektorie verbundenen Größen sind die Position $r(t)$, die Geschwindigkeit v, definiert als $\frac{dr}{dt}$, und die Beschleunigung $a = \frac{d^2r}{dt^2}$. Der wesentliche Punkt ist, daß die Zeit nur durch die zweite Ableitung in Newtons Gleichung Eingang findet. Dadurch bleibt Newtons Gleichung unverändert, wenn wir t durch $-t$ ersetzen. Newtons Gesetz ist der Prototyp eines »Naturgesetzes«: Es ist *zeitlich reversibel* und *deterministisch.* Wenn wir die Ausgangspositionen $r(t_0)$ und die Anfangsgeschwindigkeiten v_0 haben, können wir die Integration durchführen und die Position sowie die Geschwindigkeit zu einem beliebigen Zeitpunkt t vor oder nach t_0 berechnen.

Fast drei Jahrhunderte lang schien es, als sei die Newtonsche Dynamik ein geschlossenes theoretisches System, das jede Frage, die man ihm stellte, zu beantworten vermochte. Es verstand sich fast von selbst, daß man eine Frage, auf die die Dynamik keine Antwort hatte, als Scheinproblem abtat. Der »Newtonsche« Ansatz definiert die Welt als eine Gesamtheit von Trajektorien $r(t)$ und schließt damit jede Unterscheidung zwischen Vergangenheit und Zukunft aus. So wird, wenn eine Trajektorie von A nach B führt, eine andere, gleichermaßen mögliche Trajektorie von B nach A führen (Abb. 6.1).

Gemeinhin wird der Zustand eines dynamischen Systems dargestellt durch die Ortskoordinaten $q_1, ..., q_s$, die unabhängige Variablen sind, und die entsprechenden Geschwindigkeiten $v_1, ..., v_s$, die als Ableitungen der Koordinaten nach der Zeit abhängige Variablen sind. Die moderne Physik verwendet statt der Newtonschen eine »Hamiltonsche« Beschreibung, in der sowohl die Koordinaten als auch die Geschwindigkeiten – genauer die Impulse (sie ergeben sich in einfachen Fällen aus Masse mal Geschwindigkeit) – als *unabhängige* Variablen auftreten. Der Vorteil besteht in einer großen Vereinfachung der Bewegungsgleichungen.

Die zentrale Größe in der Hamiltonschen Dynamik ist die Hamilton-Funktion H. Wir werden hauptsächlich »konservative« Systeme betrachten, in denen H nicht explizit von der Zeit abhängt[2]. In vielen Fällen (etwa bei der Wechselwirkung zwischen Teilchen durch Gravitation) erhält die Hamilton-Funktion daher die Form $H = E_{kin}(p_1, ..., p_s) + V_{pot}(q_1, ..., q_s)$. Sie ist die Summe aus einer »kinetischen Energie«, die nur von den Impulsen, und einer »potentiellen Energie«, die nur von den Koordinaten abhängt. Die Hamilton-

Funktion drückt die Energie des Systems durch die »kanonischen Variablen« p und q aus (wenn ein Mißverständnis ausgeschlossen ist, verzichten wir von nun an auf den Index).

In der Hamiltonschen Beschreibung verdoppelt sich die Zahl der unabhängigen Variablen, aber die Bewegungsgleichungen werden ganz einfach. Betrachten wir ein System aus N Punkten. Jeder der $3N$ Koordinaten der N Punkte entspricht eine »kanonische« Gleichung von der Form $\frac{dq}{dt} = \frac{\partial H}{\partial p}$. Und jedem ihrer $3N$ Impulse entspricht eine »kanonische« Bewegungsgleichung von der Form $\frac{dp}{dt} = -\frac{\partial H}{\partial q}$. Betrachten wir als einen Sonderfall den Fall freier, das heißt nicht wechselwirkender Teilchen. Die Hamilton-Funktion hängt nur von den Impulsen ab (es gibt keine potentielle Energie). Die kanonischen Gleichungen führen daher zu zeitlich konstanten Impulsen ($\frac{\partial H}{\partial q} = 0$) und zu Ortskoordina-

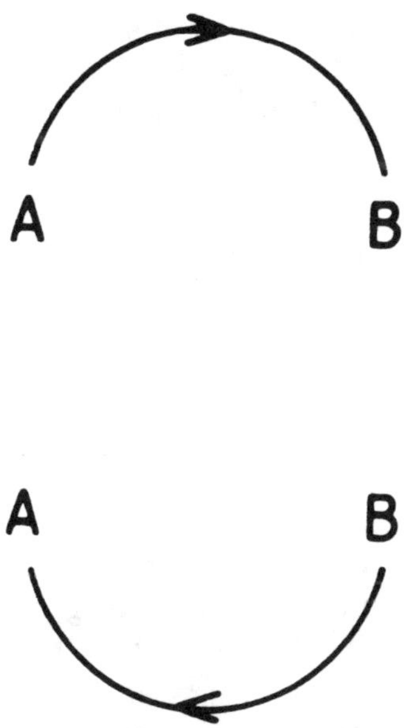

Abb. 6.1 Äquivalenz zwischen Trajektorien AB und BA.

ten, die eine lineare Funktion der Zeit sind. Dies ist natürlich ein »trivialer« Fall, der aber, wie man sehen wird, beim allgemeinen Problem der Integration der Hamiltonschen Bewegungsgleichungen eine recht erhebliche Rolle spielt.

Die kanonische Formulierung der Bewegungsgleichungen ist eine große Errungenschaft der klassischen Dynamik, da die Bewegungsgesetze darin durch eine einzige Größe, die Hamilton-Funktion H, ausgedrückt werden. Darüber hinaus können wir, wie im 5. Kapitel, einen Phasenraum definieren. Für ein dynamisches System aus N Punkten ist der Phasenraum $6N$-dimensional ($3N$ Koordinaten und $3N$ Impulse). Jeder Zustand des dynamischen Systems kann durch einen Punkt im Phasenraum dargestellt werden. Die Lage des Ausgangspunktes und die Hamilton-Funktion bestimmen vollständig die Trajektorie. Zwei Trajektorien im Phasenraum mit unterschiedlichen Ausgangspunkten bleiben daher für immer verschieden. Jeder Punkt im Phasenraum gilt für eine und nur für eine Trajektorie.

Um nun zum Begriff des »integrablen Systems« zu kommen, betrachten wir den einfachen Fall eines eindimensionalen harmonischen Oszillators (zum Beispiel eines Gewichts, das an einer Feder schwingt). Seine Hamilton-Funktion lautet $H = \frac{p^2}{2m} + \frac{kq^2}{2}$, wobei m die Masse und k die Federkonstante ist, die die Inelastizität der Feder ausdrückt; $\frac{p^2}{2m}$ ist die übliche kinetische Energie und $\frac{kq^2}{2}$ die potentielle Energie, die bei $q = 0$, der Gleichgewichtsposition der Feder, offensichtlich ein Minimum ist. Die Federkonstante k ist mit der Frequenz ν des Oszillators durch die Beziehung $\nu = \frac{1}{2\pi} (km)^{\frac{1}{2}}$ verknüpft.

Zur Vereinfachung der Gleichungen können wir statt q, p neue Variablen α und J einführen, die gleichfalls den kanonischen Bewegungsgleichungen gehorchen und mit q und p durch die Beziehungen $q = (\frac{2J}{m\omega})^{\frac{1}{2}}$ sin α und $p = (2m\omega J)^{\frac{1}{2}}$ cos α verknüpft sind. Diese Transformation ähnelt sehr der Transformation aus kartesischen in Polarkoordinaten; α nennt man die Winkelvariable, J die Wirkungsvariable und ω die Kreisfrequenz. Mit diesen Variablen nimmt die Hamilton-Funktion die einfache Form $H = \omega J$ an. Sie hängt nur von dem neuen Impuls, der »Wirkungsvariablen«, ab. Im Fall freier Teilchen gilt daher $\frac{dJ}{dt} = -\frac{\partial H}{\partial \alpha} = 0$, das heißt, die Wirkungsvariable J ist eine Bewegungskonstante. Für die Winkelvariable α gilt $\frac{d\alpha}{dt} = \frac{\partial H}{\partial J} = \omega$. Ihre zeitliche Entwicklung ist somit eine lineare Funktion der Zeit, $\alpha = \omega t + \alpha_0$.

Den Übergang von den Variablen q, p zu den Variablen J, α bezeichnet man als »kanonische Transformation«. In unserem Fall gestattet die kanonische Transformation, die Wechselwirkung (hier der potentiellen Energie) in der Hamilton-Funktion zu eliminieren. Die Bewegung wird dann ausgedrückt durch die »zyklischen« Variablen J, α, und die Hamilton-Gleichungen werden, wie schon gesagt, besonders einfach. Sie lassen sich jetzt leicht integrieren. In dieser »zyklischen« Darstellung ist die Hamilton-Funktion H nur von den Wirkungsvariablen $J_1, \ldots, J_s$ abhängig. Jeder Impuls

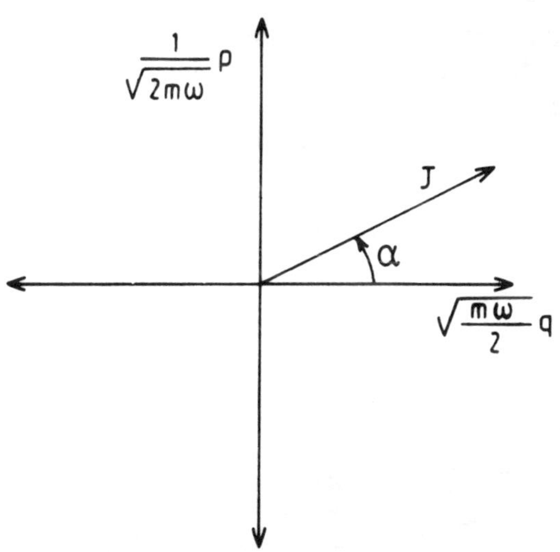

Abb. 6.2 Die Winkel- und Wirkungsvariablen als Funktion der kartesischen Koordinaten.

ist, wie bei der freien Bewegung, eine Invariante ($\frac{dJ}{dt} = 0$), und jeder durch $\alpha_1, ..., \alpha_s$ ausgedrückte Ort ist eine lineare Funktion der Zeit: $\frac{d\alpha}{dt} = \omega$. Die Möglichkeit, die potentielle Energie »wegzutransformieren«, ist nach Poincaré ein grundlegendes Merkmal der integrablen dynamischen Systeme.

Die Bezeichnung »zyklische Variablen« für die Variablen, die in der Hamilton-Funktion die Wechselwirkungen eliminieren, beruht auf dem periodischen Charakter der Bewegung, der durch sie explizit gemacht wird. Wie wir am Beispiel des harmonischen Oszillators gesehen haben, können die Koordinaten q ja als periodische Funktionen der Winkelvariablen α ausgedrückt werden. Wenn das integrable System einen Freiheitsgrad besitzt, kann seine Entwicklung als Bewegung auf einem Kreisumfang dargestellt werden. Für zwei Freiheitsgrade ergibt sich eine Bewegung auf einem Torus (siehe Abb. 6.3).

Die Frequenzen des Systems $\omega_1, ..., \omega_s$ werden eine sehr wichtige Rolle spielen. Sie sind, wie wir gesehen haben, die Ableitungen der Winkelvariablen $\alpha_1, ..., \alpha_s$ nach der Zeit, gegeben durch die kanonischen Gleichungen $\omega_i = \frac{d\alpha_i}{dt} = \frac{\partial H}{\partial J_i}$. Durch diese Frequenzen kommen wir zum Begriff der *Resonanz*, der für das Poincaré-Theorem von entscheidender Bedeutung ist.

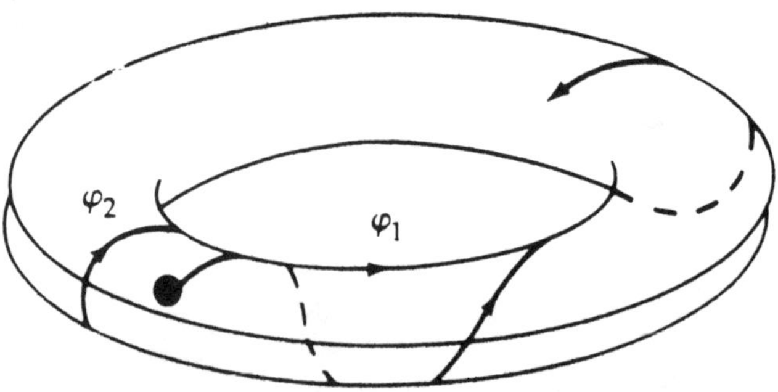

Abb. 6.3 Entwicklung eines integrablen Systems mit zwei Freiheitsgraden.

Die Erscheinung der Resonanz ist uns allen vertraut. Wenn wir eine Feder aus ihrer Gleichgewichtslage auslenken, schwingt sie mit einer charakteristischen Frequenz. Unterwerfen wir diese Feder nun einer äußeren Kraft, die durch eine variable Frequenz gekennzeichnet ist. Stehen die beiden Frequenzen, die der Feder und die der äußeren Kraft, in einem einfachen numerischen Verhältnis (das heißt, ist eine der Frequenzen gleich der anderen oder 2, 3, 4, ... mal größer), so wird die Bewegungsamplitude der Feder dramatisch zunehmen. Wenn die Anstöße, die wir einer Schaukel geben, deren Periode entsprechen, wird die Bewegung der Schaukel verstärkt. Gleiches geschieht in der Musik, wenn wir einen Ton spielen, dessen Frequenz ein gerades Vielfaches der natürlichen Frequenz des Instruments ist. Die Resonanz kann somit charakterisiert werden als eine Energieübertragung zwischen zwei gekoppelten periodischen Bewegungen, deren Frequenzen gleich (oder ein Vielfaches der jeweils anderen) sind.

Betrachten wir nun den Fall eines integrablen Systems mit zwei Freiheitsgraden, dessen Bewegung wir auf einem Torus darstellen können. Es treten zwei Situationen auf. Wenn $n_1\omega_1 + n_2\omega_2 = 0$ ist, wobei n_1 und n_2 ganze Zahlen sind, die nicht beide verschwinden, haben wir Resonanz. Dies bedeutet, daß $\frac{\omega_1}{\omega_2} = -\frac{n_2}{n_1}$, das heißt, das Verhältnis der Frequenzen ist eine rationale Zahl. Wenn Resonanz gegeben ist, ist die Bewegung auf dem Torus periodisch. Wenn $n_1\omega_1 + n_2\omega_2$ dagegen für beliebige ganze Zahlen n_1, n_2 von 0 verschieden ist, kehrt der repräsentative Punkt niemals in seine Ausgangslage zurück. Wir haben dann auf dem Torus eine bedingt periodische Bewegung, die eine schraubenförmige Trajektorie beschreibt, welche sich niemals schließt. Bei einem System mit zwei Freiheitsgraden geschieht dies beispielsweise, wenn $\omega_1 = 1$ und ω_2 irrational ist, wie etwa die Quadratwurzel aus 2.

Eine bedingt periodische Bewegung ist sehr verwickelt. Da ihre repräsentative Trajektorie sich niemals schließt und sich auch nicht schneidet, »füllt« sie nach und nach den ganzen Torus »aus«. Sie durchläuft schließlich jede gewünschte Nachbarschaft eines beliebigen Punktes auf der Torusoberfläche. Solche Bewegungen nennt man »überall dicht«.

Nachdem wir die wesentlichen Züge der Resonanz skizziert haben, können wir uns nun eingehender mit dem Poincaré-Theorem befassen.

3. Das Poincaré-Theorem: integrable und nichtintegrable dynamische Systeme

Wir kommen nun zu einem der Eckpfeiler der modernen Dynamik, der Unterscheidung zwischen integrablen und nichtintegrablen Systemen. Die Definition eines integrablen dynamischen Systems beruht, wie gesagt, auf der Möglichkeit, die Wechselwirkungen zwischen Teilchen zu eliminieren. Wie bei einem System freier Teilchen hängt die Hamilton-Funktion dann nur von den Impulsen ab. In der Version mit Winkel- und Wirkungsvariablen hängt die Hamilton-Funktion nur von den Wirkungen J ab. Sie hat daher die Form $H(J)$. Aus den Bewegungsgleichungen ergibt sich dann, daß die Wirkungen bewegungsinvariant sind ($\frac{dJ}{dt} = 0$). Dies sind die Systeme, die Poincaré »integrabel« nannte.

Bis zu Poincaré nahm man stillschweigend an, daß alle dynamischen Systeme integrabel seien. 1889 zeigte Poincaré jedoch, daß es generell unmöglich ist, eine kanonische Transformation (unter Beibehaltung der Form der Hamilton-Gleichungen) zu erhalten, die zu zyklischen Variablen führt[3]. Ein Zweikörpersystem wie das System Erde–Sonne ist in diesem Sinne integrabel, aber wenn ein dritter Körper hinzukommt (etwa das System Erde–Jupiter–Sonne), ist es nicht mehr integrabel. Die überwältigende Mehrheit aller dynamischen Systeme ist also nichtintegrabel!

Betrachten wir genauer, wie Poincaré vorging. Er stellte zunächst die Frage, ob es für ein gegebenes dynamisches System eine kanonische Transformation gibt, die von der Hamilton-Funktion $H(p, q)$ zu einer Hamilton-Funktion der Form $H(J)$ führt, die nur von den Wirkungsvariablen abhängt (wir weisen darauf hin, daß p, q und J hier für die Gesamtheit der unabhängigen Variablen stehen). Poincaré bezog Störungsverfahren in seine Fragestellung ein. Er ging aus von einer Hamilton-Funktion, die als Summe zweier Terme formuliert war, $H(p, q) + \lambda V(J, \alpha)$. Die »freie« Hamilton-Funktion H_0 entspricht einem integrablen System, das einem System freier Teilchen isomorph ist. Diese »freie« Hamilton-Funktion wird dann »gestört« durch das Wechselwirkungspotential $\lambda V(J, \alpha)$, wobei λ, die »Kopplungskonstante«, ein Parameter ist, der die Stärke der Wechselwirkung ausdrückt.

Poincarés Frage lautete: Ist es möglich, neue Wirkungsvariablen J von der Form $J + \lambda J_1 + \lambda^2 J_2 + \ldots$ ($J_1, J_2, \ldots$ Funktionen von J und α) zu definieren, derart, daß J' sich glatt auf J reduziert, wenn λ gegen 0 geht? Gesucht wird, genauer gesagt, nach einer Wirkungsvariablen, die in der Kopplungskonstanten λ »analytisch« ist, also nach einer Funktion von J und α, die wir als eine Potenzreihe in λ ausdrücken können. Dies stellt sicher, daß J' bei kleinem λ nur gering von J abweicht. Wenn dies möglich ist, können wir die potentielle Energie V des »gestörten Systems« eliminieren und eine neue Hamilton-Funktion einführen, die nur von J' abhängt. Die Integration des gestörten Systems wäre dann ganz einfach, denn die neuen Wirkungen J' wären Bewegungskonstanten. Poincaré zeigte jedoch, daß dies generell unmöglich ist.

Wir sollten an dieser Stelle einmal innehalten und über Poincarés fundamentales Ergebnis nachdenken. Nehmen wir an, Poincaré hätte bewiesen, daß alle dynamischen Systeme integrabel sind. Das hätte bedeutet, daß alle dynamischen Bewegungen im Grunde der Bewegung freier, nicht wechselwirkender Teilchen isomorph sind! Für Kohärenz und Selbstorganisation wäre kein Raum. In einer integrablen Welt wäre kein Raum für das Leben.

Doch Poincaré bewies nicht nur die Nichtintegrierbarkeit, er nannte auch den Grund dafür: die Existenz von Resonanzen zwischen den Freiheitsgraden. Resonanzen bewirken, wie wir gesehen haben, eine starke Kopplung zwischen den Freiheitsgraden. Gesetzt, die Hamilton-Funktion bestehe in der Summe aus einer ungestörten Hamilton-Funktion H_0, die nur von den Wirkungsvariablen J_1 und J_2 abhängt, und einer Störung, die sowohl von den Wirkungsvariablen als auch von den Winkelvariablen α_1 und α_2 abhängt. Würde V verschwinden, wären J_1 und J_2 Bewegungskonstanten, und wir hätten zwei »ungestörte« Frequenzen, die mit der Hamilton-Funktion H_0 verknüpft sind, gegeben durch die kanonischen Gleichungen $\omega_1 = \frac{\partial H_0}{\partial J_1}$ und $\omega_2 = \frac{\partial H_0}{\partial J_2}$. Wenn wir die potentielle Energie $\lambda V(J, \alpha)$ in die Hamilton-Funktion einbeziehen, müssen wir Störungsverfahren benutzen, um neue Wirkungsvariablen J' definieren zu können. Dies führt jedoch, wie Poincaré bewies, immer zu Termen mit »gefährlichen« Nennern $\frac{1}{(n_1\omega_1 + n_2\omega_2)}$. Wenn Resonanzen (das heißt Punkte im Phasenraum, wo $n_1\omega_1 + n_2\omega_2 = 0$ ist) gegeben sind, divergieren die Terme in der Störungsreihe, weil sie endlichen Größen, geteilt durch 0, entsprechen. Der einzige Wert, den wir solchen Termen zuschreiben können, ist Unendlich. Doch wenn in der Physik unendliche Größen auftreten, ist etwas verkehrt!

Das sogenannte »Problem der kleinen Nenner« war schon den Astronomen des 19. Jahrhunderts bekannt. Poincarés Theorem zeigte, daß diese Schwierigkeit, das Auftreten von Divergenzen in der Lösung des dynamischen Problems, nicht zu umgehen ist und die Einführung zyklischer Variablen für die meisten dynamischen Systeme unmöglich macht, angefangen mit dem Dreikörperproblem.

Was bedeutet das Problem der kleinen Nenner? Max Born hat geschrieben: »Es wäre in der Tat bemerkenswert, wenn die Natur sich gegen weitere Erkenntnisfortschritte hinter den analytischen Schwierigkeiten des Mehrkörperproblems verschanzt hätte.«[4] Es war wirklich kaum zu glauben, daß eine technische Schwierigkeit (die auf den Resonanzen beruhenden Divergenzen) am Theoriegebäude der Dynamik etwas ändern könnte. Inzwischen sehen wir das Problem jedoch anders. Für uns sind Poincarés Divergenzen ein Glücksfall! Denn indem wir über Poincarés negative Aussage (Nichtexistenz der Wirkungsvariablen J') hinausgehen, das heißt Poincarés Divergenzen eliminieren, beschreiten wir den Weg zur Erneuerung der Dynamik und zur Lösung des Zeitparadoxons.

4. Die neue Dynamik – die KAM-Theorie

Durch die Untersuchungen von Kolmogoroff, die von Arnold und Moser fortgesetzt wurden und in die sogenannte KAM-Theorie mündeten, gelangte man zu der Einsicht, daß das Problem der Nichtintegrierbarkeit nicht, um das Wort von Born abzuwandeln, der frustrierende Ausdruck eines Widerstands der Natur gegen die Fortschritte der Erkenntnis war, sondern ein neuer Ansatzpunkt für die Dynamik.

In der KAM-Theorie geht es um den Einfluß von Resonanzen auf Trajektorien. Hier sei betont, daß der einfache Fall des harmonischen Oszillators, dessen Frequenz eine von den Wirkungsvariablen J unabhängige Konstante ist, eine Ausnahme darstellt: Im allgemeinen hängen Frequenzen vom Wert der Wirkungsvariablen J ab. Sie nehmen an verschiedenen Punkten im Phasenraum unterschiedliche Werte an. Das führt dazu, daß einige Punkte im Phasenraum eines dynamischen Systems durch Resonanzen charakterisiert sind, andere dagegen nicht. Resonanzen entsprechen, wie wir gesehen haben, rationalen Beziehungen zwischen Frequenzen. Es ist ein klassisches Resultat der Zahlentheorie, daß das »Maß« rationaler Zahlen 0 ist, verglichen mit den irrationalen. Dies bedeutet, daß Resonanzen »selten« sind: Die meisten Punkte im Phasenraum sind nichtresonant. Außerdem sahen wir in Abschnitt 3, daß Resonanzen in Abwesenheit von Störungen zu einer periodischen Bewegung (den sogenannten »resonanten Tori«) führen, während wir im allgemeinen eine bedingt periodische Bewegung (die nichtresonanten Tori) haben. Kurz, periodische Bewegungen sind die Ausnahme.

Wir können daher erwarten, daß, wenn Störungen eingeführt werden, die Bewegung auf resonanten Tori sich im Einklang mit Poincarés Theorem drastisch ändern wird, während die bedingt periodische Bewegung nur geringfügig modifiziert wird, zumindest wenn der Störungsparameter λ klein ist (die KAM-Theorie führt zusätzliche Bedingungen ein, mit denen wir uns hier jedoch nicht befassen). Das zentrale Resultat der KAM-Theorie besagt, daß wir jetzt zwei ganz verschiedene Arten von Trajektorien haben: geringfügig modifizierte bedingt periodische Trajektorien und zufällige Trajektorien, die auf der Zerstörung der resonanten Tori beruhen[5].

Das Auftreten von zufälligen Trajektorien, wichtigstes Ergebnis der KAM-Theorie, kann anhand von numerischen Berechnungen illustriert werden. Betrachten wir ein System mit zwei Freiheitsgraden. Der Phasenraum hat zwei Koordinaten q_1, q_2 und zwei Impulse p_1, p_2. Für einen gegebenen Wert der Energie $H(p_1, p_2, q_1, q_2)$ werden die Berechnungen ausgeführt, so daß nur drei unabhängige Variablen übrigbleiben. Um die Darstellung der dreidimensionalen Trajektorien zu vermeiden, betrachten wir nur die Schnittpunkte der Trajektorien mit der q_2,p_2-Ebene. Um die Dinge weiter zu vereinfachen, stellen wir nur die Hälfte dieser Schnittpunkte fest, nämlich diejenigen, bei denen die Trajektorie »aufwärts« verläuft. Diese Darstellung wurde schon von Poincaré benutzt; man bezeichnet sie als »Poincaré-Schnitt«

(oder »Poincaré-Abbildung«; Abb. 6.4). Sie zeigt deutlich den Unterschied zwischen periodischen und zufälligen Trajektorien.

Wenn die Bewegung periodisch ist, ist der Schnittpunkt einfach ein Punkt. Wenn sie bedingt periodisch ist, also auf einen Torus beschränkt ist, beschreiben die aufeinanderfolgenden Schnittpunkte eine geschlossene Kurve in der q_2,p_2-Ebene. Wenn die Trajektorie »zufällig« ist, wenn sie also erratisch durch den Phasenraum wandert, werden die Schnittpunkte ebenfalls erratisch durch ein Gebiet der Ebene wandern.

Ein anderes wichtiges Ergebnis besteht darin, daß bei einer Erhöhung des Werts des Kopplungsparameters λ die Gebiete, in denen der Zufall herrscht, wachsen. Bei einem kritischen Wert von λ tritt Chaos auf: Wir haben dann einen positiven Ljapunow-Exponenten, so daß zwei beliebig eng benachbarte Trajektorien mit der Zeit exponentiell divergieren. Bei voll entwickeltem Chaos erfüllt die gesamte Wolke der durch eine Trajektorie generierten Punkte außerdem Gleichungen vom Typ einer Diffusionsgleichung[6].

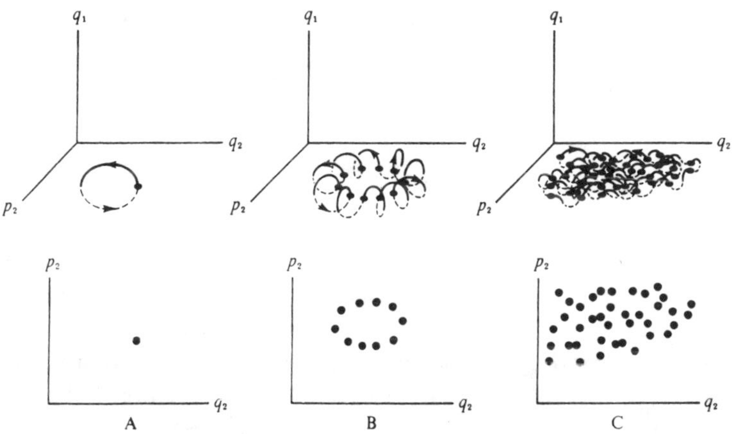

Abb. 6.4 Poincaré-Abbildung: periodische Bewegung (A), quasiperiodische Bewegung (B), zufällige Bewegung (C).

Diffusionsgleichungen weisen, wie schon im 5. Kapitel in Abschnitt 1 im Zusammenhang mit der Brownschen Bewegung erwähnt, eine gebrochene zeitliche Symmetrie auf. Sie beschreiben die Annäherung an die Gleichförmigkeit in unserer Zukunft (das heißt, für $t \rightarrow +\infty$). Es ist daher sehr interessant, daß wir Computerberechnungen zufolge mit einem Programm, das auf der klassischen Dynamik basiert, Entwicklungen erhalten, die eine gebrochene zeitliche Symmetrie zeigen. Wie ist das möglich? Dies ist das Hauptproblem, das wir lösen müssen, um das Zeitparadox zu überwinden.

Es muß außerdem betont werden, daß die KAM-Theorie nicht zu einer dynamischen Theorie des Chaos führt. Sie zeigt – und darin liegt ihre Bedeutung –, daß wir bei kleinen Werten von λ so etwas wie ein gemischtes Regime haben, in dem sowohl regelmäßige als auch zufällige Trajektorien nebeneinander vorkommen. Uns interessiert aber vor allem, was geschieht, wenn wir zu dem Grenzfall übergehen, bei dem wir wiederum nur eine Art von Trajektorie haben. Dies ist die Situation, die »großen« Poincaré-Systemen (abgekürzt GPS – englisch: large Poincaré systems – LPS) entspricht, denen wir uns nun zuwenden.

5. *Große Poincaré-Systeme*

Im Zusammenhang mit Poincarés Einteilung in integrable und nichtintegrable dynamische Systeme erwähnten wir, daß Resonanzen »selten« sind, da sie auf rationalen Beziehungen zwischen Frequenzen beruhen. Die Situation ändert sich jedoch grundlegend, wenn wir zu »großen« Systemen übergehen. Dann spielen Resonanzen eine beherrschende Rolle.

Betrachten wir als Beispiel die Wechselwirkung zwischen einem Teilchen und einem Feld. Das Feld kann aufgefaßt werden als eine Überlagerung von Oszillatoren, die einer stetigen Menge von Frequenzen ω_k entspricht. Das Teilchen oszilliert dagegen mit einer fixierten Frequenz ω_1. Wir haben hier ein Beispiel eines »nichtintegrablen« Poincaré-Systems vor uns. Immer dann, wenn $\omega_1 = \omega_k$ ist, werden Resonanzen auftreten. In allen Lehrbüchern der Physik kann man nachlesen, daß die Emission von Strahlung genau auf den Resonanzen zwischen einem geladenen Teilchen und einem Feld beruht. Die Strahlungsemission ist ein auf Poincaré-Resonanzen beruhender irreversibler Prozeß.

Das Neue ist, daß die Frequenz ω_k eine stetige Funktion des Index k ist, der Wellenlängen des Oszillators entspricht. Dies ist das Kennzeichen »großer Poincaré-Systeme«. Große Poincaré-Systeme (GPS) entsprechen wichtigen physikalischen Situationen, genau genommen der überwältigenden Mehrheit der Situationen, die wir in der Natur antreffen. Sie bieten aber auch die Möglichkeit, die *Poincaréschen Divergenzen*, das Hindernis für die Integration der Bewegungsgleichungen, zu *eliminieren*. Dieses Ergebnis, mit dem die dynamische Beschreibung enorm an Leistungsfähigkeit gewinnt, macht die Gleichsetzung von »Newtonscher« und »Hamiltonscher« Dynamik und damit den zeitumkehrbaren Determinismus zunichte, denn die Gleichungen für GPS führen im allgemeinen zu irreduziblen, probabilistischen Entwicklungen mit gebrochener zeitlicher Symmetrie.

Wenden wir uns nun der Quantenmechanik zu. Es besteht eine überraschende Analogie zwischen den Problemen, die wir in der klassischen und in der Quantentheorie antreffen, denn Poincarés Einteilung in »integrable« und nichtintegrable Systeme gilt auch hier.

Siebtes Kapitel
Das Sagbare und das Unsagbare in der Quantenmechanik

1. Eine Schnittstelle zwischen Geist und Materie?

Die Überschrift dieses Kapitels bezieht sich auf ein bemerkenswertes Buch[1] des 1990 allzu früh verstorbenen J. S. Bell. Die Quantenmechanik hat eine neue Betrachtungsweise in die theoretische Physik eingeführt. Nunmehr müssen statistische Überlegungen als Ergebnis der Struktur der physikalischen Gesetze selbst (hier der Rolle der Planck-Konstante *h*) aufgefaßt werden und können nicht mehr auf unsere Unwissenheit zurückgeführt werden. Etliche Physiker hielten jedoch an der Hoffnung fest, den klassischen Determinismus irgendwann einmal wiederherstellen zu können. Man berief sich zum Beispiel auf »verborgene Variablen«.

Der Name Bells verbindet sich mit den »Bell-Ungleichungen«, auf deren Grundlage experimentell nach »lokalen verborgenen Variablen« geforscht wurde. Das negative Ergebnis dieser Experimente festigte unser Vertrauen in die Quantentheorie. Diese Theorie ist unter Verweis auf ihre experimentellen Vorhersagen als die erfolgreichste aller physikalischen Theorien bezeichnet worden. Trotzdem wird über 60 Jahre nach der Formulierung der Quantenmechanik noch immer heftig über ihre Bedeutung und Reichweite diskutiert. Das ist etwas in der Wissenschaftsgeschichte Einmaliges[2]. Offenbar bereitet sie trotz all ihrer Erfolge den meisten Physikern ein gewisses Unbehagen. Richard Feynman hat sogar gesagt, daß niemand die Quantentheorie »versteht«!

Ausgangspunkt unserer Diskussion wird die grundlegende quantenphysikalische Bewegungsgleichung sein, die »Schrödinger-Gleichung«, so wie wir von den Hamilton-Gleichungen in der klassischen Physik ausgegangen sind. Man wird sehen, daß diese beiden Gleichungen eng miteinander verwandt sind. Die Hamilton-Funktion spielt in der Quantenmechanik ebenso eine fundamentale Rolle wie in der klassischen Mechanik.

Wir werden aus unserer Sicht die »duale Struktur der Quantenmechanik« und das »Meßproblem« einer Überprüfung unterziehen. Lassen Sie uns kurz erklären, was diese Probleme bedeuten und warum die Diskussion über die Grundlagen der Quantentheorie sich um sie dreht.

Die Schrödinger-Gleichung beschreibt die zeitliche Entwicklung der »Wellenfunktion« und entspricht den klassischen Bewegungsgleichungen für Trajektorien. Wie diese ist die Schrödinger-Gleichung deterministisch und zeitlich reversibel. Es besteht jedoch ein wesentlicher Unterschied. Die Schrödinger-Gleichung beschreibt Wahrscheinlichkeits»amplituden«. Die Wahrscheinlichkeiten selbst, welche die Größen darstellen, die wir messen, sind Quadrate der Wahrscheinlichkeitsamplituden. Eines der grundlegenden Probleme der Quantentheorie ist der Übergang von den durch die Schrödinger-Gleichung beschriebenen Amplituden zu den Wahrscheinlichkeiten selbst. Die Schrödinger-Gleichung enthält keinen Mechanismus für diesen Übergang. Die Standardversion der Quantenmechanik führt daher einen zusätzlichen »Prozeß« ein, den sogenannten »Zusammenbruch der Wellenfunktion«. Beim Meßproblem geht es daher um die Interpretation dieses »Zusammenbruchs«, der von einer zeitlich reversiblen deterministischen Gleichung zu Wahrscheinlichkeiten und Irreversibilität führt.

Oft heißt es, die Schrödinger-Gleichung beschreibe »Potentialitäten«, die durch die von uns vorgenommenen Beobachtungen zu »Aktualitäten« werden. Es ist jedoch kaum zu verstehen, wie menschliches Handeln, etwa in Gestalt einer Beobachtung, für diesen Übergang verantwortlich gemacht werden kann. Würde sich das Universum anders entwickeln, wenn es den Menschen nicht gäbe? In der Einleitung zu seinem Buch *The New Physics* schreibt Paul Davies: »Letztlich bietet die Quantenmechanik ein äußerst erfolgreiches Verfahren, die Ergebnisse von Beobachtungen an Mikrosystemen vorherzusagen, doch wenn wir fragen, was wirklich bei einer Beobachtung passiert, erhalten wir Unsinn. Die Versuche, aus diesem Paradox auszubrechen, reichen vom Bizarren, wie es die Viele-Welten-Interpretation von Hugh Everett darstellt, bis zu den mystischen Ideen eines John von Neumann und eines Eugen Wigner, die das Bewußtsein des Beobachters ins Spiel bringen. Die Auseinandersetzung um die quantenphysikalische Beobachtung hat auch nach einem halben Jahrhundert nichts von ihrer Lebendigkeit eingebüßt. Die Probleme der Physik des sehr Kleinen und des sehr Großen sind schwierig, doch es könnte sein, daß diese Grenze – die Schnittstelle von Geist und Materie – sich als das herausforderndste Vermächtnis der Neuen Physik erweist.«[3]

Um diese »Schnittstelle zwischen Geist und Materie« geht es auch beim Zeitparadox. Müßten wir den Pfeil der Zeit mit unserem menschlichen Blick auf eine von zeitlich symmetrischen Gesetzen regierte Welt in Verbindung bringen, so würde die bloße Möglichkeit der Erkenntnis fragwürdig, weil jede Messung eine irreversible Wechselwirkung mit der Welt einschließt. Wenn wir etwas über ein zeitlich irreversibles Objekt erfahren können, dann nur durch den mit jeder Messung verbundenen irreversiblen Prozeß, sei es auf der Ebene der Apparatur (zum Beispiel eine photochemische Reaktion) oder der unserer Sinnesorgane. Schon in der klassischen Physik ist es so, daß wir »Unsinn erhalten« (Davies), wenn wir versuchen, die »Beobachtung« mit den »objektiven« Gesetzen zu erklären. In der klassischen Physik wurde dieses Eindringen der Irreversibilität in die Grundlagen unserer physikalischen Beschreibung jedoch als ein untergeordnetes Problem betrachtet. Der große Erfolg und die deskriptive Potenz der Dynamik ließen keinen Zweifel an ihrem objektiven Charakter zu. Ganz anders verhält es sich in der Quantentheorie. Hier kommt die Notwendigkeit, die Irreversibilität in unsere fundamentale Beschreibung der Natur einzubeziehen, explizit in der Struktur der Quantentheorie zum Ausdruck: Da ist einerseits die quantenmechanische Beschreibung durch die Schrödinger-Gleichung (die, wenn die Planck-Konstante h gleich 0 ist, zu einer klassischen Hamiltonschen Beschreibung wird), andererseits der irreversible »Zusammenbruch«, für den es kein klassisches Gegenstück gibt.

Diese duale Struktur der Quantenmechanik hat Pauli wiederholt hervorgehoben. In einem Brief an Markus Fierz schrieb er 1947: »In Wirklichkeit geschieht nur etwas, wenn eine Beobachtung gemacht wird, und im Zusammenhang damit [...] nimmt die Entropie notwendig zu. Zwischen den Beobachtungen geschieht gar nichts.«[4] Das Papier, auf dem wir schreiben, altert und vergilbt dennoch.

Diese merkwürdige Situation bringt uns zurück zu einem der wesentlichen Themen dieses Buches, der Beziehung zwischen Gesetzen und Ereignissen. Wie wir im 3. Kapitel sagten, ist das »Werden« undenkbar ohne Ereignisse. Außerdem handelt die Quantenmechanik explizit von Ereignissen, denn durch Ereignisse erhalten wir Zugang zur mikroskopischen Welt: Wir studieren die Emission und Absorption von Photonen durch Atome, wir beobachten Quantensprünge und so weiter. Mit anderen Worten: Unser Zugang zu der von der Quantenmechanik beschriebenen Welt setzt »Werden« voraus. Paradox ist jedoch, daß die grundlegende Gleichung der Quantentheorie, die Schrödinger-Gleichung, Ereignissen keine objektive Bedeutung zuschreibt. Ereignisse werden verbunden mit unserer Beobachtung, unseren Messungen.

Schrödingers Gleichungen waren nicht die erste Beschreibung der Quantenwelt. Niels Bohr schlug 1912, wie schon erwähnt, eine Beschreibung der Wechselwirkung zwischen Atomen und Licht vor, die sowohl Gesetze als auch Ereignisse umfaßte: Die Energieniveaus der Atome waren gegeben durch »Gesetze«, während der Übergang von einem Niveau zum anderen, die Bohrschen Quantensprünge, Ereignissen entsprach. Heute werden individuelle Quantensprünge *beobachtet*[5]. Doch im Sinne der orthodoxen Quantentheorie müßten sie auf unserer Messung beruhen! Eine solche Aussage ist um so weniger zu akzeptieren, als Quantensprünge die grundlegenden Mechanismen chemischer Reaktionen darstellen. Ist die Chemie das Ergebnis unserer Beobachtung? Wenn ja, wer beobachtete dann die chemischen Reaktionen, denen das Leben seine Entstehung verdankt?

Es gibt indessen, wie schon im 6. Kapitel erwähnt, auch technische Schwierigkeiten, die in der Quantentheorie ungelöst bleiben. Nach Problemen, bei denen die Quantenmechanik in Schwierigkeiten gerät, braucht man nicht lange zu suchen. Eines der einfachsten ist das Dreikörperproblem[6]. Bei der Zweikörperstreuung wird ein Teilchenstrahl auf ein festes Hindernis gelenkt. Die Ablenkung des Strahls durch das Hindernis wird gemessen durch den »Querschnitt«, der von der Wechselwirkung zwischen den einlaufenden Teilchen und dem streuenden Objekt abhängt. Solche Experimente waren grundlegend für den Nachweis des planetarischen Atommodells, auf dem Bohrs Quantentheorie beruht. Doch angenommen, wir lenken zwei Teilchenstrahlen auf das Hindernis. Wir erwarten eine Dreikörperstreuung, doch wenn wir den Wert des Querschnitts zu berechnen versuchen, kommen wir merkwürdigerweise zu dem unsinnigen Ergebnis, daß er unendlich ist[7].

Noch schlimmer wird es, wenn wir eines der wichtigsten Felder der modernen Physik betrachten, die Wechselwirkung zwischen Feldern, etwa wenn Materie mit Strahlung wechselwirkt. Heisenbergs Eigenwertproblem, das, wie wir im nächsten Abschnitt sehen werden, den Kern der Quantenmechanik ausmacht, kann nur für besonders einfache Fälle wie freie, nicht wechselwirkende Felder gelöst werden. Bei einer wichtigen Klasse von Situationen, bei denen wechselwirkende Felder eine Rolle spielen, gibt es allerdings keine Schwierigkeiten. In diesen Fällen, die kurzfristigen Wechselwirkungen entsprechen, geht man davon aus, daß es in der Vergangenheit keine Wechselwirkungen gab, dann führt man für eine begrenzte Zeit Wechselwirkungen ein, und für eine lange Zeit in der Zukunft gibt es dann wiederum keine Wechselwirkungen. Dies ist der sogenannte S-Matrix-Ansatz, der somit von »isolierten Wechselwirkungen« ausgeht. Es gibt wichtige Fälle, in denen dieses Bild zutrifft. Doch ist dies eine Idealisierung, die in der Natur, wo die Wechselwirkungen *stetiger* Art sind, meistens nicht zutrifft. Die konsistente Anwendung quantenmechanischer Methoden auf solche Situationen ist immer noch ein ungelöstes Problem. Dieses Problem fällt, wie sich herausstellt, genau in die Klasse der nichtintegrablen Quantensysteme. Es sollte uns daher nicht überraschen, daß die Anwendung von Heisenbergs Methode, die für integrable Systeme gültig ist, zu Schwierigkeiten geführt hat.

Unsere Methoden, die ursprünglich eingeführt wurden, um das Zeitparadox zu lösen, beziehen sich sowohl auf die theoretischen wie auf die technischen Aspekte der Quantentheorie. Sie schalten die theoretischen Probleme weitgehend aus, da sie zu einer realistischen Theorie führen, in der man sich nicht auf einen »Beobachter« zu berufen braucht, und obendrein gestatten sie, quantenmechanische Methoden auf eine größere Klasse dynamischer Probleme zu übertragen.

Außerdem besteht eine unerwartete Beziehung zwischen der Beschreibung des Chaos durch die zeitliche Entwicklung von Wahrscheinlichkeiten, wie sie im 5. Kapitel erörtert wurde, und den durch die Quantenmechanik eingeführten Methoden. Durch die Erweiterung dieser Methoden gelangen wir zur Formulierung der Gesetze, die für chaotische Systeme gelten, seien sie klassischer oder quantenmechanischer Natur. Deshalb möchten wir diese Methoden ausführlicher darstellen[8]. Es gibt jedoch einen Unterschied. Die Plancksche Universalkonstante führt eine Kohärenz ein, die genau zu den Welleneigenschaften der Quantenmechanik führt. Es ist, als würden sich benachbarte Trajektorien kohärent entwickeln. Verglichen mit der Bewegung in klassischen Systemen, haben wir in der Quantenmechanik zuviel »Ordnung« und im Chaos zuviel »Unordnung«. Um die Entwicklung beschreiben zu können, benötigen wir daher ganz andere mathematische Werkzeuge.

2. Die Quantenrevolution

Von größter Bedeutung für die Formulierung der Quantenmechanik war die Beobachtung, daß die Wechselwirkung zwischen Atomen und Licht zu scharfen Absorptions- bzw. Emissionsfrequenzen führt. Bohr charakterisierte das Atom durch diskrete Energieniveaus. Die Frequenz der absorbierten bzw. emittierten Photonen entspricht in dieser Sicht der Differenz zwischen den Energieniveaus. Es bedurfte eines großen Schritts, um dieses Bild mit klassischen Vorstellungen zu versöhnen. Die klassische Hamilton-Funktion nimmt in Abhängigkeit von den Werten der Koordinaten und Impulse eine kontinuierliche Reihe von Werten an. In der Quantentheorie wird die als eine stetige Funktion aufgefaßte Hamilton-Funktion H durch ein neues Objekt ersetzt, den Hamilton-Operator H_{op}.

Ein Operator ist nichts anderes als eine mathematische Vorschrift, die man anwendet, um eine Funktion in eine andere zu transformieren. Das kann eine Multiplikation mit einer gegebenen Größe oder eine Differentiation, $\frac{d}{dx}$, oder eine Ableitung zweiten Grades, $\frac{d^2}{dx^2}$, oder eine sonstige mathematische Operation sein. Es muß zusätzlich angegeben werden, auf welche Art von Funktionen ein Operator wirkt, zum Beispiel stetige Funktionen, ableitbare Funktionen und so weiter. Diese Funktionenmenge charakterisiert den »Raum«, in dem der Operator definiert ist.

Von besonderem Interesse für die Physik ist die Beziehung zwischen einem Operator und der Menge seiner Eigenfunktionen. Die Wirkung eines Operators auf eine Eigenfunktion reproduziert per definitionem die *gleiche* Funktion, multipliziert mit einer gegebenen Größe. Diese Größe bezeichnet man als den Eigenwert des Operators. In der Quantenmechanik werden die mit einer physikalischen Größe verbundenen beobachtbaren numerischen Werte als die Eigenwerte des betreffenden Operators bezeichnet.

Betrachten wir beispielsweise den Operator $\frac{d^2}{dx^2}$. Wenn er auf eine Funktion x^3 wirkt, verwandelt er sie in $6x$. Die Funktion x^3 ist keine Eigenfunktion dieses Operators. Wenn unser Operator jedoch auf die Funktion $\sin kx$ wirkt, verwandelt er sie in $-k^2 \sin kx$; $-k^2$ ist ein Eigenwert des mit der Eigenfunktion $\sin kx$ verbundenen Operators.

Wenn man ein Eigenwertproblem löst, sucht man nach den Eigenfunktionen des Operators. So ist $\sin kx$ die Lösung des »Eigenwertproblems«, das definiert ist durch die Gleichung $\frac{d^2u}{dx^2} = \lambda u$, mit den entsprechenden Eigenwerten $\lambda = -k^2$.

Die mit einem Atom verbundenen diskreten Energieniveaus sind die Eigenwerte des Hamilton-Operators. Diese Eigenwerte bilden ein »diskretes Spektrum«, dessen aufeinanderfolgende Eigenwerte durch endliche Abstände voneinander getrennt sind (der Ausdruck »Spektrum« bezieht sich auf die ursprünglichen spektroskopischen Experimente). Das Spektrum kann auch »stetig« sein. Da die Unterscheidung zwischen einem diskreten und einem stetigen Spektrum für unsere Theorie fundamental ist, wollen wir ein Beispiel erläutern.

Wir betrachten nochmals die Gleichung $\frac{d^2u}{dx^2} = \lambda u$ und fügen die Bedingung hinzu, daß die Eigenfunktionen an den

Grenzen des Bereichs zwischen $x = 0$ und $x = L$ gleich 0 sind. Das heißt: sin kx muß für $x = 0$ und für $x = L$ gleich 0 sein. Daraus folgt, daß $k = n\pi$ ist, wobei n eine ganze Zahl ist. Die erlaubten Eigenwerte bilden jetzt das diskrete Spektrum $k^2 = \frac{n^2\pi^2}{L^2}$. Der Abstand zwischen zwei aufeinanderfolgenden Eigenwerten ist umgekehrt proportional zu L^2. Wenn L gegen ∞ geht, so geht dieser Abstand folglich gegen 0, und wir erhalten ein stetiges Spektrum. Ein physikalisches Analogon dieses mathematischen Beispiels ist das zweigeteilte Spektrum eines Atoms: Der diskrete Teil beschreibt die Energieniveaus des Atoms als in einen »endlichen Kasten« (der durch einen Potentialwall gebildet wird) eingeschlossen, und der stetige Teil entspricht Zuständen, in denen das Atom ionisiert ist, wo also ein Elektron dem Potentialwall entkommt. Dies ist illustriert in Abb. 7.1.

Physikern von heute mag es so erscheinen, als sei der Übergang von Funktionen zu Operatoren in der Quantentheorie ein selbstverständlicher Schritt gewesen. In Wahrheit war die Einführung von Operatoren ein kühner Schritt, für den Männer wie Werner Heisenberg, Max Born, Pascual

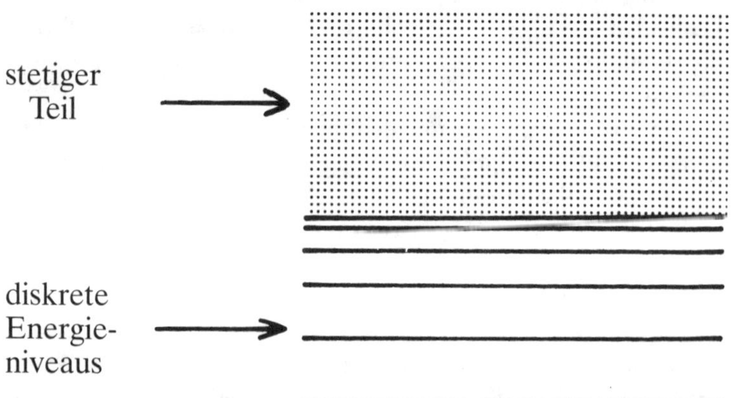

Abb. 7.1 Zweiteiliges Spektrum eines Atoms. Der Abstand zwischen den aufeinanderfolgenden Energieniveaus des diskreten Spektrums geht gegen 0, wenn L wächst.

Jordan, Erwin Schrödinger und Paul Dirac unsere Bewunderung verdienen. Dadurch ändert sich unsere Naturbeschreibung entscheidend, denn wir machen einen begrifflichen Unterschied zwischen einer physikalischen Größe (dargestellt durch einen Operator) und ihren numerischen Werten (den Eigenwerten des Operators). Dies ist ein so radikaler Wechsel der Betrachtungsweise, daß man durchaus von der »Quantenrevolution« sprechen darf.

Um ein Beispiel für die mit den Operatoren eingeführten Neuerungen zu geben, betrachten wir die Vertauschungsbeziehungen zwischen Operatoren. Zwei Operatoren vertauschen (kommutieren), wenn es gleichgültig ist, in welcher Reihenfolge wir sie auf eine Funktion anwenden. Sie vertauschen dagegen nicht, wenn die Reihenfolge der Anwendung einen Einfluß auf das Ergebnis hat. So ist es für das Resultat bedeutsam, ob wir eine Funktion zuerst mit x multiplizieren und sie dann nach x differenzieren, oder ob wir sie zuerst differenzieren und dann mit x multiplizieren. Nichtvertauschende Operatoren haben unterschiedliche Eigenfunktionen (daß sie, wenn sie vertauschen, die gleichen Eigenfunktionen haben, läßt sich leicht nachprüfen).

Die berühmten Heisenbergschen Unschärferelationen folgen aus der Tatsache, daß die in der Quantentheorie definierten »Orts«- und »Impuls«-Operatoren nicht vertauschen. Der Ortsoperator q_{op}, dessen Eigenwerte die Koordinaten eines Quantenobjekts sind, entspricht in der »Koordinatendarstellung« einfach q, während der Impulsoperator p_{op} durch $\frac{h}{i}\frac{\partial}{\partial q}$ definiert ist. Diese Operatoren haben keine gemeinsamen Eigenfunktionen. Die Tatsache, daß q_{op} und p_{op} nicht vertauschen, bedeutet, daß wir nicht imstande sind, einen Zustand eines Quantenobjekts (durch irgendwelche Eigenfunktionen) zu definieren, derart, daß Ort und Impuls zugleich wohldefinierte Werte annehmen. Dies ist der Ursprung der berühmten Heisenbergschen Unschärferelationen. Sie zwingen uns, den »naiven Realismus« der klassischen Physik aufzugeben. Wir können den Impuls oder den

Ort eines Teilchens messen, aber wir können nicht sagen, daß ein Teilchen wohldefinierte Werte *sowohl* seines Impulses *als auch* seiner Ortskoordinaten habe. Es waren neben anderen Heisenberg und Born, die vor über 60 Jahren zu dieser Schlußfolgerung gelangten. Doch die Diskussion über die Bedeutung der Unschärferelationen geht weiter, und einige Wissenschaftler haben noch immer nicht die Hoffnung aufgegeben, den traditionellen deterministischen Realismus[9] der klassischen Mechanik wiederherzustellen. Unsere Theorie unterstreicht dagegen, wie wir im 9. und 10. Kapitel sehen werden, die statistischen Aspekte der klassischen wie der Quantentheorie.

3. Heisenbergs Programm

Der zentrale Operator in der Quantentheorie ist der Hamilton-Operator H_{op}, dessen Eigenwerte den Energieniveaus entsprechen. Mit anderen Worten: Das zentrale Problem der Quantenmechanik ist ein Eigenwertproblem; um die Energieniveaus zu erhalten, müssen wir die Eigenfunktionen u_n und die entsprechenden Eigenwerte E_n in der Gleichung $H_{op}u_n = E_n u_n$ bestimmen.

Die Bedeutung des Hamilton-Operators rührt daher, daß er, wie die klassische Hamilton-Funktion, die zeitliche Entwicklung des Quantenobjekts bestimmt. Schreiben wir nun die Schrödinger-Gleichung hin; sie lautet: $ih \frac{\partial\psi(t)}{\partial t} = H_{op}\,\psi(t)$: Sie setzt die zeitliche Ableitung der Wellenfunktion ψ mit der Wirkung des Hamilton-Operators H_{op} auf ψ gleich. Diese Gleichung ist nicht in der Quantenmechanik abgeleitet, sondern wird von vornherein vorausgesetzt. Sie kann nur durch das Experiment erhärtet werden.

Das Quantenobjekt wird hier durch ψ bezeichnet, die sogenannte Wellenfunktion. Die Analogie, von der Schrödinger sich bei der Formulierung seiner Gleichung leiten ließ, war die zur klassischen Optik, so daß die Eigenwerte den charakteristischen Frequenzen entsprechen, die mit Wellenphänomenen einhergehen. Im Gegensatz zu den klassischen Hamilton-Gleichungen ist die Schrödinger-Gleichung eine Wellengleichung. Sie ist eine partielle Differentialgleichung, da zusätzlich zur zeitlichen Ableitung in H_{op} Ableitungen nach den Koordinaten auftreten (man erinnere sich, daß der Impulsoperator in der Koordinatendarstellung eine Ableitung nach den Koordinaten ist). Doch die klassischen (Hamiltonschen) und die Quantengleichungen haben eines gemeinsam: Sie sind Gleichungen erster Ordnung in der Zeit. Wenn ψ zu einem beliebigen Zeitpunkt t_0 zusammen mit geeigneten Randbedingungen (wie etwa $\psi \to 0$ bei unendlicher Entfernung) bekannt ist, können wir ψ für beliebige Zeiten in der Vergangenheit wie in der Zukunft berechnen. Insofern stellen wir die deterministische Anschauung der klassischen Mechanik wieder her, doch bezieht sie sich nun auf Wellenfunktionen, nicht auf Trajektorien.

Außerdem ist die Schrödinger-Gleichung, genau wie die klassischen Bewegungsgleichungen, zeitlich reversibel. Die Gleichung bleibt gültig, wenn wir t durch $-t$ ersetzen. Wir müssen lediglich ψ durch sein komplexkonjugiertes ψ^* ersetzen. Wenn wir beobachten, daß ψ zur Zeit t_2 (t_2 größer als t_1) von ψ_1 in ψ_2 übergeht, können wir folglich auch einen Übergang von ψ_2^* in ψ_1^* beobachten. Es ist interessant, Eddington zu zitieren, der in einem frühen Stadium der Quantenmechanik bemerkte, daß Quantenwahrscheinlichkeiten »erhalten werden, indem man zwei symmetrische Systeme von Wellen einführt, die sich in entgegengesetzten Zeitrichtungen fortpflanzen«[10]. Die Schrödinger-Gleichung ist, wie wir gesehen haben, tatsächlich eine Wellengleichung, welche die zeitliche Entwicklung von Wahrscheinlichkeitsamplituden beschreibt. Nehmen wir das Komplexkonjugierte der Schrödinger-Gleichung. Das heißt, wir ersetzen i durch $-i$ und ψ durch ψ^* (wir nehmen an, daß H_{op} reell ist). Wenn wir außerdem t durch $-t$ ersetzen, erhalten wir wieder die Schrödinger-Gleichung. Wie Eddington sagte, kann ψ^* daher als eine Wellenfunktion aufgefaßt werden, die sich in die Vergangenheit hinein fortpflanzt. Die eigentliche Wahrscheinlichkeit erhält man dann durch das Produkt von ψ mit seinem Komplexkonjugierten ψ^* (also $|\psi|^2$), und da ψ^* aufgefaßt werden kann als ψ, das sich in der Zeit rückwärts entwickelt, impliziert die Definition der Wahrscheinlichkeit die »Begegnung« zweier Zeiten, einer aus der Vergangenheit und der anderen aus der Zukunft. Wahrscheinlichkeiten sind in der Quantentheorie folglich zeitsymmetrisch. Die Wahrscheinlichkeiten, die wir mit unserer Methode ableiten werden, werden dagegen durch eine gebrochene zeitliche Symmetrie gekennzeichnet sein.

Befassen wir uns nun mit der Beziehung zwischen der Schrödinger-Gleichung und der Lösung des Eigenwertproblems, dem Heisenbergschen Programm[11].

Die formale Lösung der Schrödinger-Gleichung ist $\psi(t) = \mathcal{U}(t)\psi(0)$, mit $\mathcal{U}(t) = e^{-iHt}$; $\mathcal{U}(t)$ ist der Entwicklungsoperator in der Quantentheorie. Im 5. Kapitel haben wir bereits Entwicklungsoperatoren für Wahrscheinlichkeitsverteilungen im Zusammenhang mit Karten eingeführt. Da Entwicklungsoperatoren in unserer Methode eine wesentiche Rolle spielen (siehe 9. und 10. Kapitel), müssen wir auf die Methoden, mit denen diese Klasse von Operatoren in der Quantenmechanik untersucht wird, etwas ausführlicher eingehen. Wir kommen hier zu einem entscheidenden Punkt unseres Buches, dem Begriff des Hilbert-Raums, den wir verallgemeinern müssen, um das Chaos in der klassischen wie in der Quantenmechanik einzubeziehen. Im Geiste dieses Buches werden wir einfach die wichtigsten Eigenschaften, die wir benötigen, aufzählen und einige Definitionen geben. Weitere Einzelheiten findet der interessierte Leser in Lehrbüchern zur Quantenmechanik und zur Funktionsanalysis.

4. Der Hilbert-Raum

Die klassische Physik setzt einen *euklidischen Raum* voraus. Dies bedeutet, daß die Entfernung zwischen zwei Punkten 1 und 2 gegeben ist durch $s_{12}^2 = (x_2-x_1)^2 + (y_2-y_1)^2 + (z_2-z)^2$. Außerdem können wir Vektoren einführen und ein *Skalarprodukt* aus zwei Vektoren $\boldsymbol{u}$ und $\boldsymbol{v}$ definieren. Angenommen, die Komponenten von $\boldsymbol{u}$ und $\boldsymbol{v}$ sind u_1, u_2, u_3 und v_1, v_2, v_3. Das Skalarprodukt ist $u_1v_1+u_2v_2+u_3v_3$. Eine andere Eigenschaft des Vektors ist seine »Länge« oder »Norm« l, gegeben durch $l^2 = u_1^2+u_2^2+u_3^2$. Zwei Vektoren u und v sind orthogonal, wenn ihr Skalarprodukt verschwindet. Außerdem ist ein Vektor »normalisiert«, wenn seine Norm 1 ist.

Der Hilbert-Raum ist eine Verallgemeinerung des euklidischen Vektorraums: Vektoren werden jetzt ersetzt durch Funktionen.

Betrachten wir Funktionen f, g, ... und nehmen wir an, sie hingen nur von einer Variablen x ab. Die Funktionen können komplex sein, das heißt, sie können zerlegt werden in einen Realteil und einen Imaginärteil. So ist $f = f_1 + if_2$. Wir können das »Komplexkonjugierte« von f definieren: $f^* = f_1 - if_2$. Wir sind bereits dem Komplexkonjugierten der Wellenfunktion ψ begegnet. Komplexkonjugierte Funktionen spielen eine wesentliche Rolle im Hilbert-Raum, da sie in die Definition des *Skalarprodukts* zweier Funktionen, sagen wir f und g, eingehen, das $\int dx f^*(x) g(x)$ ist. Statt der *Summe* über die Koordinaten machen wir hier eine *Integration* über die Variable (intuitiv entspricht das einem Vektorraum mit einer unendlichen Anzahl von Komponenten). Desgleichen können wir die »Länge« einer Funktion, die sogenannte Norm, definieren durch $||f||^2 = \int dx f^*(x) f(x)$. Wir nehmen an, daß $||f||^2 = 0$ nur dann, wenn $f = 0$. Wir bemerken, daß im Hilbert-Raum jede Funktion zweifach auftreten kann: links und rechts innerhalb des Skalarprodukts. Deshalb führte Dirac (1938) eine elegante Schreibweise ein. Jedes Element f des Hilbert-Raums kann entweder als ein

»bra«-Vektor $<f$ oder als ein »ket«-Vektor $f>$ geschrieben werden. Das Skalarprodukt $\int dx f^*(x) g(x)$ ist $<f|g>$, das Produkt eines *bra* mit einem *ket*. Das Quadrat der Norm von Funktion f ist dann $<f|f>$.

Der Hilbert-Raum besteht aus *quadratisch-integrierbaren Funktionen*, das heißt aus Funktionen, deren »Länge« endlich ist. Dies impliziert Randbedingungen. Die Funktion x^2 ist beispielsweise quadratisch-integrierbar, wenn die Integration sich von 0 bis 1 erstreckt (denn $\int_0^1 x^2 x^2 dx = \frac{1}{5}$), sie ist es jedoch nicht, wenn die Integration sich von 0 bis ∞ erstreckt (denn $\int_0^\infty x^2 x^2 dx \to \infty$).

In der orthodoxen Quantenmechanik wird der Hilbert-Raum als der grundlegende mathematische Rahmen anerkannt (es sind geringfügige Modifikationen nötig, um einem stetigen Spektrum Rechnung zu tragen, aber darauf brauchen wir hier nicht einzugehen). Um jedoch mit chaotischen Systemen fertig zu werden, wird es nötig sein, einen allgemeineren Raum einzuführen, das heißt, Funktionen zu verwenden, *deren »Länge« nicht definiert ist.* Diese Funktionen sind somit sehr singulär, ebenso wie die Fraktale, die wir im 4. Kapitel eingeführt haben. Sie »leben« nicht im Hilbert-Raum, welcher der geeignete Raum für saubere, stetige Funktionen ist. Doch bevor wir zu den neuen verallgemeinerten Räumen übergehen, müssen wir uns mit einigen der wichtigsten Eigenschaften des Hilbert-Raums vertraut machen.

Eine wichtige Rolle spielen *Operatoren.* Ein im Hilbert-Raum definierter Operator $\mathcal{O}$ wirkt auf ein Element dieses Raums und transformiert in ein anderes Element des Hilbert-Raums (eine andere quadratisch-integrierbare Funktion). Definieren wir nun einige Klassen von Operatoren, die im Hilbert-Raum eine wichtige Rolle spielen.

Erstens entspricht jedem Operator $\mathcal{O}$ ein *adjungierter* Operator, $\mathcal{O}^+$, definiert durch die Gleichung $<\mathcal{O}f|g> = <f|\mathcal{O}^+ g>$ der beiden Skalarprodukte, des einen, wo $\mathcal{O}$ auf f, und des anderen, wo $\mathcal{O}^+$ auf g wirkt. Ein Operator ist *selbstadjungiert* (oder *hermitesch*), wenn $\mathcal{O} = \mathcal{O}^+$. Das beruht darauf, daß die Eigenwerte selbstadjungierter Operatoren im Hilbert-Raum *reell* sind.

Eine andere wichtige Klasse von Operatoren sind die *isometrischen* oder *maßerhaltenden* Operatoren $\mathcal{U}$, die die Norm erhalten: $< \mathcal{U}f \,|\, \mathcal{U}f > = < f \,|\, f >$. Wenn der Operator $\mathcal{U}$ außerdem ein Inverses $\mathcal{U}^{-1}$ zuläßt ($\mathcal{U}\mathcal{U}^{-1} = \mathcal{U}^{-1}\mathcal{U} = 1$), wird er als *unitär* bezeichnet. Der in Abschnitt 3 eingeführte Entwicklungsoperator der Quantenmechanik e^{-itH} ist unitär. Die zeitliche Entwicklung verändert nicht die Norm (sie entspricht einer »Rotation« im Hilbert-Raum).

Im Entwicklungsoperator $\mathcal{U}(t) = e^{-itH}$ spielen Zukunft und Vergangenheit die gleiche Rolle, da $\mathcal{U}(t_1+t_2) = \mathcal{U}(t_1)\,\mathcal{U}(t_2)$, unabhängig von den Vorzeichen von t_1 und t_2. Man sagt, daß der Entwicklungsoperator $\mathcal{U}(t)$ einer *dynamischen Gruppe* entspricht.

Bei unserer Lösung des Zeitparadoxons im 10. Kapitel werden wir noch mit unitären Entwicklungsoperatoren zu tun bekommen. Sobald wir jedoch den Hilbert-Raum verlassen, spielen Zukunft und Vergangenheit im allgemeinen unterschiedliche Rollen. Die dynamischen Gruppen spalten sich dann auf in *zwei »Halbgruppen«*.

Wie man aus der elementaren Mathematik weiß, kann ein beliebiger Vektor, sagen wir r, in seine Komponenten bezüglich der Menge der Basisvektoren von Einheitslänge l_x, l_y, l_z längs der Koordinatenachse x, y, z zerlegt werden (siehe Abb. 7.2). Diese Basisvektoren sind orthonormal (ihre Skalarprodukte sind 0, und ihre Länge ist 1).

Wir können eine Funktion f des Hilbert-Raums ebenfalls darstellen als eine Überlagerung geeigneter Funktionen u_n: $f = \Sigma c_n u_n$. Auch hier ist es besonders bequem, eine Menge von *orthonormalen Funktionen* zu benutzen. Das heißt, daß $< u_i | u_j > = \delta_{ij}$ (=1 für $i = j$, = 0 für $i \neq j$). Diese Eigenschaften führen zur Ermittlung von c_n in der Entwicklung von f mit dem Skalarprodukt $c_n = < u_n | f >$. Wir können daher schreiben: $f > = \Sigma u_n > < u_n | f >$.

Da dies für jedes f gültig sein muß, impliziert es $\Sigma u_n >< u_n = 1$. Dies bezeichnet man als Vollständigkeitsrelation.

Die Wirkung eines Operators im Hilbert-Raum kann mit Hilfe einer orthonormalen Menge ausgedrückt werden. Lassen Sie uns definieren $< u_\mu | \mathcal{O} | u_\nu > = \mathcal{O}_{\mu\nu}$. Dies nennt man die Matrixdarstellung des Operators $\mathcal{O}$ (eine Matrix hängt zusammen mit einem Objekt mit zwei Indizes). In dieser Schreibweise haben wir $\mathcal{O} = \Sigma u_\mu > \mathcal{O}_{\mu\nu} < u_\nu$, wie sich leicht nachprüfen läßt, indem man die Relation mit u_k und u_l multipliziert und die Orthonormalitätsbedingungen $< u_\mu | u_\nu > = \delta_{\mu\nu}$ berücksichtigt.

Kommen wir nun zum Eigenwertproblem. Das grundlegende Eigenwertproblem in der Quantenmechanik hängt zusammen mit dem Hamilton-Operator $H_{\text{op}} u_n = E_n u_n$: H_{op} ist ein *hermitescher* Operator, und seine Eigenwerte sind reell

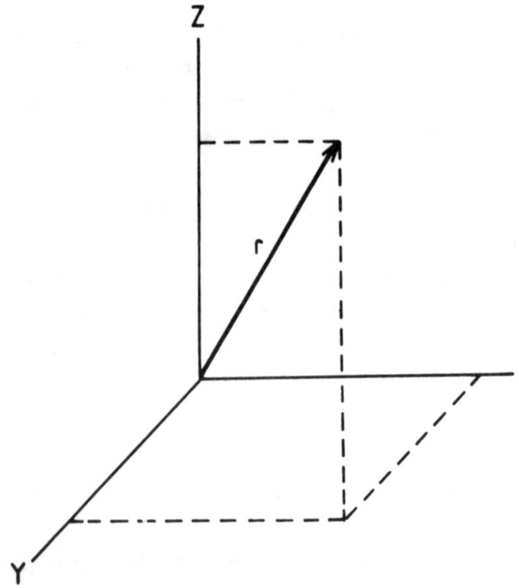

Abb. 7.2 Darstellung eines Vektors durch eine Menge von orthonormalen Vektoren.

(das heißt, er ist gleich seiner Adjungierten, $H_{op} = H_{op}^{+}$). Man nimmt an, daß die Eigenfunktionen u_n eine vollständige orthogonale Menge bilden. Wir haben daher $E_n = < u_n | H_{op} | u_n >$. Der Hamilton-Operator wird diagonal, wenn wir ihn nach seinen Eigenfunktionen entwickeln. Deshalb bezeichnet man die Lösung des Eigenwertproblems auch als »Diagonalisierung« des Hamilton-Operators. Ausgedrückt durch seine Eigenfunktionen, wird H_{op} dargestellt durch eine Matrix, bei der nur die Diagonalterme von 0 verschieden sind: $H_{op} = \Sigma u_n > E_n < u_n$. Diese Relation bezeichnet man als die *spektrale Darstellung* von H_{op}. Die spektrale Darstellung von H abzuleiten heißt, die Lösung des Eigenwertproblems zu erreichen. Die Konstruktion dieser Darstellung ist daher das zentrale Problem der Quantenmechanik.

Betrachten wir nun den in Abschnitt 3 eingeführten Entwicklungsoperator $\mathcal{U}(t) = e^{-itH}$. Es läßt sich nachprüfen, daß infolge der Tatsache, daß H hermitesch ist, $\mathcal{U}(t)$ ein unitärer Operator ist (er erhält die Norm). Da er eine Funktion von H ist, ist das Eigenwertproblem für $\mathcal{U}$ gelöst, sobald wir das von H gelöst haben, genauer gesagt, $\mathcal{U}\, u_n > = e^{iE_nt}$. Die Eigenwerte von $\mathcal{U}$ sind modulo 1, das heißt, daß e^{iE_nt}, multipliziert mit seiner Komplexkonjugierten e^{+iE_nt}, gleich 1 ist. Daher hat $\mathcal{U}$ die spektrale Darstellung $\mathcal{U} = \Sigma u_n > e^{-iE_nt} < u_n$.

Unter Verwendung der vollständigen Menge u_n können wir nun beliebige Wellenfunktionen zur Zeit t_0 (im Hilbert-Raum) nach den u_n entwickeln. Wie oben ist $\psi(t_0) = \Sigma u_n > < u_n | \psi(t_0)$. Die Wellenfunktion ist ein »Vektor« im Hilbert-Raum. Die Achsen sind die Eigenfunktionen u_n. Die Anwendung des Entwicklungsoperators $\mathcal{U}(t)$ auf $\psi(t_0)$ führt daher zu $\psi(t) = \Sigma u_n > e^{-i(t-t_0)E_n} < u_n | \psi(t_0)$ $= \Sigma c_n\, e^{-i(t-t_0)E_n}\, u_n >$.

Die Wellenfunktion entspricht nicht einer wohldefinierten Energie. Dies wäre nur der Fall, wenn alle Koeffizienten mit Ausnahme von einem, sagen wir: c_l, gleich 0 wären; ψ entspricht einer Überlagerung von möglichen Energien $E_1, ..., E_k, ...$, die jeweils die Wahrscheinlichkeitsamplitude $c_1 e^{-iE_1 t}, \ldots, c_k e^{-iE_k t}, \ldots$ haben. Das heißt in der physikalischen Interpretation der Quantentheorie, daß die *Wahrscheinlichkeit*, einen der Energiezustände E_k anzutreffen, gegeben ist durch $c_k e^{-iE_k t} \times c_k^* e^{iE_k t} = |c_k|^2$.

Die wichtige Konsequenz ist, daß die Wahrscheinlichkeiten $|c_k|^2$ sich nicht in der Zeit ändern. Sobald das Eigenwertproblem gelöst ist, erscheint die Schrödinger-Entwicklung als eine im Grunde statische Entwicklung, in der in Wirklichkeit nichts »geschieht«, da jede Eigenfunktion u_k sich unabhängig von den anderen entwickelt. Jede Eigenfunktion des Hamilton-Operators entspricht einem unabhängigen Mode, der durch ein wohldefiniertes Energieniveau definiert ist.

Die Entwicklung der Wellenfunktion, ausgedrückt durch die Eigenfunktionen von H, entspricht einfach einer Rotation im Hilbert-Raum (genau wie ein integrables System wie der harmonische Oszillator einfach im klassischen Phasenraum »rotiert«, siehe Abb. 7.3). Wenn wir das Quantensystem durch die Eigenfunktionen des Hamilton-Operators darstellen, so ist das ein Analogon zu der Darstellung im

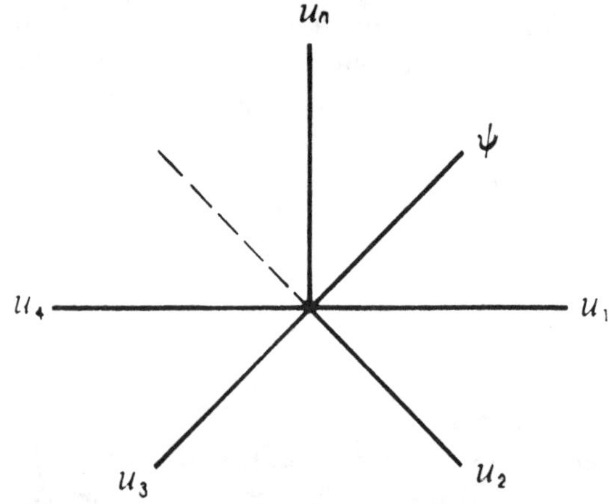

Abb. 7.3 Darstellung eines Quantenzustands durch die Eigenfunktionen des Hamilton-Operators.

Sinne der »freien Bewegung« der klassischen integrablen Systeme durch zyklische Variablen.

Im Gegensatz zum klassischen Phasenraum kann der Hilbert-Raum nicht Eigenfunktionen enthalten, die sowohl Koordinaten als auch Impulsen entsprechen, da diese Größen durch Operatoren dargestellt werden, die nicht vertauschen und keine gemeinsamen Eigenfunktionen haben. Die Quantentheorie enthält die Hälfte der in der klassischen Theorie verwendeten Variablen. Die Schrödinger-Gleichung kann beispielsweise allein mit Hilfe von Koordinaten geschrieben werden, da der Impulsoperator geschrieben werden kann als $\frac{h}{2\pi i}\frac{\partial}{\partial q_i}$. Dieser bedeutende Unterschied läßt sich zurückführen auf die Rolle der Planck-Konstante *h*. Die Planck-Konstante tritt auf in der Beziehung, die die Welleneigenschaften eines Quantenobjekts – seine Wellenlänge λ und seine Frequenz ν – mit seinen Teilcheneigenschaften – seiner Energie E und seinem Impuls p – verknüpft. Diese Beziehungen sind $E = h\nu$ und $\lambda = \frac{h}{p}$. Von besonderer Bedeutung für die Struktur der Quantentheorie ist die letztere Beziehung, die eine Länge λ mit einem Impuls p verknüpft, also zwei Variablen, welche die klassische Dynamik als unabhängig betrachten würde. Dies ist die Grundlage der Welleneigenschaften von Quantenobjekten. Die Existenz von Welleneigenschaften führt zu einem kohärenteren, stärker geordneten Verhalten als in der klassischen Mechanik. Aus diesem Grunde verlangt das Quantenchaos, wie wir sehen werden, strengere Bedingungen als das klassische Chaos.

Dieser Überblick über den Hilbert-Raum läßt klar erkennen, warum wir zu einem allgemeineren Raum übergehen müssen, wenn wir irreversible Prozesse in die Quantentheorie einbeziehen wollen.

Qualitativ können wir sagen, daß Irreversibilität – im Gegensatz zu den zeitlich periodischen Eigenwerten von $\mathcal{U}$, e^{-iE_nt} – *komplexe* Eigenwerte bedeutet, die gedämpften

Entwicklungen entsprechen, welche zum Gleichgewicht führen.

Um die Annäherung an das Gleichgewicht zu beschreiben, wäre es einfach, Dämpfungsterme direkt in die Definition des Hamilton-Operators einzuführen. Dies führt jedoch nicht zu einem konsistenten Ansatz. Wo kommen diese Dämpfungsterme her? Worin besteht das Kennzeichen »gedämpfter« Systeme aus der fundamentalen dynamischen Sicht? Wir verfolgen ein ehrgeizigeres Ziel. Wir werden zeigen, daß man ohne Ad-hoc-Änderungen des Hamilton-Operators die Brechung der zeitlichen Symmetrie für chaotische Systeme ableiten kann. Doch solange wir innerhalb des Hilbert-Raums bleiben, ist das natürlich unmöglich. Es kommt uns daher sehr entgegen, daß die Instabilität natürlicherweise zur Einführung von generalisierten (oder sogenannten »rigged«) Räumen führt.

Schon hier ein wichtiger Hinweis. In der orthodoxen Quantentheorie werden dynamische Prozesse und der Hilbert-Raum unabhängig voneinander eingeführt. Gleichgültig, um was für einen durch einen Hamilton-Operator *H* charakterisierten dynamischen Prozeß es geht, man benutzt *den gleichen* Hilbert-Raum. Für chaotische Systeme wird das nicht gelten. Hier werden die dynamischen Prozesse und der Raum, in dem die Operatoren wirken, miteinander verknüpft.

Wir erwähnten schon, daß der Hilbert-Raum die Erweiterung des euklidischen Raums für Funktionen ist. Es besteht daher eine gewisse Analogie zwischen den Schritten, durch die wir die Dynamik mit dem Funktionsraum verknüpfen werden, und dem entscheidenden Schritt, der zur allgemeinen Relativitätstheorie führt – der Einführung einer nichteuklidischen Geometrie, die die Raum-Zeit-Struktur mit der Anwesenheit von Materie verknüpft.

5. Quanten-Poincaré-Systeme

Kommen wir zurück auf das zentrale Problem der Quantenmechanik, die Lösung des Eigenwertproblems für den Hamilton-Operator. Es gibt, wie wir bereits sagten, nur wenige Quantensysteme, für die das Eigenwertproblem exakt gelöst worden ist. Im allgemeinen müssen wir einen störungstheoretischen Ansatz benutzen. Wir gehen von einem Hamilton-Operator der Form $H = H_0 + \lambda V$ aus, wo H_0 einem Hamilton-Operator entspricht, für den wir das Eigenwertproblem gelöst haben, und V eine »Störung« ist, die durch die Kopplungskonstante λ mit H_0 gekoppelt ist. Wir nehmen also an, daß wir die Lösung des Eigenwertproblems $H_0\, u_n^{(0)}> = E_n^{(0)}\, u_n^{(0)}>$, kennen, und wir möchten das Eigenwertproblem $Hu_n = E_n u_n$ lösen. Das übliche Verfahren (Schrödingers Störungstheorie) besteht darin, sowohl die Eigenwerte als auch die Eigenfunktionen nach den Potenzen der Kopplungskonstante λ zu entwickeln: $E_n = E_n^{(0)} + \lambda\, E_n^{(1)} + \lambda^2 E_n^{(2)} + \ldots$, und $u_n> = u_n^{(0)}> + \lambda\, u_n^{(1)}> + \lambda^2 u_n^{(2)}> + \ldots$. E_n und $u_n>$ sind dann definitionsgemäß *analytische* Funktionen von λ (siehe unsere Diskussion des Poincaré-Theorems im 6. Kapitel, Abschnitt 3).

Der störungstheoretische Ansatz führt zu einem rekursiven Verfahren mit Gleichungen immer höherer Ordnung von λ. Die Lösung dieser Gleichungen ergibt Terme der Form $\frac{1}{E_n^{(0)} - E_m^{(0)}}$, die unbestimmt werden, wenn der Nenner verschwindet. Damit erhalten wir wieder das Divergenzproblem, um das es in Poincarés Theorem über »nicht-integrable Systeme« geht.

Es gibt jedoch einen wesentlichen Unterschied. In der Quantenmechanik wird die Unterscheidung, die wir bereits eingeführt haben, zwischen dem diskreten und dem stetigen Spektrum ausschlaggebend. Bei diskretem Spektrum ist es nämlich im allgemeinen möglich, das Divergenzproblem durch geeignete Wahl des ungestörten Hamilton-Operators zu vermeiden. Wir beheben, konkret gesprochen, die Entartung durch eine geeignete Transformation. Da endliche Quantensysteme ein diskretes Spektrum haben, können wir folgern, daß sie integrabel sind.

Die Situation ändert sich drastisch, wenn wir uns großen Quantensystemen zuwenden, darunter streuende Systeme und wechselwirkende Felder. Das Spektrum solcher Systeme ist *stetig*. Es gilt daher Poincarés Einteilung.

In bestimmten Fällen hat die Quantenphysik diese Schwierigkeit überwinden können. Wir müssen dann die Entwicklung von E_n und u_n in Potenzen der Kopplungskonstante aufgeben. Die Eigenwerte und Eigenfunktionen von H sind keine analytischen Funktionen von λ mehr. Dieser Ansatz ist jedoch nur in außergewöhnlich einfachen Fällen erfolgreich gewesen. Ein Beispiel werden wir in diesem Abschnitt behandeln. Im allgemeinen haben Poincarés Divergenzen weitere Fortschritte verhindert. In der Literatur findet man Existenztheoreme, die die Existenz einer Lösung des Eigenwertproblems[12] beweisen, doch kennen wir keine konstruktive Methode, diese Lösung zu finden. Wir werden etwas ausführlicher auf das Friedrichs-Modell eingehen, da es die Grenzen der gegenwärtigen Quantentheorie deutlich aufzeigt.

Beim Friedrichs-Modell geht es um die Wechselwirkung zwischen einem Teilchen und einem Feld. Im 6. Kapitel

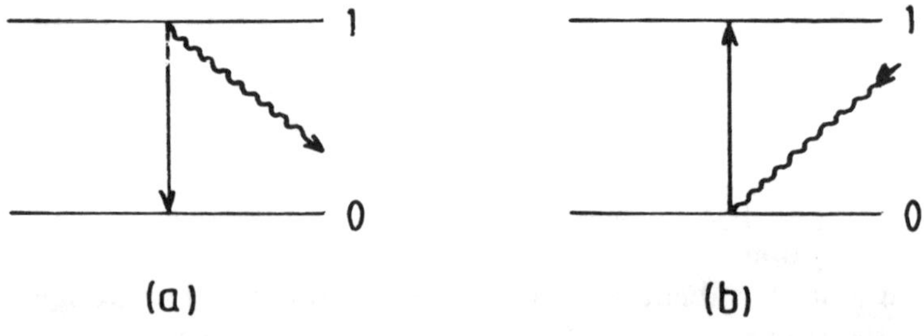

Abb. 7.4 Emission (a) und Absorption (b) eines Photons, begleitet von einem Übergang von Niveau 1 nach 0 (Zerfall) und von Niveau 0 nach 1 (Anregung).

erwähnten wir dieses Problem im Rahmen der klassischen Dynamik. Hier geht es um seine quantenmechanische Version. Das Friedrichs-Modell bringt eine radikale Vereinfachung der physikalischen Situation. Das Teilchen ist jetzt ein Modellatom mit nur zwei Zuständen: dem Grundzustand 0 und dem angeregten Zustand 1. Außerdem berücksichtigen wir nur zwei Arten von Prozessen: den Quantenübergang vom Zustand 1 zum Zustand 0 unter Emission eines Photons und den umgekehrten, mit der Absorption eines Photons verbundenen Prozeß (Abb. 7.4).

Beide Prozesse entsprechen »Resonanzen« – die dem Übergang zwischen dem Anregungszustand und dem Grundzustand entsprechende Energie wird auf ein Photon übertragen.

Natürlich gibt es kein Atom mit zwei Zuständen. Außerdem führt die Quantenmechanik andere Prozesse ein, sogenannte »virtuelle Prozesse«, bei denen die Energie nicht einmal näherungsweise erhalten bleibt. Ein solcher Prozeß wäre beispielsweise der Übergang vom Anregungszustand zum Grundzustand unter Absorption eines Photons[13]. Diese virtuellen Prozesse werden vom Friedrichs-Modell nicht berücksichtigt (Abb. 7.5).

Der dem Friedrichs-Modell entsprechende ungestörte Hamilton-Operator H_0 enthält zwei Terme: Einer entspricht dem Atom, der andere dem Feld. In der »bra-ket«-Schreibweise (siehe Abschnitt 4) können wir schreiben:

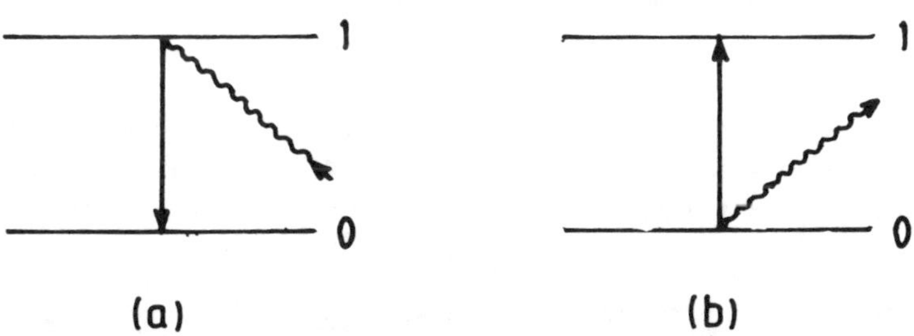

Abb. 7.5 Virtuelle Prozesse (dargestellt durch die Wellenlinien).

$H_0 = 1 > \omega_1 < 1 + \Sigma k > \omega_k < k$. Hier ist ω_1 die Energiedifferenz zwischen den beiden Zuständen: ω_k sind die den Feldmoden $k >$ zugehörigen Frequenzen. Ferner sind $1 >$ und $k >$ die Eigenfunktionen des ungestörten Hamilton-Operators. Im Grenzfall eines großen Systems wird das Spektrum des Feldes stetig. Zu diesem ungestörten Hamilton-Operator fügen wir jetzt die Wechselwirkung λV zwischen dem Atom und dem Feld hinzu. Wiederum unter Verwendung der »bra-ket«-Schreibweise können wir die potentielle Energie schreiben als $V = \Sigma 1 > V_{1k} < k$: Die potentielle Energie führt zu Übergängen zwischen den Zuständen $1 >$ und den Feldmoden $k >$.

Das Friedrichs-Modell kann benutzt werden, um die Bildung einer Spektrallinie zu beschreiben. Gehen wir beispielsweise von dem ungestörten Zustand $1 >$ aus. Zur Zeit t ist die Wellenfunktion durch $\psi(t) > = e^{-iHt} 1 >$ und die Wahrscheinlichkeitsamplitude, den Mode k zu finden, durch $< k \,|\, e^{-iHt} \,|\, 1 >$ gegeben. Nach den oben angeführten Regeln ist die Wahrscheinlichkeit selbst gegeben durch $| < k \,|\, e^{-iHt} \,|\, 1 > |^2$. Diese Funktion kann für verschiedene Zeitwerte als eine Funktion von k berechnet werden.

Für hinreichend lange Zeiten finden wir eine Absorptionslinie bei k, derart, daß $\omega_k = \omega_1$ (in der Literatur wird dies als »Lorentz-Form« bezeichnet). Wir sehen, daß die Bildung einer Spektrallinie tatsächlich auf einem Resonanzvorgang beruht (siehe Abb. 7.6).

Können wir darüber hinausgehen und die spektrale Darstellung des vollständigen Hamilton-Operators $H_0 + \lambda V$ geben?

Zu diesem Zweck versuchen wir, ein Störungsschema anzuwenden. Wir stoßen dann jedoch auf die Poincaréschen Divergenzen. Das Feld enthält nämlich eine stetige Menge

Abb. 7.6 Computerberechnung der Bildung einer Spektrallinie aufgrund des Friedrichs-Modells. Die Übergangswahrscheinlichkeit ist dargestellt als Funktion von *k* für zunehmende Zeit (Simulation durch Dr. W. Saphir).

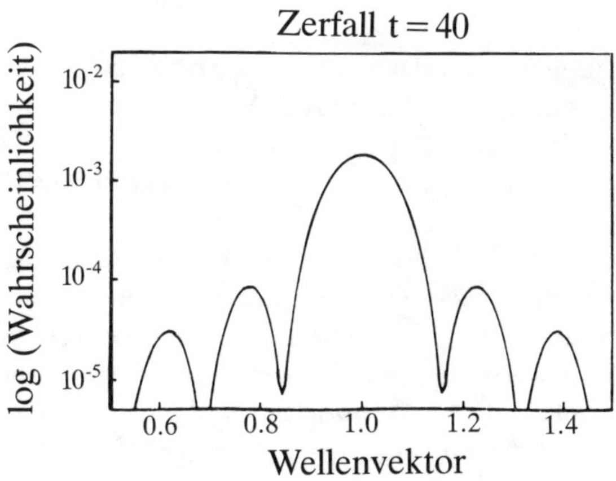
Zerfall t = 40
log (Wahrscheinlichkeit)
10^-2
10^-3
10^-4
10^-5
0.6
0.8
1.0
1.2
1.4
Wellenvektor

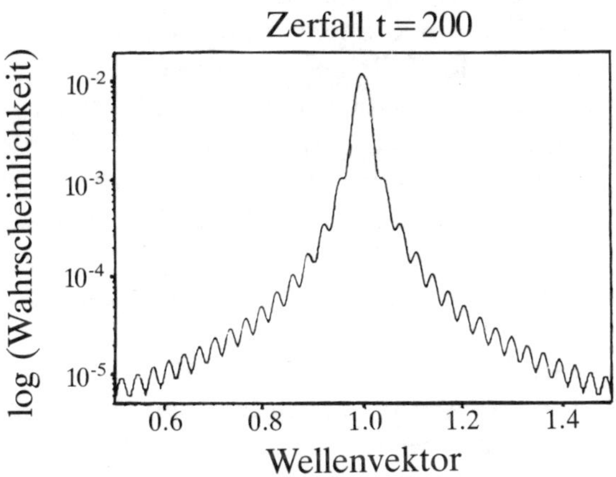
Zerfall t = 200
log (Wahrscheinlichkeit)
10^-2
10^-3
10^-4
10^-5
0.6
0.8
1.0
1.2
1.4
Wellenvektor

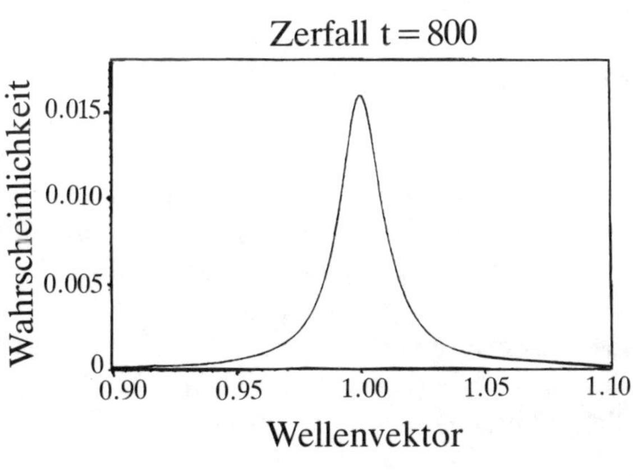
Zerfall t = 800
Wahrscheinlichkeit
0.015
0.010
0.005
0
0.90
0.95
1.00
1.05
1.10
Wellenvektor

von Frequenzen ω_k. Dies führt zu resonanten Nennern $\frac{1}{\omega_1 - \omega_k}$ und damit zu Divergenzen. Wir weisen auf die fundamentale Rolle dieser Resonanzen hin, sind sie doch für die Emission beziehungsweise Absorption von Licht (Photonen) verantwortlich.

Im speziellen Fall des Friedrichs-Modells kann die Divergenz behoben werden. Der angeregte Zustand des Teilchens kann nämlich, wie Friedrichs gezeigt hat, durch eine geeignete Transformation eliminiert werden[14]. So gelangen wir zu einer spektralen Darstellung für H, die *lediglich eine Menge von stetigen Moden* enthält, $H = \Sigma \psi_k^F > \omega_k < \psi_k^F$, in der ω_k wie zuvor die zu dem Kontinuum gehörigen Frequenzen sind und die ψ_k^F Eigenfunktionen, die durch die ungestörten Eigenfunktionen des Teilchens und des Feldes ausgedrückt werden können. Dies ist die spektrale Darstellung des Friedrichs-Modells. Man beachte, daß Friedrichs' Lösung durch einen störungstheoretischen Ansatz nicht zu erreichen und folglich nicht analytisch in λ ist. Wenn nämlich $\psi \to 0$ geht, reduziert der Hamilton-Operator von Friedrichs den Beitrag der Feldmoden, während, wie wir gesehen haben, der ungestörte Hamilton-Operator zusätzlich einen Beitrag von dem Teilchen enthält. Die von Friedrichs erzielte spektrale Darstellung ist somit instabil, da beliebig kleine Werte von λ das Spektrum qualitativ verändern. Dies ist ein Beispiel einer »spektralen Katastrophe«.

Wie ist die Eliminierung des instabilen diskreten Zustands in Friedrichs' Lösung zu verstehen? Gewiß zerfällt das instabile Teilchen in Feldmoden, seine Energie wird also durch die Emission von Photonen auf das Feld übertragen. Wie können wir aber, wenn wir das Teilchen *von vornherein* als Bestandteil des Feldes betrachten, von Quantenübergängen sprechen, wie wir es beim Bohrschen Modell tun? Die Energie des Teilchens wird bereits zum Ausgangszeitpunkt auf das Feld übertragen. Das instabile »Teilchen« ist jetzt so etwas wie ein aus Überlagerungen stetiger Moden bestehendes Wellenpaket, das sich mehr und mehr auflöst.

Diese Folgerung überrascht nicht. Ereignisse sind, anders als im Bohrschen Modell, in der Standardversion der Quantenmechanik nicht vorgesehen. Das liegt daran, daß die Schrödinger-Gleichung eine *stetige* zeitliche Entwicklung der Wellenfunktion beschreibt. Heute können wir jedoch individuelle Quantensprünge beobachten. Wie sollen wir sie in unsere quantenphysikalische Beschreibung einbeziehen? Die übliche Antwort lautet, das geschehe durch unsere Messungen!

Es ist daher sehr interessant, daß unser Ansatz zu einer anderen spektralen Darstellung des Hamilton-Operators führt, die das Feld *und* das Teilchen einbezieht. Dieser Beschreibung müssen wir uns bedienen, wenn wir das grundlegende Konzept der »Quantensprünge« aufrechterhalten wollen. Diese alternative spektrale Darstellung liegt jedoch nicht mehr im Hilbert-Raum.

Wir kommen zu dem Schluß, daß wir selbst in den Ausnahmefällen, in denen sich Heisenbergs Programm (die Lösung des Eigenwertproblems) mit herkömmlichen Methoden durchführen läßt, auf theoretische Schwierigkeiten stoßen. Diese Schwierigkeiten hängen alle mit dem Zeitparadox zusammen.

6. Nochmals: das Unsagbare

Kommen wir noch einmal auf die duale Struktur der Quantentheorie zurück. Wie wir gesehen haben, kann ψ als eine Überlagerung von Eigenzuständen u_k des Hamilton-Operators ausgedrückt werden. Wenn wir die Energie messen, erhalten wir ein wohldefiniertes Energieniveau E_k, und daher wissen wir, daß das System dann durch die entsprechende Eigenfunktion u_k beschrieben wird. Wenn wir diese Messungen an einem Ensemble von Systemen wiederholen, die durch die gleiche Wellenfunktion beschrieben werden, erhalten wir eine Reihe von Eigenfunktionen u_p, u_q, u_r, ... Vor den Messungen hatten wir einen »reinen Fall« (eine einzelne Wellenfunktion). Nach den Messungen haben wir ein »Gemisch«, ein Ensemble von Systemen, repräsentiert durch verschiedene Wellenfunktionen u_k, die einer wohldefinierten Energie E_k entsprechen und durch eine statistische Gewichtung $|c_k|^2$ charakterisiert sind. Es ist dieser Übergang von einem reinen Fall zu einem Gemisch, der zu der dualen Struktur der Quantenmechanik führt. Die Schrödinger-Gleichung, die eine Wellenfunktion in eine andere Wellenfunktion transformiert, ist auf diese Situation nicht anwendbar. Wir benötigen außer der Quantentheorie, die die zeitlich reversible Entwicklung der Wellenfunktion beschreibt, ein zusätzliches Element, das die irreversible Zerstörung der Wellenfunktion in ein Gemisch berücksichtigt[15].

Man hat den »Zusammenbruch der Wellenfunktion« gleichgesetzt mit der Transformation der in der Wellenfunktion enthaltenen Potentialitäten (das heißt der möglichen Energiewerte) in »Aktualitäten«, die in dem Gemisch enthalten sind und durch den Meßvorgang erhalten werden. Die Quantentheorie macht jedoch nicht verständlich, wie sich diese Transformation aus Potentialität in Aktualität vollzieht. Dies kann man zu Recht als das Quanten-»Paradox« bezeichnen.

Die sogenannte »Kopenhagener Deutung« hat sich in ihren zahlreichen Versionen dieser Situation zu stellen versucht. Sie führt die Vorschrift ein, daß Quantensysteme nur dann Eigenschaften besitzen, wenn sie gemessen werden, wenn der Übergang von der Potentialität zur Aktualität stattgefunden hat. Wer ist dann aber für diesen Übergang verantwortlich? Alistair Rae stellt in seinem Buch *Quantum Physics: Illusion or Reality?* fest: »Quantensysteme besitzen Eigenschaften nur dann, wenn sie gemessen werden, doch gibt es offenbar nichts, was außerhalb der Physik liegt, um die Messung zu machen.«[16] Nach der Kopenhagener Deutung gibt es keine Antwort auf Raes Frage: Die Existenz des Meßapparats wird von der Quantenphysik vorausgesetzt und kann nicht aus ihr abgeleitet werden. Die Quantentheorie beschreibt nicht die »Quantenwelt«, sondern nur das, was wir mit einer Meßvorrichtung über diese Welt sagen können. Es kann, mit anderen Worten, keine quantenmechanische Beschreibung einer Meßvorrichtung als solcher geben. Es ist nicht möglich, sie mit Hilfe der Schrödinger-Gleichung als ein Quantenobjekt zu beschreiben und sie zugleich als Meßapparat zu benutzen.

Diese Auffassung hat unzählige Diskussionen ausgelöst. Da die Kopenhagener Deutung keine Vorschrift dafür formulierte, wie die physikalischen Systeme beschaffen sein sollten, die wir als Meßvorrichtung benutzen dürfen, hing der Unterschied zwischen einem Quantenobjekt, das der Schrödinger-Gleichung gehorcht, und einer Meßvorrichtung anscheinend nur von unserer Entscheidung ab. Um die Willkürlichkeit dieser Unterscheidung zwischen dem Quantensystem und dem Meßapparat zu vermeiden, hat Neumann darauf hingewiesen, daß es nur eine Entität gebe, die außerhalb der Quantentheorie stehen könne: das menschliche Bewußtsein. Demnach wäre es unser Bewußtsein, das durch unsere Beobachtungen für den Zusammenbruch der Wellenfunktion und für den Tod von Schrödingers Katze verantwortlich wäre[17]!

Andere Physiker haben vorgeschlagen, eine Meßvorrichtung als ein »makroskopisches System« zu betrachten. Aber was ist ein makroskopisches System? Daß ein System »makroskopisch« ist, ist keine hinreichende Bedingung dafür, es als Meßvorrichtung zu betrachten. Wir können beispielsweise einen Kristall benutzen, um einen Photonenstrahl in zwei Komponenten zu zerlegen. Dies ist aber keine Messung: Wenn wir nicht ein Gerät hinzuziehen, das die getrennten Strahlen mißt, kann ein anderer Kristall den ursprünglichen Strahl wiederherstellen. In dem ausgezeichneten Buch von A. Rae werden zahlreiche Beispiele diskutiert.

Des weiteren wird das Konzept eines makroskopischen Systems oft mit der Idee der Näherung in Verbindung gebracht. Wir sind angeblich nicht in der Lage, die Quanteneigenschaften des Apparats zu messen. Um die Näherung als etwas Irreduzibles erscheinen zu lassen, haben einige Physiker außerdem vorgeschlagen, den Apparat als ein offenes Quantensystem zu betrachten, das mit der ganzen Welt zusammenhängt. So soll das von der Wellenfunktion beschriebene Quantenobjekt mit einer Umgebung gekoppelt sein, die sich im thermischen Gleichgewicht befindet[18]. Die Umgebung wäre dann nicht durch eine Wellenfunktion zu beschreiben, sondern durch eine Gleichgewichts-Wahrscheinlichkeitsverteilung (siehe 8. Kapitel). Dafür, daß es uns möglich ist, Messungen durchzuführen, wären kontingente Störungen verantwortlich, Fluktuationen aus der Umgebung! Dies steht jedoch im Widerspruch zu der Tatsache, daß die Quantenbeschreibung durch eine Wellenfunktion die fundamentale mikroskopische Beschreibung sein soll.

Was ist im übrigen unter der »Umgebung« zu verstehen? Wer trifft die Unterscheidung zwischen einem Objekt und seiner Umgebung? Es sei daran erinnert, daß Randbedingungen, die das, was zu einem Objekt gehört, von dem trennen, was nicht dazugehört, makroskopische Näherungen sind, die in einer dynamischen Theorie nichts zu suchen haben. Die Unterscheidung zwischen einem Objekt und seiner »unkontrollierbaren« Umgebung ist somit nur eine andere Spielart der Auffassung Neumanns, wir seien es, die durch unser Tun und Beobachten den Zusammenbruch der Wellenfunktion verursachen.

Auf die eine oder andere Weise wären wir demnach für das Quantenparadox verantwortlich, so wie wir für das Zeitparadox verantwortlich sind. Es fällt schwer, das zu glauben: Wir finden in der Natur eine große Klasse von Situationen (zum Beispiel Gleichgewichtssituationen, siehe 8. Kapitel), die nicht als reine Zustände, sondern *nur* als Gemische beschrieben werden können. Wer ist also für das Auftreten der Gemische verantwortlich?

Es sind noch andere Vorschläge gemacht worden. Rimini und Weber[19] haben die Idee eingeführt, daß ein spontaner Zusammenbruch der Wellenfunktion wahrscheinlicher wird, wenn das System mehr Freiheitsgrade enthält. Dies würde eine neue Universalkonstante erforderlich machen. Und was soll man unter einer großen Zahl von Freiheitsgraden verstehen, wenn die Wechselwirkung zwischen ihnen nicht angegeben wird?

Die Berufung auf einen Beobachter wird noch unverständlicher, wenn es um die Kosmologie geht. Wer mißt das Universum?

Es muß betont werden, daß das Meßproblem nur *ein* Aspekt der Schwierigkeiten ist, auf die die Quantentheorie stößt. Ein damit eng zusammenhängendes Problem, bei dem es gleichfalls um die Transformation eines reinen Zustands in ein Gemisch geht, ist, wie wir im nächsten Kapitel sehen werden, das Problem der Annäherung an das Gleichgewicht. Wir erwähnten bereits die kosmische Hintergrundstrahlung, die sich im thermischen Gleichgewicht befindet. Daher muß im Hinblick auf das Universum wie im Hinblick auf gewöhnliche Laborexperimente die gleiche Frage gestellt werden: Durch welche Art von Mechanismen können Gleichgewichtszustände herbeigeführt werden? In der Kosmologie treten auch dadurch, daß man irreversible Prozesse aus dem grundlegenden Theoriegebäude ausschließt, Probleme auf, für welche die Frage nach dem »Beobachter des Universums« nur ein Symptom ist.

Wir kommen zu dem Schluß, daß das Zeitparadox für die Quantentheorie zentral ist. Anfangs erschien die Quantentheorie als ein Triumph der zeitlich reversiblen Beschreibung, die Ereignisse eliminiert. Darin liegt denn auch der hauptsächliche Gegensatz zwischen der frühen Quantentheorie, die sowohl Gesetze als auch Ereignisse umfaßte, und der heutigen, die der Tradition der klassischen Dynamik folgt. Das Problem des Ereignisses bleibt jedoch bestehen, so daß dann ein subjektives, beobachterorientiertes Element in die Theorie eingeführt wird. Dieses subjektive Element möchte unsere Theorie eliminieren.

Wir sind einig mit Karl Popper, wenn er betont, daß eine Rückkehr zum Realismus nicht gleichzusetzen ist mit einer Rückkehr zum Determinismus: »Nach meiner Ansicht ist der *Indeterminismus mit dem Realismus vereinbar*, und wenn man diese Tatsache anerkennt, kann man eine konsequent objektivistische Erkenntnistheorie, eine objektivistische Interpretation der gesamten Quantentheorie und eine objektivistische Interpretation der Wahrscheinlichkeit vertreten.«[20] Wir hoffen, damit in den Bereich der Physik einzubringen, was Popper als seinen »metaphysischen Traum« bezeichnet hat: »Es ist wahrscheinlich, daß auch dann, wenn es keine beobachtenden Subjekte gäbe, die mit ihr experimentieren und in sie eingreifen, die Welt genauso indeterministisch wäre, wie sie ist.«[21] Und wir können hinzufügen, daß auch ohne ein beobachtendes Subjekt Ereignisse stattfinden würden. Die Auffassung Poppers steht im Einklang mit dem, was man an instabilen klassischen Systemen beobachtet hat. Daß unsere im 5. Kapitel dargestellte Beschreibung der Bäcker-Transformation realistisch ist, kann niemand bezweifeln. Zugleich ist sie aber eine statistische Beschreibung. Unser Ziel wird sein, zu zeigen, daß die Quantentheorie instabiler dynamischer Systeme ebenfalls zu einer Beschreibung führt, die sowohl statistisch als auch realistisch ist, einer Beschreibung, die es obendrein gestattet, Heisenbergs Ziel – die Lösung des Eigenwertproblems der Quantenmechanik für »nichtintegrable« Systeme – zu verwirklichen. Dafür muß die Quantentheorie jedoch anders formuliert werden.

Achtes Kapitel
Die statistische Beschreibung der Mikrowelt

1. Reduzible und irreduzible statistische Beschreibungen

Die Gesetze der Physik sind traditionell im Sinne von Trajektorien (in der klassischen Physik) oder Wellenfunktionen (in der Quantenmechanik) formuliert. Doch vor beinahe 100 Jahren führten Gibbs und Einstein eine weitere Art der Beschreibung ein, die statistische Beschreibung durch Ensembles. Gibbs und Einstein ersetzten die Beschreibung eines einzigen dynamischen Systems durch die eines Ensembles von Systemen, die alle der gleichen Hamilton-Funktion entsprechen[1]. Für die Einführung der Ensemblebetrachtung sprachen zwei wichtige Gründe. Zum einen lieferte sie ein bequemes Instrument für die Berechnung von Mittelwerten. Zum anderen war sie notwendig für die Beschreibung eines Systems, welches das thermodynamische Gleichgewicht erreicht hat. Wie wir sehen werden, sind thermodynamische Eigenschaften nicht durch *individuelle Trajektorien oder Wellenfunktionen*, sondern nur durch *Ensembles* zu erklären. Die Ensemblebetrachtungsweise läßt sich auf alle dynamischen Systeme anwenden, seien sie integrabel oder nicht, stabil oder instabil.

Zentrale Größe ist nun die Wahrscheinlichkeitsverteilung. Im Grenzfall können wir jedoch ohne weiteres wieder auf die Beschreibung durch individuelle Trajektorien oder Wellenfunktionen zurückgreifen. Die Gibbs-Einsteinsche Betrachtungsweise ist eine alternative, dabei aber *äquivalente* Art und Weise, die Gesetze der Physik auszudrücken. Wir bezeichnen sie daher als eine »reduzible« statistische Beschreibung.

Im 9. und 10. Kapitel werden wir uns dagegen mit »irreduziblen« statistischen Beschreibungen für (klassische oder quantenmechanische) chaotische Systeme befassen, mit Beschreibungen, die auf individuelle Trajektorien oder Wellenfunktionen nicht anwendbar sind. Während der Gibbs-Einsteinsche Ansatz die anerkannten Naturgesetze nur in statistischer Form umformuliert, ziehen *irreduzible* statistische Beschreibungen eine alternative Formulierung der Naturgesetze nach sich. Gleichwohl verwendet diese neue Formulierung viele grundlegende Vorstellungen des Gibbs-Einsteinschen Ansatzes. Deshalb wollen wir diesen Ansatz jetzt kurz vorstellen.

2. Ensembles in der klassischen Physik

Wie im 5. und 6. Kapitel führen wir den Phasenraum ein, dessen Koordinaten die Orte $q_1, ..., q_s$ und Impulse $p_1, ..., p_s$ des Teilchens sind. Wie zuvor wird jeder Zustand eines Systems durch einen Punkt dargestellt. In der Gibbsschen Ensembletheorie kann ein System jedoch durch eine »Wolke« von Punkten im Phasenraum dargestellt werden. Die *»Wolke«* wird beschrieben durch eine stetige Verteilung im Phasenraum $\rho\ (q_1, ..., q_s, p_1, ..., p_s)$. In geeigneter Weise normiert (das Integral der Dichte über den ganzen Phasenraum wird gleich 1 gesetzt), repräsentiert die Dichte $\rho\ (q_1, ..., q_s, p_1, ..., p_s)$ die Wahrscheinlichkeitsverteilung, zur Zeit t einen repräsentativen Punkt des Systems in dem Volumenelement $dq_1, ..., dq_s, dp_1, ..., dp_s$ des Phasenraums anzutreffen.

Jeder Punkt im Phasenraum folgt im Zeitverlauf einer dynamischen Trajektorie. Jeder Anfangsbedingung entspricht eine andere Trajektorie. Zwei anfangs verschiedene

Punkte werden daher für immer verschieden bleiben. Mit anderen Worten: Die dynamische Entwicklung erhält die Anzahl der repräsentativen Punkte im Phasenraum. Diese fundamentale Eigenschaft führt dann zum Liouville-Theorem, das wir bereits im 5. Kapitel, Abschnitt 3, vorgestellt haben. Diesem Theorem zufolge verhält sich die Dichte ρ wie eine inkompressible Flüssigkeit: Das Volumen des Gebiets, welches die repräsentativen Punkte eines Systems im Phasenraum einnehmen, wird durch die Entwicklung unverändert erhalten. Das Theorem schließt jedoch, wie schon erwähnt, nicht aus, daß die Gestalt des Gebiets sich verändert.

Unser Interesse an der Ensembletheorie liegt auf der Hand. Sobald wir die Wahrscheinlichkeitsverteilung ρ kennen, können wir den Mittelwert $<A>$ einer beliebigen von den kanonischen Variablen p, q abhängenden Eigenschaft $A\ (p, q)$ berechnen zu $<A> = \int A(p,q)\rho d\Gamma$, wobei $d\Gamma$ das Volumenelement des Phasenraums ist.

Wenden wir uns nun der zeitlichen Entwicklung der Wahrscheinlichkeitsverteilung zu. Sie wird bestimmt von der sogenannten Liouville-Gleichung, die aus der klassischen Hamiltonschen Dynamik abgeleitet ist. Die Ableitung, die man in jedem Lehrbuch zur statistischen Mechanik findet, soll hier nicht wiederholt werden. Wir schreiben die Liouville-Gleichung unter Verwendung des Operatorformalismus, den wir im vorigen Kapitel für die Quantenmechanik eingeführt haben. Er nimmt die Form $i\frac{\partial \rho}{\partial t} = L\rho$ an. Die zeitliche Ableitung von ρ wird bestimmt von der Wirkung des Liouville-Operators L auf ρ (man beachte die Analogie zur Schrödinger-Gleichung). Die explizite Form des Liouville-Operators kann aus dem Hamilton-Operator abgeleitet werden, ist aber hier nicht von Belang. Bemerkenswert ist jedoch, daß L ein hermitescher Operator ist, wie es auch die Operatoren der Quantenmechanik sind.

Die Verwendung eines Operatorformalismus in der klassischen statistischen Mechanik erlaubt uns, die für Quantensysteme entwickelten Methoden auf klassische Systeme anzuwenden und Eigenfunktionen sowie Eigenwerte für den Liouville-Operator zu definieren. Eingeführt von Koopman[2], ist er seither ausgiebig benutzt worden[3].

Eine zentrale Rolle spielt, wie in der Quantenmechanik, der Hilbert-Raum. Wir betrachten jetzt im Phasenraum q, p definierte Funktionen f, g. Genau wie in der Quantenmechanik können wir wieder ein Skalarprodukt $<f \mid g> = \int \mathrm{d}\,\Gamma f^*(q, p)\, g\,(q, p)$ und eine Norm $\|f\|^2$ definieren. Der einzige Unterschied ist, daß die hier betrachteten Funktionen *sowohl* von den Koordinaten *als auch* von den Impulsen abhängen.

Wie in der Quantenmechanik können wir das Eigenwertproblem $L\varphi> = l_n\varphi_n>$ betrachten. Da L ein hermitescher Operator ist, sind die Eigenwerte reell. Außerdem nehmen wir an, daß die Eigenfunktionen φ_n eine vollständige orthonormale Menge bilden. Unter Verwendung dieser Menge können wir die Verteilungsfunktion nach den $\varphi_n>$ entwickeln: $\rho = \Sigma c_n\varphi_n>$. Die zeitliche Entwicklung ist gegeben durch $\rho(t) = \mathcal{U}(t)\rho(0) = \mathrm{e}^{-iLt}\rho(0)$. $\mathcal{U}(t)$ ist wie in der Quantenmechanik ein unitärer Operator. Dies führt zu dem Ergebnis $\rho(t) = \Sigma c_n \mathrm{e}^{-il_nt}\,\varphi_n>$.

Die Wahrscheinlichkeitsverteilung $\rho(t)$ ist somit zerlegt in eine Summe von sich unabhängig entwickelnden Moden, die charakterisiert sind durch ein Gewicht c_n, das im Zeitverlauf konstant bleibt. Da die Eigenwerte reell sind, rotiert der jeweilige Eigenmodus im Phasenraum. Der einzige Unterschied zur Quantenmechanik besteht darin, daß hier jeder Modus zur Wahrscheinlichkeit ρ und nicht, wie in der Quantenmechanik, zur Wahrscheinlichkeitsamplitude φ beiträgt.

Wir erkennen hier die grundlegende Schwierigkeit jeder Theorie irreversibler Prozesse. Die Rotation im Phasenraum erhält die zeitliche Symmetrie. Eine *gebrochene* zeitliche Symmetrie bekäme man nur bei *komplexen* Eigenwerten $l_n = l_n^{(1)} - il_n^{(2)}$. Dann ist $\mathrm{e}^{-il_nt} = \mathrm{e}^{-il_n^{(1)}t}\,\mathrm{e}^{-l_n^{(2)}t}$, wobei der zweite Faktor einen exponentiellen Zerfall ergibt. Dies ist jedoch unmöglich, solange wir von einem hermiteschen Operator ausgehen und den Hilbert-Raum-Formalismus verwenden.

Eine Möglichkeit, die viele Autoren ergreifen, besteht darin, zu erklären, die Liouville-Gleichung sei in der Tat zeitlich reversibel, die Irreversibilität sei das Resultat einer Grobstruktur, das heißt einer approximativen Beschreibung. Damit landen wir aber wieder beim Zeitparadox. Es gibt nur zwei Möglichkeiten, das Zeitparadox zu lösen: von neuen Bewegungsgleichungen auszugehen, die die Irreversibilität einbeziehen, oder den Hilbert-Raum aufzugeben. Dank der chaotischen Systeme können wir die zweite Möglichkeit realisieren.

Man beachte, daß wir gleichfalls zur Einteilung Poincarés zurückkommen. Poincarés Einteilung in integrable und nichtintegrable Systeme geht aus von Hamilton-Operatoren der Form $H = H_0 + \lambda V$. Ein solcher Hamilton-Operator entspricht dem Liouville-Operator $L = L_0 + \lambda L_V$. Wiederum können wir, wie in der Quantenmechanik, das Eigenwertproblem des Liouville-Operators nur für eine begrenzte Klasse von dynamischen Systemen (nämlich die integrablen Systeme) lösen. Wenn wir nämlich wiederum einen störungstheoretischen Ansatz verwenden und Φ_n sowie l_n in Potenzen von λ entwickeln: $\Phi_n^{(0)} + \lambda\Phi_n^{(1)} + \ldots$ und $l_n = l_n^{(0)} + \lambda l_n^{(1)} + \ldots$, stoßen wir auf »gefährliche« kleine Nenner von der Form $\frac{1}{(l_n - l_m)}$, die in Anwesenheit von Resonanzen ($l_n = l_m$) zu Divergenzen führen.

Bei integrablen Systemen sind die Lösung der Bewegungsgleichungen und die Lösung der Liouville-Gleichung gleichwertige Probleme. Was geschieht jedoch bei nichtintegrablen Systemen? Hier erkennen wir, wie wichtig der Begriff der *irreduziblen* statistischen Beschreibung ist. Systeme, dic in der klassischen Dynamik als nichtintegrabel bezeichnet werden, sind es, wie wir im 9. und 10. Kapitel sehen werden, im Rahmen der Ensembletheorie nicht mehr. Die neuen Lösungen der Liouville-Gleichung für die Wahrscheinlichkeitsverteilung ρ können jedoch nicht wieder auf ein individuelles System zurückübertragen werden. Im Fall chaotischer Systeme bietet die Ensemblebetrachtung also neue Elemente, die für die Lösung des Zeitparadoxons notwendig sind.

3. Ensembles in der Quantentheorie

Die Gibbssche Ensemblebetrachtung läßt sich unschwer auf die Quantentheorie übertragen. Wir müssen einige formale Änderungen beachten, die auf der Tatsache beruhen, daß der Hilbert-Raum in der Quantentheorie nur die Hälfte der Variablen enthält, die in die Definition des klassischen Phasenraums eingehen.

Wir haben gesehen, daß die Wellenfunktion ψ eine Wahrscheinlichkeitsamplitude repräsentiert. Die entsprechende Wahrscheinlichkeit ist gegeben durch $|\psi|^2$. In Diracs »bra-ket«-Schreibweise lautet die Definition von ρ, gewöhnlich als »Dichtematrix« bezeichnet, $\rho = \psi >< \psi$. Es ist ein Operator, der auf die Elemente des Hilbert-Raums wirkt. Diese Definition entspricht einem »reinen Zustand«. Darüber hinaus können wir Situationen für ρ betrachten, die einer Mischung aus verschiedenen Wellenfunktionen u_k entsprechen, jeweils mit einem statistischen Gewicht g_k (g_k zwischen 0 und 1, die Summe von g_k über k gleich 1).

Die Dichtematrix gehorcht, wie im klassischen Fall, der Liouville-Gleichung $i \frac{\partial \rho}{\partial t} = L\rho$, wobei der Unterschied in der expliziten Form des Liouville-Operators (das heißt, in seiner Beziehung zum Hamilton-Operator) liegt, auf die wir zurückkommen werden. In der Quantenmechanik wird diese Gleichung als von-Neumann-Gleichung bezeichnet, und L ist der Liouville-von-Neumann-Operator.

Wir können, wiederum wie zuvor, einen Hilbert-Raum definieren. L ist gleichfalls wieder ein hermitescher Operator. Die in Abschnitt 2 geäußerten Bemerkungen über den klassischen Liouville-Operator gelten hier allesamt. Es gibt einen kleinen formalen Unterschied. Gewöhnlich wird *L*, da es ein Operator ist, der auf Dichtematrizes (und nicht auf Wellenfunktionen) wirkt, als »Superoperator« bezeichnet.

Für integrable dynamische Systeme führt die Lösung des Eigenwertproblems für *L* zu Trajektorien. Hier ist die Situation ähnlich. Auch in der Quantenmechanik können wir, wenn das Eigenwertproblem für *H* gelöst ist, das Eigenwertproblem für *L* lösen und es durch Wellenfunktionen ausdrücken. Bei Quantensystemen mit diskretem Spektrum gibt es, wie wir gesehen haben, keine Schwierigkeiten. Wenn wir jedoch zu Systemen mit stetigem Spektrum und einer stetigen Menge von Resonanzen kommen, macht sich Poincarés Einteilung geltend: Es gibt im allgemeinen keine konstruktive Methode für die Lösung des Eigenwertproblems für *H* – und auch nicht für *L*.

Die Situation ändert sich daher drastisch, wenn wir nichtintegrable Systeme betrachten. Dort werden unsere Methoden zur Konstruktion von *Dichtematrizes* führen, *die irreduzibel sind*, deren zeitliche Entwicklung also nicht durch Wellenfunktionen ausgedrückt werden kann. Dies ist ein fundamentaler Schritt, denn er zeigt die Grenzen der heutigen Quantentheorie (die eine Theorie der Wellenfunktionen ist) auf und ersetzt sie durch eine Quantentheorie der Dichtematrizes.

Erörtern wir aber zunächst die Ensemblebetrachtungsweise für Gleichgewichtssysteme und dann für Systeme unter Nichtgleichgewichtsbedingungen. Bei Trajektorien oder Wellenfunktionen ist die Unterscheidung zwischen Gleichgewicht und Nichtgleichgewicht bedeutungslos. Gerade darum ist der Ensembleansatz ein naheliegender Ausgangspunkt für eine neue Formulierung der Dynamik.

4. *Gleichgewichtsensembles*

Das vorrangige Ziel von Gibbs und Einstein war es, mit der Ensembletheorie durch Gleichgewichtsensembles zu einem besseren Verständnis der Gleichgewichts-Thermodynamik zu gelangen. Gleichgewichtsensembles sind spezielle Lösungen der Liouville-von-Neumann-Gleichung $\frac{\partial \rho}{\partial t} = 0$. In der klassischen wie in der Quantenmechanik wird diese Lösung realisiert, wenn ρ allein eine Funktion des Hamilton-Operators H ist.

Betrachten wir zunächst klassische Systeme. Wir können ein Ensemble konstruieren, in dem alle Systeme die gleiche Energie E haben. Die Verteilungsfunktion ist dann im gesamten Phasenraum 0, außer auf der Fläche $H(p, q) = E$. Auf dieser Fläche ist die Verteilungsfunktion konstant. Man spricht hier vom »mikrokanonischen« Ensemble. Gibbs zeigte, daß solche Ensembles die Gesetze der Gleichgewichts-Thermodynamik erfüllen. Er führte daneben andere Ensembles ein, so das »kanonische« Ensemble, in dem alle Systeme mit einem Reservoir von der Temperatur T in Wechselwirkung stehen. Dies führt dann zu einer Verteilungsfunktion, die exponentiell vom Hamilton-Operator abhängt, während ρ jetzt proportional zu $e^{-\frac{H}{kT}}$ ist, worin T die Temperatur des Reservoirs und k eine Universalkonstante ist, die Boltzmann-Konstante (die den Exponenten dimensionslos macht). Für die Quantenmechanik gelten ähnliche Überlegungen. In der Quantenmechanik entspricht das mikrokanonische Ensemble einer Dichtematrix ρ, die aus einer Überlagerung (mit gleichen Gewichten) aller Wellenfunktionen mit einer gegebenen Energie E besteht. Im allgemeinen gibt es viele (sogar unendlich viele) Wellenfunktionen mit der gleichen Energie. Das mikrokanonische Ensemble entspricht daher einem »Gemisch« (siehe 7. Kapitel, Abschnitt 4) und nicht einem reinen Fall. Die Situation ist die gleiche für kanonische Ensembles, bei denen ρ exponentiell vom Hamilton-Operator abhängt. Auch dies ist ein Gemisch.

Wenn die Gleichgewichtsverteilung gegeben ist, können wir alle thermodynamischen Gleichgewichtseigenschaften wie Druck, spezifische Wärme und so weiter berechnen. Wir können sogar über die makroskopische Thermodynamik hinausgehen und Fluktuationen von Gleichgewichtsgrößen berechnen. Es besteht allgemeine Übereinstimmung, daß es auf dem großen Gebiet der »statistischen« Gleichgewichts-Thermodynamik keine begrifflichen Schwierigkeiten mehr gibt, sondern nur noch Rechenprobleme, die weitgehend durch Computersimulationen gelöst werden können. Die Anwendung der Ensembletheorie auf Gleichgewichtssituationen ist deshalb in der Tat sehr erfolgreich gewesen. Doch thermodynamische Größen wie die Entropie haben zugleich Eigenschaften, die außerhalb des Gleichgewichts von fundamentaler Bedeutung sind. Wie kann insbesondere die Annäherung an das Gleichgewicht mit Hilfe der Ensembletheorie verstanden werden?

Integrable Systeme können sich nicht dem Gleichgewicht annähern, da bei ihnen alle Wirkungsvariablen $J_1, ..., J_s$ Bewegungskonstanten sind: Wenn ρ anfangs nur eine Funktion der Wirkungsvariablen ist, wird es zeitlich konstant bleiben und kann sich nicht entwickeln, um wie im Fall mikrokanonischer oder kanonischer Verteilungen eine Funktion allein der Energie zu werden. Maxwell und Boltzmann führten deshalb den Begriff der »Ergodizität« ein. Ein ergodisches System ist definitionsgemäß ein System, das mit der Zeit jedem Punkt auf der Energiefläche beliebig nahe kommt. Langfristige Grenzwerte dynamischer Eigenschaften werden daher identisch mit Ensemblemittelwerten. Neumann, Birkhoff und andere haben die ergodische Theorie zu einer leistungsfähigen mathematischen Theorie entwickelt.

Integrable Systeme sind nicht ergodisch. Liefert die ergodische Theorie also die Antwort? Nach unserer Meinung nicht. Die ergodische Theorie und ihre verschiedenen Verallgemeinerungen geben wichtige Anhaltspunkte bezüglich des Verhaltens dynamischer Systeme für große Zeiträume (gleichgültig, ob die Zeit t nach $+\infty$ oder $-\infty$ geht), aber keinen Aufschluß darüber, wie ein System sich in endlichen Zeiträumen verhält. Insbesondere geben sie keinen Aufschluß über Relaxationszeiten, die charakteristischen (endlichen) Zeiten, in denen Systeme nach einer Störung zum Gleichgewicht zurückkehren.

Dies ist im Grunde das zentrale mathematische Problem der Irreversibilität. Was wir benötigen, ist eine generalisierte spektrale Theorie, die dissipative Eigenschaften wie Lebensdauer, Relaxationszeit und so weiter in das Spektrum einbezieht. Der wesentliche Fortschritt, auf dem unsere Lösung des Zeitparadoxons beruht, besteht darin, daß wir für instabile dynamische Systeme tatsächlich eine solche komplexe spektrale Darstellung konstruieren können.

Wir haben schon erwähnt, daß für Quantensysteme eine *bemerkenswerte Parallele zwischen dem Problem des Zusammenbruchs der Wellenfunktion und dem Problem der Annäherung an das Gleichgewicht* besteht. Wir haben gesehen, daß das Gleichgewicht (mikrokanonische und kanonische Ensembles) Gemischen entspricht. Wie gelangt man, ausgehend von einem reinen Zustand, zu einem Gemisch? Wir müssen, wie beim Meßproblem, von einer Beschreibung durch Wellenfunktionen (mittels der Schrödinger-Gleichung) zu einer Dichtematrix übergehen. Man hätte vielleicht erhoffen können, daß die Verwendung der Ensembletheorie dieses Problem beseitigen würde, doch dem ist nicht so: Die Lösung der Liouville-Gleichung für die Dichtematrix im Hilbert-Raum beschreibt keine Annäherung an das Gleichgewicht. Wir werden im 10. Kapitel auf dieses Problem zurückkommen.

5. Der Fluß der Korrelationen

Wenden wir uns wieder der im 5. Kapitel untersuchten Bäcker-Transformation zu. Ungeachtet der Tatsache, daß die Bewegungsgleichungen zeitlich reversibel sind, unterscheidet die Entwicklung der Wahrscheinlichkeitsverteilung zwischen Vergangenheit und Zukunft. Wir haben gesehen, daß wir für $t \to -\infty$ schmale *senkrechte* Streifen erhalten, für $t \to +\infty$ dagegen *waagerechte* Streifen.

Was geschieht in einem Gibbsschen Ensemble? Gibt es dort auch eine natürliche zeitliche Anordnung der Ereignisse? So ist es in der Tat, wie wir in diesem Abschnitt sehen werden. Diese zeitliche Anordnung beruht auf der Entstehung und Ausbreitung von Korrelationen zwischen Teilchen.

Wie wir im 1. Kapitel gesehen haben, ist die zentrale Größe in Boltzmanns $\mathcal{H}$-Theorem die Geschwindigkeitsverteilung $f(v, t)$. Mit Hilfe der kinetischen Theorie zeigte Boltzmann für verdünnte Gase, daß die Geschwindigkeitsverteilung sich entwickelt, bis sie die Maxwell-Boltzmannsche Gleichgewichtsverteilung hinsichtlich der Geschwindigkeit erreicht. Boltzmann zeigte, daß die berühmte $\mathcal{H}$-Funktion, die er als $\int f(v, t) \log f(v, t) \mathrm{d}v$ definierte, monoton abnimmt, wenn die Geschwindigkeitsverteilung $f(v, t)$ sich der Gleichgewichtsverteilung annähert. Diese $\mathcal{H}$-Funktion betrachtete Boltzmann als mikroskopisches Analogon der Entropie (genauer, der negativen Entropie, da $\mathcal{H}$ mit der Zeit abnimmt, während die Entropie zunimmt).

Wir können Boltzmanns Folgerung heute in Computersimulationen überprüfen. Betrachten wir als Beispiel ein Ensemble von harten Kugeln oder, um die Berechnungen zu vereinfachen, von harten Scheiben[4]. Die Bewegungsgleichungen können auf dem Computer gelöst werden. Sie beschreiben die durch Stöße unterbrochene freie Bewegung der Scheiben. Infolge der Stöße entwickelt sich die Geschwindigkeitsverteilung $f(v, t)$ mit der Zeit.

In der in Abb. 8.1 dargestellten Simulation entspricht die anfängliche Geschwindigkeitsverteilung einer Nichtgleichgewichtssituation. In regelmäßigen Zeitintervallen berechnen wir die Geschwindigkeiten der Teilchen, damit auch die

Geschwindigkeitsverteilung $f(v, t)$ und den Wert der Größe $\mathcal{H}$. Das Ergebnis der Simulation bestätigt, daß $\mathcal{H}$ monoton abnimmt (wir übergehen Fluktuationen, die auf der endlichen Zahl der Teilchen in der Population beruhen), bis das Gleichgewicht erreicht ist. Wir gelangen so zur Maxwell-Boltzmannschen Geschwindigkeitsverteilung, ganz wie Boltzmann es vorhergesagt hatte. Numerische Simulationen bestätigen also, daß auf der mikroskopischen Ebene irreversible Prozesse ablaufen.

Wir haben jedoch gesehen, daß gegen Boltzmanns Theorem eingewandt wurde, es widerspreche den zeitlich reversiblen Gesetzen der Dynamik. Loschmidt behauptete, durch Geschwindigkeitsumkehr würden Stöße erzeugt, die das System wieder in seinen Ausgangszustand zurückbringen. Eine Geschwindigkeitsumkehr würde demnach bedeuten, daß es zu jeder anfänglich »Boltzmannschen« Entwicklung zum Gleichgewicht hin eine andere Entwicklung gibt, bei der die Entropie abnimmt!

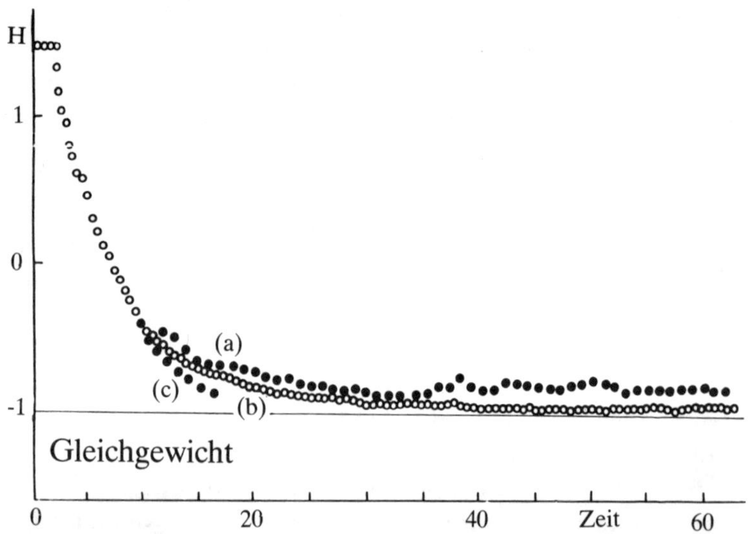

Abb. 8.1 Computersimulation der Entwicklung der Boltzmannschen $\mathcal{H}$-Funktion.

Ziehen wir die numerische Simulation zu Rate. Sie erlaubt uns, die Geschwindigkeitsumkehr, die man sich zu Boltzmanns Lebzeiten nur als Gedankenexperiment vorstellen konnte, experimentell durchzuführen. Abb. 8.2 zeigt die Entwicklung von harten Scheiben, deren Geschwindigkeiten nach einer bestimmten Anzahl von Stößen umgekehrt werden. Wir beobachten, daß der Wert der $\mathcal{H}$-Funktion dann tatsächlich vorübergehend zunimmt. Loschmidts Einwand scheint damit auf den ersten Blick gerechtfertigt zu sein: Das Verhalten der $\mathcal{H}$-Funktion würde demnach von der jeweiligen Wahl des Ausgangszustands abhängen!

Wenn wir uns Abb. 8.2 jedoch genauer ansehen, erkennen wir, daß der Pfeil der Zeit in Wirklichkeit noch immer regiert. Die Geschwindigkeitsumkehr hat nur eine flüchtige Wirkung. Außerdem erreicht $\mathcal{H}$, wenn die Umkehr nach längerer Zeit (das heißt nach mehr Stößen) erfolgt, nicht mehr seinen vollen Ausgangswert, sondern einen

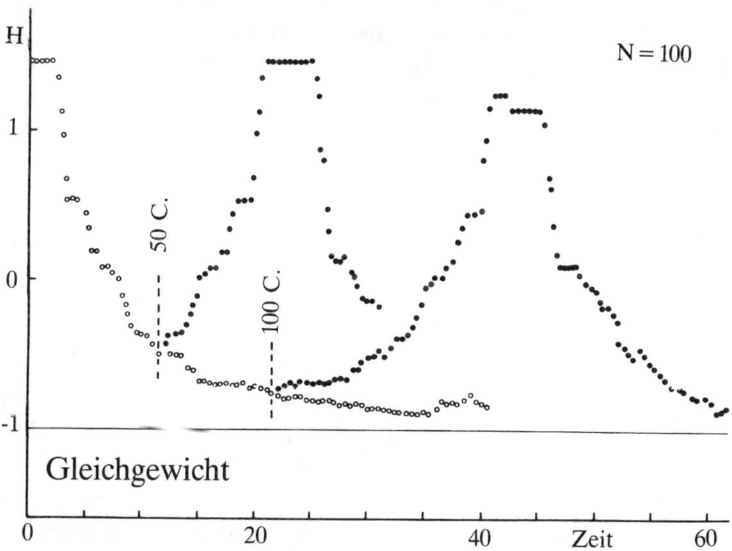

Abb. 8.2 Computersimulation eines Geschwindigkeitsumkehr-Experiments nach 50 bzw. 100 Kollisionen.

niedrigeren. Natürlich hätten wir die Differenz mit einem leistungsstärkeren Computer verringern können. Doch bei einer längeren Zeit würde das Problem erneut auftreten. Je zahlreicher die Stöße vor der Geschwindigkeitsumkehr, desto schwieriger wird es, ein System zu »präparieren«, das seinen Ausgangszustand wieder erreicht. Wir stoßen, mit anderen Worten, wieder auf die Existenz eines Zeithorizonts (die Relaxationszeit, das heißt die mittlere Zeit zwischen zwei Stößen, ist hier das Analogon der Ljapunow-Zeit). Es existiert eine »Entropiebarriere«, die uns daran hindert, nach einer hinreichend langen Entwicklungszeit durch Geschwindigkeitsumkehr den Ausgangszustand wiederherzustellen.

Kommen wir nun auf die Definition der dynamischen Korrelationen zurück. Boltzmann führte das Konzept der Korrelationen ein, nachdem Loschmidt den »Umkehreinwand« vorgetragen hatte. Mit seiner Hilfe beschrieb Boltzmann den Unterschied zwischen Ausgangszuständen, die zu einem »Boltzmannschen« Verhalten führen, und solchen, die zu einer »anti-Boltzmannschen« Entwicklung führen. Boltzmann war ursprünglich von der Annahme des

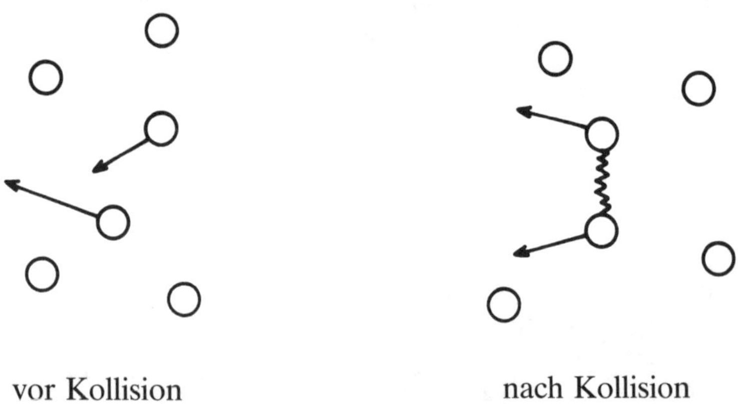

Abb. 8.3 Kollision, die Korrelationen (dargestellt durch die Wellenlinie) erzeugt.

»molekularen Chaos« ausgegangen: Die Teilchen sind vor dem Stoß unabhängig voneinander[5]. Die Geschwindigkeitsumkehr führt zu einem »anti-Boltzmannschen« Verhalten, weil sie diese Annahme widerlegt. Wenn wir die Geschwindigkeiten umkehren, muß die Beschreibung der neuen Situation berücksichtigen, daß die stoßenden Teilchen nicht mehr unabhängig voneinander sind. Die Geschwindigkeitsumkehr »weckt« gewissermaßen die »Erinnerung« an die Stöße vor der Umkehr. Stöße modifizieren also nicht nur die Geschwindigkeitsverteilung, sondern *erzeugen* Korrelationen zwischen den Teilchen, und diese Korrelationen sind für den Unterschied zwischen der Boltzmannschen und der anti-Boltzmannschen Entwicklung verantwortlich. Die zeitweilige anti-Boltzmannsche Entwicklung, die wir bei den Computerexperimenten beobachten, entspricht Stößen, die Korrelationen *zerstören* (Abb. 8.3, 8.4).

Die Korrelationen dürfen nicht mit Kräften zwischen den Teilchen verwechselt werden. Wir haben Korrelationen bereits im Zusammenhang mit makroskopischen Nichtgleichgewichtssituationen eingeführt (3. Kapitel). Wir haben ge-

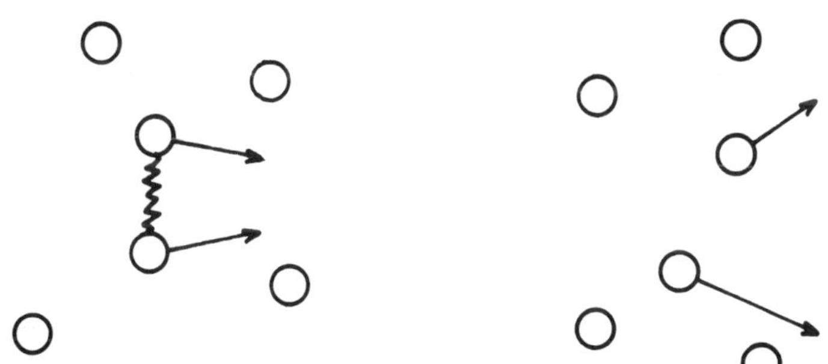

Abb. 8.4 Nach einer Geschwindigkeitsumkehr zerstört die Kollision zwischen zwei Teilchen Korrelationen, die vor der Kollision bestanden (dargestellt durch die Wellenlinie).

sehen, daß Nichtgleichgewichtszustände durch langreichweitige Korrelationen charakterisiert sind. Hier geht es um Korrelationen auf der mikroskopischen dynamischen Ebene. Wie zuvor besteht der wesentliche Unterschied zwischen Kräften, die zwischen den Teilchen wirken, und Korrelationen darin, daß die Kräfte (anders gesagt, die potentielle Energie) Bestandteil der Definition des Systems sind, die hier durch den Hamilton-Operator gegeben ist. Sie können nicht durch dessen Entwicklung erzeugt oder zerstört werden. Was wir dagegen jetzt diskutieren, ist das Auftreten von Korrelationen durch dynamische Prozesse. Was den Korrelationen als Vergleich am ehesten entspricht, ist »Kommunikation«. Wenn Menschen sich treffen, »kommunizieren« sie, und wenn sie auseinandergehen, erinnern sie sich an ihre Begegnung. Außerdem wird, wenn Menschen, die sich getroffen haben, anschließend andere treffen, irgend etwas von ihrer ersten Begegnung weitergegeben, also auf eine ständig wachsende Zahl von Menschen übertragen. In diesem Sinne haben wir in einem System stoßender Teilchen einen Fluß der Korrelationen: Durch einen Stoß zwischen zwei Teilchen erzeugte binäre Korrelationen werden durch einen weiteren Stoß in ternäre Korrelationen verwandelt und so weiter (Abb. 8.5).

Dieser Fluß der Korrelationen erklärt den Unterschied zwischen einer boltzmannschen und einer antiboltzmannschen Entwicklung.

Es besteht außerdem ein enger Zusammenhang zwischen dem Fluß der Korrelationen und Poincarés Einteilung in

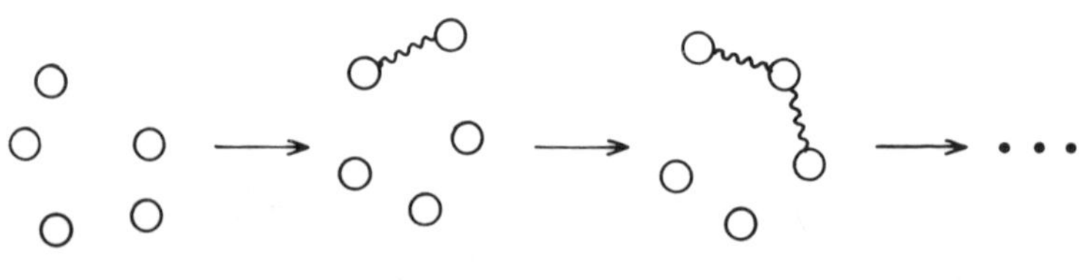

Abb. 8.5 Sukzessive Kollisionen erzeugen binäre, dann ternäre, dann höhere Korrelationen zwischen Teilchen.

integrable und nichtintegrable Systeme. Man könnte sich vorstellen, daß der Zusammenhang in »Stößen« besteht, da das Ergebnis Resonanzen sind. Sie entsprechen in der Tat einem resonanten Energietransfer. Ein Stoß zwischen zwei Teilchen mit den Geschwindigkeiten v_1 und v_2 führt zu den neuen Geschwindigkeiten v'_1 und v'_2, während er die Gesamtenergie und den Impuls unverändert läßt (Abb. 8.6). Stöße sind nicht auf verdünnte Gase beschränkt, sondern treten in allen Zuständen der Materie auf, seien es Gase, Flüssigkeiten oder Festkörper. Alle in der statistischen Mechanik des Nichtgleichgewichts untersuchten Systeme sind nichtintegrable Systeme im Sinne Poincarés.

Wir wollen den Zusammenhang zwischen den Korrelationen und der Nichtintegrierbarkeit weiter klären. Wir betrachten dazu eine klassisch-dynamische Situation, doch gelten unsere Überlegungen auch für die Quantentheorie.

Wir greifen auf die Ensemblebeschreibung zurück, bei der es um $\rho\ (q_1, ..., q_n, p_1, ..., p_n, t)$ geht, die Wahrscheinlichkeit, zur Zeit t ein System am Punkt $[q_1, ..., q_n, p_1, ..., p_n]$ im Phasenraum anzutreffen.

Untersuchen wir, welche Information in $\rho\ (q_1, ..., q_n, p_1, ..., p_n, t)$ enthalten ist[6]. Wenn wir diese Funktion über die Koordinaten integrieren, erhalten wir die Funktion

vor Kollision nach Kollision

Abb. 8.6 Kollision als resonante Energieübertragung.

$\rho_0 (p_1, ..., p_n, t)$, die nur Information über die Impulse enthält. Information über den Ort der Teilchen oder über ihre Korrelationen im Raum ist ja definitionsgemäß nicht in ρ_0 enthalten. Deshalb nennen wir ρ_0 das *»Korrelationenvakuum«*.

Wir können ferner definieren $\rho_1 (q_i, p_1, ..., p_n, t)$, worin zusätzlich die Information über die räumliche Lage des Teilchens *i* enthalten ist, und $\rho_2 (q_i, q_j, p_1, ..., p_n, t)$, worin die Information über die Orte des Teilchenpaares *i* und *j* enthalten ist. Infolge der Wechselwirkungen zwischen den Teilchen wird die Lage der Teilchen *i* und *j* nicht unabhängig voneinander sein; ρ_2 hält daher die Information über Korrelationen zwischen zwei Teilchen oder, kurz, über binäre Korrelationen.

In homogenen Systemen haben die Teilchen definitionsgemäß eine gleichförmige Verteilung im Raum, und folglich ist ρ_1 identisch mit ρ_0. Diesen Fall wollen wir betrachten. Wie schon gesagt, enthält ρ_2 Information über binäre Korrelationen; ρ_3 betrifft in diesem Sinne die ternären Korrelationen, das sind Korrelationen, die zwischen Gruppen von drei Teilchen bestehen. Kurz, wir können ρ zerlegen in das Vakuum der Korrelation ρ_0 sowie in »Korrelationenzustände« $\rho_2, \rho_3, ...$.

Diese Überlegungen können wir auf die Quantenmechanik übertragen. Ein Unterschied besteht allerdings darin, daß wir in der Quantenmechanik nicht Koordinaten und Impulse zugleich benutzen können, sondern uns für einen Term entscheiden müssen. Nehmen wir die Impulse. Der Dichtematrix ρ entspricht eine Matrixdarstellung durch die Impulse, die von der Form $\rho (p_1, ..., p_n, p'_1, ..., p'_n)$ ist. Wir haben diagonale Elemente $p_1 = p'_1, p_2 = p'_2, ...$ und nichtdiagonale Elemente, wo zumindest eine dieser Beziehungen verletzt ist. Wir können ein Analogon zur klassischen Zerlegung von ρ einführen. In der Quantenmechanik entspricht das Vakuum der Korrelation ρ_0 den diagonalen Elementen von ρ und ρ_v den nichtdiagonalen Elementen, in denen die ν-Variablen $p'_1, p'_2, ..., p'_\nu$ von $p_1, p_2, ..., p_\nu$ verschieden sind.

Zurück zum klassischen Fall. Da es lediglich die Geschwindigkeitsverteilung enthielt, war Boltzmanns $\mathcal{H}$-Theorem beschränkt auf die Beschreibung eines Systems durch das »Korrelationenvakuum« ρ_0. Diese Beschreibung gilt nur für ein hinreichend verdünntes Gas, und selbst dort ist sie, wie wir gesehen haben, nach Geschwindigkeitsumkehr nicht mehr gültig: Die Korrelationen zwischen Teilchen, die in der Vergangenheit kollidiert sind, schwächen die Hypothese vom molekularen Chaos.

Es muß betont werden, daß wir die verschiedenen Korrelationszustände $\rho_0, \rho_2, \rho_3, ...$ durch Mittelwerte von Observablen kennen. So hängt die kinetische Energie nur von den Impulsen einzelner Teilchen ab, und ihr Mittelwert betrifft daher nur ρ_0. Die potentielle Energie hängt vom Abstand zwischen Paaren zweier Teilchen ab und hängt daher mit ρ_2 zusammen. Generell hängen die Observablen nur von einer kleinen Zahl von Koordinaten und Impulsen und damit auch nur von einer kleinen Zahl von Korrelationen ab.

Wie wirken sich nun solche Wechselwirkungen wie Stöße auf Korrelationszustände aus? Wir kommen hier zum Problem der Dynamik der Korrelationen. Wir wissen, daß Stöße Korrelationen erzeugen. Wenn ein Teilchen, das bereits mit einem anderen korreliert ist, auf ein drittes stößt, wird eine ternäre Korrelation erzeugt, und so weiter. Generell werden die verschiedenen Korrelationszustände durch Wechselwirkungen ineinander transformiert.

Der Zusammenhang zwischen dem Fluß der Korrelationen und dem Poincaré-Theorem ist jetzt unschwer zu verstehen. Integrable Systeme sind solche, bei denen wir die Wechselwirkungen eliminieren können. Damit wird auch der Fluß der Korrelationen eliminiert. So wird beispielsweise die Entwicklung eines Systems, das anfangs ein Korrelationenvakuum besitzt, nie zum Auftreten von binären, ternären und so weiter Korrelationen führen. In integrablen Systemen entwickeln sich die Korrelationszustände unabhängig voneinander. Es gibt keinen Fluß der Korrelationen.

Integrable Systeme haben eine weitere Eigenschaft: Das Vakuum der Korrelation ρ_0 (das nur eine Funktion von Impulsen oder Wirkungsvariablen ist) bleibt zeitlich konstant. Wir werden dies im 10. Kapitel belegen. Eine ähnliche Eigenschaft gilt in der Quantenmechanik. Bei allen Systemen, für die Heisenbergs Eigenwertproblem für den Hamilton-Operator gelöst werden kann, sind alle diagonalen Elemente der Dichtematrix konstant. In beiden Fällen kann es keine Annäherung an das Gleichgewicht geben, denn das würde voraussetzen, daß ρ eine Funktion lediglich der Energie wird (man denke etwa an das mikrokanonische Ensemble, siehe Abschnitt 4).

Anders als bei Poincarés nichtintegrablen Systemen werden kontinuierlich Korrelationen erzeugt. Nichtintegrierbarkeit bedeutet, daß wir den Fluß der Korrelationen durch keine (kanonische) Transformation eliminieren können. Der Fluß der Korrelationen hat, wie alle irreversiblen Prozesse, einen intrinsischen Charakter.

Zudem wird das Korrelationenvakuum nun zeitabhängig. Wir können bereits die Feststellung treffen, daß kinetische Gleichungen wie die Boltzmanns nur für »nichtintegrable« Systeme gültig sein können, seien diese klassischer oder quantenmechanischer Natur.

6. Statistische Mechanik des Nichtgleichgewichts

In Abschnitt 5 haben wir die Entwicklung der Wahrscheinlichkeitsverteilung durch die Entstehung und Ausbreitung von Korrelationen qualitativ beschrieben. Können wir darüber hinausgehen? Dies ist das Thema jenes Zweiges der Physik, den man als statistische Mechanik des Nichtgleichgewichts bezeichnet und der auf Boltzmanns Werk zurückgeht.

Für schwache Wechselwirkungen und lange Zeiten kann man in der Tat eine geschlossene Gleichung des Korrelationenvakuums (beziehungsweise der Geschwindigkeitsverteilungs-Funktion) ableiten. Betrachten wir den Grenzfall $\lambda \to 0$ für die Kopplungskonstante zusammen mit dem Grenzfall $t \to \infty$ derart, daß $\lambda^2 t$ endlich ist. Dies entspricht der sogenannten »Van-Hove-Grenze«[7]. Die geschlossene Gleichung, die wir in diesem Grenzfall erhalten, bezeichnet man als Master-Gleichung. Die »Van-Hove-Grenze«-Beschreibung führt zu bekannten kinetischen Gleichungen wie der Fokker-Planck-Gleichung (für schwache Kräfte), der Boltzmann-Gleichung (für verdünnte Gase) und der Pauli-Gleichung (für schwache Kräfte im Quantenfall).

All diese Gleichungen haben eine gebrochene zeitliche Symmetrie. Die Master-Gleichung hängt also mit einer bevorzugten Zeitrichtung zusammen. Ausgehend von der Master-Gleichung können wir ein $\mathcal{H}$-Theorem ableiten, doch die »Van-Hove-Grenze« ($\lambda \to 0$, $t \to \infty$, $\lambda^2 t$ endlich) beschränkt uns auf den gleichen Bereich, in dem das Boltzmann-Theorem gültig ist (das heißt auf verdünnte Gase). Nicht einmal in diesem begrenzten Bereich ist die Situation klar. Betrachten wir den Fall der Quantenmechanik. Wir haben gesehen, daß es auf der Ebene der Schrödinger-Gleichung keine irreversiblen Prozesse gibt. Wie kommt es dann im Grenzfall $\lambda^2 t$ zu Irreversibilität? ρ_0 bezieht sich auf die diagonalen Elemente der Dichtematrix. Die Master-Gleichung ist eine geschlossene Gleichung für die diagonalen Elemente, während die quantenmechanische Liouville-Gleichung, die auf der Schrödinger-Gleichung basiert, diagonale und nichtdiagonale Elemente enthält.

Noch verworrener wird die Situation, wenn wir über die Van-Hove-Grenze hinausgehen. Es wurde schon in den frühen sechziger Jahren gezeigt, daß die Master-Gleichung dann drastisch modifiziert werden muß[8]. Die zeitliche Entwicklung des Korrelationenvakuums $\rho_0(t)$ zur Zeit t hängt nun von dem Wert des Vakuums der Korrelation $\rho_0(t')$ *für alle Zeiten* t' ab, die t vorausgehen, im Gegensatz zur »Markowschen« Master-Gleichung, wo $\rho_0(t)$ nur von den augenblicklichen Werten der Variablen abhängt. Wir erhalten dann die, wie man sie oft nennt, »generalisierte« Master-Gleichung. Jetzt treten Erinnerungseffekte auf. Die Entwicklung des Korrelationenvakuums oder der Geschwindigkeitsverteilung zur Zeit t hängt von der vorausgegangenen Geschichte des Systems ab. Die Existenz nichtmarkowscher Effekte wurde durch numerische Simulationen bestätigt. Es ist gezeigt worden, daß sie insbesondere für lange Zeiten zu Abweichungen vom einfachen exponentiellen Verhalten führen[9].

Die in der generalisierten Master-Gleichung enthaltenen neuen Effekte machen die bloße Existenz einer $\mathcal{H}$-Funktion sehr problematisch, da eine solche Funktion unabhängig von der Vergangenheit monoton mit der Zeit abnehmen müßte. Sollten wir daraus schließen, daß eine dynamische Interpretation der Irreversibilität, sofern überhaupt möglich, auf schwach gekoppelte oder verdünnte Systeme beschränkt sein sollte? Das erscheint vollkommen unannehmbar, da die Nichtgleichgewichts-Thermodynamik unterschiedslos für Gase, Flüssigkeiten und Festkörper gilt. Wir kommen nicht umhin festzustellen, daß die traditionelle statistische Mechanik des Nichtgleichgewichts nicht zur Erhellung des von Boltzmann und Planck formulierten Grundproblems geführt hat, also zur Formulierung des Zweiten Hauptsatzes der Thermodynamik auf der mikroskopischen dynamischen Ebene.

7. Das Zeitparadox in der statistischen Beschreibung der Mikrowelt

Wie in Abschnitt 6 erwähnt, führt die statistische Mechanik des Nichtgleichgewichts für schwache Wechselwirkungen zu bekannten kinetischen Gleichungen. Diese Gleichungen stimmen in ihrem Gültigkeitsbereich voll mit den experimentellen Daten überein. Sie erlauben beispielsweise, Transportkoeffizienten wie etwa Diffusionskoeffizienten für verdünnte Gase zu berechnen.

Wie ist das möglich? Wieder stehen wir vor dem Zeitparadox. Wie ist es zu erklären, daß wir in die Ableitung von kinetischen Gleichungen zusätzliche, nicht der Dynamik zuzurechnende Annahmen einführen müssen? Wie ist es möglich, daß diese Annahmen nicht die Übereinstimmung mit dem Experiment verderben? Wie ist es zu erklären, daß die exakte dynamische Handhabung ohne zusätzliche Annahmen zu Konsequenzen führen würde, die im Widerspruch zum Experiment stehen?

Es ist ein bemerkenswertes Resultat, daß diese kinetischen Gleichungen in unserer neuen Formulierung der Dynamik im Sinne einer irreduziblen probabilistischen Darstellung zu *exakten* Resultaten werden, die sich aus der Lösung der Liouville-von-Neumann-Gleichung für nichtintegrable Systeme ableiten. Mehr noch, das Gleichgewicht (das heißt mikrokanonische Ensembles) erscheint jetzt als die *einzige* stationäre Lösung dieser Gleichung. Unser Ansatz vereint, anders gesagt, die Dynamik, die statistische Mechanik und die Thermodynamik.

Es gibt, wie wir sehen werden, zwei Bedingungen für die Gültigkeit unserer Resultate: Nichtintegrierbarkeit (genauer: Große Poincaré-Systeme) und *dauerhafte Wechselwirkungen.* Beide sind im Bereich der sei es klassischen, sei es quantenphysikalischen statistischen Mechanik des Nichtgleichgewichts erfüllt. Unser Ansatz führt ferner zur Definition einer $\mathcal{H}$-Funktion, die unabhängig von der Vergangenheit abnimmt und folglich den gleichen Grad von Allgemeingültigkeit besitzt wie die thermodynamische Entropie. Boltzmann und Planck hatten recht in ihrer Überzeugung, daß Irreversibilität eine dynamische Eigenschaft ist, doch standen ihnen keine mathematischen Verfahren zur Verfügung, die es ihnen erlaubt hätten, nichtintegrable dynamische Systeme zu behandeln. Diesen neuen Verfahren wollen wir uns nun zuwenden.

Vierter Teil
Die Auflösung des Zeitparadoxons

Neuntes Kapitel
Die Gesetze des Chaos

1. »Rigged« Hilbert-Räume

Im 5. Kapitel haben wir gesehen, daß die Instabilität, das Chaos, uns zwingt, die Trajektorienbeschreibung der klassischen Mechanik aufzugeben und zu einer Beschreibung durch eine Wahrscheinlichkeitsverteilung überzugehen. Ein Beispiel ist die im 5. Kapitel, Abschnitt 2, untersuchte Bernoulli-Abbildung. Nach n Iterationen ist die Wahrscheinlichkeit, eine Trajektorie am Punkt x zu finden, $\rho_n(x)$. Die nächste Iteration transformiert sie in $\rho_{n+1}(x)$. Wir können demnach schreiben: $\rho_{n+1} = \mathcal{U}\,\rho_n$, wobei $\mathcal{U}$ der Entwicklungsoperator ist. Im Zusammenhang von Abbildungen bezeichnet man den Entwicklungsoperator als »Perron-Frobenius-Operator«. Untersuchen wir nun diesen Operator und besonders seine Beziehung zur Ljapunow-Zeit, die für das Chaos verantwortlich ist. Dieses Problem hängt eng zusammen mit den Fragen, die wir im 7. und 8. Kapitel erörtert haben. Dort untersuchten wir die Entwicklungsoperatoren $\mathcal{U}(t) = e^{-iHt}$ in der Quantenmechanik (7. Kapitel) und $\mathcal{U}(t) = e^{-iLt}$ im Rahmen der Ensembletheorie (8. Kapitel). Wir haben gesehen, daß diese Operatoren unitär sind (sie erhalten das Skalarprodukt) und im Hilbert-Raum zu Eigenwerten modulo 1 führen, also zu periodischen Funktionen der Zeit wie zum Beispiel e^{-iE_nt}. Bei chaotischen Systemen erwarten wir dagegen, daß der Entwicklungsoperator die Annäherung an das Gleichgewicht beschreibt und daher beispielsweise die Relaxationszeit enthält. Wir benötigen daher, wie schon erwähnt, *komplexe* spektrale Darstellungen.

Die beiden Beispiele, die wir in diesem Kapitel diskutieren, sind die Bernoulli-Abbildung und die Bäcker-Transformation. Für die Bernoulli-Abbildung existiert *keine* spektrale Darstellung im Hilbert-Raum. Aus Gründen, die wir in Abschnitt 2 untersuchen, können die Methoden, die im 7. und 8. Kapitel vorgestellt wurden, nicht auf den Perron-Frobenius-Operator angewandt werden. Um die Eigenfunktionen und Eigenwerte dieses Operators zu bestimmen, müssen wir Funktionen betrachten, die sehr singulär und nicht quadratisch-integrierbar sind. Deshalb greifen wir auf generalisierte Räume (oft als »rigged« Hilbert-Räume bezeichnet) zurück. Wir erhalten dann eine komplexe spektrale Darstellung des Perron-Frobenius-Operators für die Bernoulli-Abbildung. Außerdem sind die Eigenwerte direkt mit der Ljapunow-Zeit verknüpft. Die Beschreibung der zum Gleichgewicht führenden irreversiblen Prozesse ist auf diese Weise streng in die dynamische Darstellung einbezogen.

Bei der Bäcker-Transformation ist die Situation anders. Im 5. Kapitel stellten wir bereits fest, daß die Bäcker-Transformation – im Gegensatz zu der nichtumkehrbaren Bernoulli-Abbildung – einem dynamischen System entspricht. Wir können hier eine spektrale Darstellung des Perron-Frobenius-Operators im Hilbert-Raum erhalten. Die Eigenwerte (modulo 1) weisen jedoch keinen Zusammenhang mit der Ljapunow-Zeit auf. Sie geben daher den chaotischen Erscheinungen der Bäcker-Transformation nicht explizit Ausdruck. Vor einiger Zeit wurde jedoch entdeckt, daß chaotische dynamische Systeme anderen spektralen Darstellungen zugänglich sind[1]. Außer der spektralen Darstellung des Entwicklungsoperators in Hilbert-Räumen können wir in diesem Fall nämlich noch eine neue Darstellung in generalisierten Räumen konstruieren, die die zeitliche Entwicklung mit der Ljapunow-Zeit verknüpft und eine gebrochene zeitliche Symmetrie aufweist. Diese Darstellung ist außerdem, wie im Fall der Bernoulli-Abbildung, irreduzibel, da sie nicht auf individuelle Trajektorien anwendbar ist.

Man kann daher fragen: Welche Darstellung ist die richtige? Mathematisch gesehen sind beide korrekt. Die neuen Darstellungen gehen jedoch weiter, da sie die Ljapunow-Zeit, die den Zeithorizont chaotischer Systeme charakterisiert, in das Spektrum des Entwicklungsoperators einbezieht. Sie erlauben es daher, die Annäherung an das Gleichgewicht zu beschreiben. Da sie explizit eine gebrochene zeitliche Symmetrie aufweisen, beziehen sie die Irreversibilität auf der fundamentalen dynamischen Ebene ein (was dem Perron-Frobenius-Operator entspricht).

Die Bäcker-Transformation stellt eine gewisse Ausnahme dar, ähnlich wie das Friedrichs-Modell (siehe 8. und 10. Kapitel). Es gibt ganz wenige Systeme, für die man sowohl im Hilbert-Raum als auch in generalisierten Räumen die spektrale Darstellung kennt. Im allgemeinen hindern uns Poincaré-Divergenzen daran, die spektrale Darstellung im Hilbert-Raum zu konstruieren, während der Ansatz, den wir im 10. Kapitel skizzieren werden, zu einer *systematischen Methode* führt, die spektrale Darstellung in generalisierten Räumen zu konstruieren.

Ganz wesentlich ist, daß die neuen Darstellungen irreduzibel sind. Es hieß immer, das mit einer »Empfindlichkeit für die Anfangsbedingungen« verbundene Chaos führe zu »nicht berechenbaren« Trajektorien. Es schien so, als sei dies nur eine technische Schwierigkeit. Wir erkennen jetzt, daß die Schwierigkeit viel tiefer liegt. Es besteht so etwas wie Komplementarität zwischen der Irreversibilität auf der Ebene statistischer Ensembles einerseits und Trajektorien andererseits.

Die Irreversibilität, die sich im Zeitpfeil äußert, ist eine *statistische* Eigenschaft. Sie kann nicht auf der Ebene individueller Trajektorien (oder Wellenfunktionen) eingeführt werden und erfordert daher eine radikale Abkehr von den Naturanschauungen der Newtonschen und der orthodoxen Quantenphysik, in deren Mittelpunkt individuelle Trajektorien (oder Wellenfunktionen) stehen. Schon Boltzmann hatte erkannt, daß wir eine Betrachtungsweise brauchen, die auf Populationen beruht. Sein Programm können wir heute mit aller mathematischen Strenge durchführen.

Der irreduzible Charakter der neuen spektralen Darstellung kann als die grundlegende Eigenschaft chaotischer Systeme, als Definition schlechthin des Chaos aufgefaßt werden. Man kann, anders gesagt, ein dynamisches System klassischer oder quantenmechanischer Natur als chaotisch betrachten, wenn seine Beschreibung sich nicht auf individuelle Trajektorien oder Wellenfunktionen reduzieren läßt. Dies erscheint uns als eine sehr naheliegende Erweiterung der Definition des Chaos. Für Abbildungen ist diese Definition gleichbedeutend mit der Existenz einer Ljapunow-Zeit, das heißt eines Zeithorizonts. Unsere Definition faßt die Idee des Chaos jedoch sehr viel weiter, wie wir im 10. Kapitel sehen werden.

Wir möchten hier einige einführende Bemerkungen über generalisierte Räume vortragen[2]. Dies ist ein weites Kapitel der modernen Mathematik. Wir möchten lediglich eine gewisse Ahnung davon vermitteln, um was es bei den neuen Konzepten geht.

Sie erinnern sich, daß der Hilbert-Raum die Erweiterung des gewöhnlichen euklidischen Raums in den Funktionsraum ist (siehe 7. Kapitel). Es geht beim Hilbert-Raum, wie wir gesehen haben, um quadratisch-integrierbare Funktionen. Die grundlegenden Begriffe sind das Skalarprodukt $<f \mid g>$ und die Norm $\|f\| = \sqrt{<f \mid f>}$.

Zur Beschreibung des Chaos reichen, wie wir sehen werden, quadratisch-integrierbare Funktionen nicht aus. Eine wichtige Rolle spielen singuläre Funktionen (auch Verteilungen genannt). Ein Beispiel einer singulären Funktion ist die von Dirac eingeführte δ-Funktion: $\delta(x - x_0)$ verschwindet für alle Werte von x außer $x = x_0$; in diesem Fall wird es unendlich. Sie hat die wichtige Eigenschaft, daß sie in Verbindung mit einer *stetigen* Funktion $g(x)$ zu $\int dx\, g(x)\delta(x - x_0) = g(x_0)$ wird.

Natürlich ist $\delta\ (x - x_0)$ nicht im Hilbert-Raum, da ihre Norm $\int dx\, \delta(x - x_0)\delta(x - x_0) = \delta(0)$ unendlich ist.

Trotzdem ist es möglich, das Skalarprodukt $<f|g>$ zu verallgemeinern und singuläre Funktionen f einzubeziehen, wenn wir für g geeignete Funktionen wählen, sogenannte *Prüf*funktionen. Prüffunktionen lassen das Skalarprodukt wohldefiniert werden. In dem oben angeführten Beispiel mit $\delta\ (x - x_0)$ ist die stetige Funktion $g(x)$ eine Prüffunktion. Wir können nun wie im 7. Kapitel die Wirkung eines Operators auf eine Verteilung f definieren durch $< Af \mid g> = <f \mid A^{+}g>$, wobei A^{+}, der adjungierte Operator, auf die stetige Funktion wirkt. Dieser ist nur dann wohldefiniert, wenn auch $A^{+}g$ eine Prüffunktion ist. Wir können sogar das Eigenwertproblem verallgemeinern und Verteilungen f einbeziehen. Das Eigenwertproblem $A \mid f> = z \mid f>$ hat eine wohldefinierte Bedeutung, wenn wir Prüffunktionen derart verwenden, daß $< g \mid Af> = z < g \mid f>$.

Wir kommen jetzt zu einem wichtigen Punkt: Was bedeutet die Anwendung des Entwicklungsoperators $\mathcal{U}(t)$ auf eine Verteilung f? Definitionsgemäß ist $< \mathcal{U}_t f \mid g> = <f \mid \mathcal{U}_i^{+} g>$. Dies hat wiederum eine wohldefinierte Bedeutung nur dann, wenn auch $\mathcal{U}_t^{+} g$ für alle Zeiten eine Prüffunktion ist. Wir werden sehen, daß diese Bedingung für chaotische Systeme im allgemeinen erfüllt ist, aber *nicht* für alle t (entweder für $t > 0$ oder für $t < 0$). Die Prüffunktionen für die Zukunft unterscheiden sich von denen für die Vergangenheit. Diese bemerkenswerte Tatsache ist es, die zur Brechung der zeitlichen Symmetrie führt und die Lösung des Zeitparadoxons ermöglicht.

Beenden wir diesen Abschnitt mit einer Anmerkung. In diesem Kapitel wollen wir Abbildungen wie die Bernoulli-Abbildung und die Bäcker-Transformation untersuchen. Wir folgen damit nicht der historischen Reihenfolge. Zunächst haben wir das Zeitparadox für Klassen Hamiltonscher Systeme (klassischer oder quantenmechanischer Natur) erhellt. Dazu bedarf es aber der Elimination der

Poincaréschen Divergenzen und folglich zusätzlicher Überlegungen. Da die Untersuchung von Abbildungen sehr viel einfacher ist, tragen wir sie zuerst vor. In den Abschnitten 2 und 3 dieses Kapitels ist die Verwendung einiger Fachbegriffe jedoch unumgänglich. Der Laie mag sie überspringen und bei Abschnitt 4 weiterlesen.

2. *Die Bernoulli-Abbildung*

Als erstes Beispiel werden wir die zeitliche Entwicklung der Bernoulli-Abbildung untersuchen. Die »Bewegungsgleichung« ist, wie wir gesehen haben, $x_{n+1} = 2x_n$ (modulo 1). Dies führt zur expliziten Form des Entwicklungsoperators $\mathcal{U}$: $\rho_{n+1}(x) = \mathcal{U}\,\rho_n = \frac{1}{2}\,[\rho_n(\frac{x}{2}) + \rho_n(\frac{x+1}{2})]$. (Der Leser kann diesen Ausdruck leicht nachprüfen: Eine Trajektorie wird dargestellt durch die δ-Funktion $\delta(x - x_0)$, die Bernoulli-Abbildung transformiert sie für $x_n \leq \frac{1}{2}$ in $\delta(x - 2x_n)$ und für $\frac{1}{2} < x \leq 1$ in $\delta(x + 1 - 2x_n)$). Wir stellen fest, daß, wenn ρ_n eine Konstante gleich α ist, ρ_{n+1} ebenfalls eine Konstante ist: $\mathcal{U}\,\alpha = \alpha$. Diese gleichförmige Verteilung entspricht dem Gleichgewicht. Es wird erreicht für $n \to \infty$. Wenn beispielsweise $\rho_n(x) = x$ ist, dann ist $\rho_{n+1}(x) = \frac{1}{4} + \frac{x}{2}$, und sukzessive Iterationen führen, wie wir schon an einem Beispiel im 5. Kapitel gesehen haben, zu einer Konstante[3].

Nun können wir das mit $\mathcal{U}$ verbundene Eigenwertproblem betrachten. Es läßt sich leicht nachprüfen, daß $\mathcal{U}(x - \frac{1}{2}) = \frac{1}{2}(x - \frac{1}{2})$. Somit ist $x - \frac{1}{2}$ eine dem Eigenwert entsprechende Eigenfunktion. Wir erkennen hier einen wesentlichen Unterschied zu den im 7. und 8. Kapitel untersuchten Problemen. Dort war der mit dem Entwicklungsoperator verbundene Eigenwert modulo 1 (das heißt von der Form e^{ik} mit k reell). Hier ist der Eigenwert $e^{-\log 2}$. Wir erhalten eine *komplexe* spektrale Theorie (der Eigenwert entspricht $k = i \log 2$). Der Eigenwert ist außerdem verknüpft mit dem Ljapunow-Exponenten, der genau gleich $\frac{1}{2}$ ($= e^{-\log 2}$) ist. Die Anwendung von $\mathcal{U}$ auf die Verteilung $x - \frac{1}{2}$ führt zur Dämpfung. Durch Iteration von $\mathcal{U}$ erhalten wir $(\frac{1}{2})^n$, was für $n \to \infty$ gegen 0 geht.

Die Funktion $x - \frac{1}{2}$ gehört zu einer ganzen Familie von Polynomen, den sogenannten »Bernoulli-Polynomen« $B_n(x)$, die Eigenfunktionen von $\mathcal{U}$ mit Eigenwerten $\frac{1}{2^n}$ sind, wobei n der Grad der Polynome ist[4]. Wenn wir $\rho(x)$ als eine Überlagerung von Bernoulli-Polynomen schreiben, verschwinden die Polynome des höheren Grades zuerst, da ihr Dämpfungsfaktor größer ist. Das ist der Grund, warum die Verteilungsfunktion rasch einer Konstante zustrebt.

Es scheint zunächst, als hätten wir das Eigenwertproblem für die Bernoulli-Abbildung gelöst, aber das ist nicht der Fall. Um die Schwierigkeiten zu erkennen, wollen wir den adjungierten Operator $\mathcal{U}^+$ betrachten, das Adjungierte zu $\mathcal{U}$ (wir erinnern daran, daß der adjungierte Operator definiert ist durch $< \mathcal{U} f \mid g > = < f \mid \mathcal{U}^+ g >$). Unter Verwendung des oben angegebenen Ausdrucks für $\mathcal{U}$ läßt sich leicht zeigen, daß $\mathcal{U}^+ f(x) = f(2x)$ für $0 \leq x < \frac{1}{2}$ und $\mathcal{U}^+ f(x) = f(2x-1)$ für $\frac{1}{2} \leq x \leq 1$. Überdies kann gezeigt werden, daß $\mathcal{U}^+$ ein isometrischer Operator ist (siehe 7. Kapitel, Abschnitt 1). Er erhält das Skalarprodukt (der Unterschied zum unitären Operator ist, daß er kein Inverses zuläßt; dies beruht auf der Tatsache, daß die Bernoulli-Abbildung *nicht* umkehrbar ist). Ein isometrischer Operator hat nur Eigenwerte modulo 1 im Hilbert-Raum, während $\mathcal{U}$, wie wir gesehen haben, Eigenwerte $\frac{1}{2^n}$ haben kann. Es läßt sich generell zeigen, daß $\mathcal{U}^+$- keine spektrale Darstellung im Hilbert-Raum besitzt. $\mathcal{U}^+$ hat dagegen Eigenfunktionen und Eigenwerte in *generalisierten Räumen.* $[\delta(x-1) - \delta(x)]$ ist beispielsweise eine Eigenfunktion von $\mathcal{U}^+$: $\mathcal{U}^+[\delta(x-1) - \delta(x)] = \frac{1}{2}[\delta(x-1) - \delta(x)]$. Wir haben daher eine Eigenfunktion von $\mathcal{U}^+$, die jedoch eine *singuläre Funktion* ist. Nennen wir sie $\tilde{B}_1(x)$: Sie hat den gleichen Eigenwert wie das Bernoulli-Polynom $B_1(x)$ bezüglich $\mathcal{U}$.

Es existiert eine ganze Menge von singulären Funktionen $\tilde{B}_n(x)$, die Eigenfunktionen von $\mathcal{U}^+$ sind und den gleichen Eigenwerten $\frac{1}{2^n}$ wie $B_n(x)$ entsprechen. Der wesentliche Punkt ist, daß wir, da diese Eigenfunktionen keine Norm haben, wie sie der Hilbert-Raum verlangt, zu generalisierten Räumen übergehen müssen. Es ergeben sich weitere Generalisierungen. Im 7. Kapitel, Abschnitt 4, haben wir orthonormale Mengen von Eigenfunktionen eingeführt. Es ist eine geringfügige Verallgemeinerung, eine *biorthonormale Menge* einzuführen. In unserem Problem haben wir die Menge der Bernoulli-Polynome $B_n(x)$ und die Menge $\tilde{B}_n(x)$, die Eigenfunktionen von $\mathcal{U}^+$ mit dem gleichen Eigenwert $\frac{1}{2^n}$ sind. Sie erfüllen die Orthogonalitätsbedingungen $< B_n \mid \tilde{B}_{n'} > = \delta_{nn'}$ ebenso wie die Bedingungen der Vollständigkeit $\Sigma B_n(x) >< \tilde{B}_n(x) = 1$. Die Funktionen $B_n(x)$ und $\tilde{B}_n(x)$ bilden eine biorthonormale Menge.

Wir können daher wie in der Quantenmechanik die Entwicklung der Wahrscheinlichkeit $\rho(x)$ nach dieser biorthogonalen Menge $\rho(x) = \Sigma B_n(x) >< \tilde{B}_n(x) \mid \rho(x) >$ durchführen. Doch es gibt eine wesentliche Einschränkung: Da $\tilde{B}_n(x)$ singuläre Funktionen sind, muß $\rho(x)$ eine *Prüffunktion* sein. Folglich kann $\rho(x)$ nicht eine einzelne Trajektorie sein, die durch eine δ-Funktion dargestellt wird, für welche das Skalarprodukt $< \tilde{B}_n(x) \mid \rho(x) >$ divergieren würde.

Unsere spektrale Theorie ist daher nur gültig für *Ensembles* von Trajektorien. Sie ist unvereinbar mit der Beschreibung der zeitlichen Entwicklung durch einzelne Trajektorien. Dies ist ein fundamentales Ergebnis. Für chaotische Systeme – und die Bernoulli-Abbildung ist das einfachste Beispiel eines chaotischen Systems – ist die probabilistische Beschreibung *irreduzibel*. Dies steht in scharfem Gegensatz zu dem Gibbs-Einsteinschen Ansatz, den wir im 8. Kapitel beschrieben haben und der *reduzibel* ist, da er sich auf die

Beschreibung individueller Trajektorien als einen Sonderfall reduziert.

Indem wir noch einmal auf Diracs »bra-ket«-Schreibweise zurückgreifen, können wir jetzt die spektrale Zerlegung von $\mathcal{U}$ und $\mathcal{U}^+$ geben. Unter Verwendung der biorthonormalen Menge $B_n(x)$, $\tilde{B}_n(x)$ haben wir $\mathcal{U} = \Sigma B_n(x) > \frac{1}{2^n} < \tilde{B}_n(x)$, wie sich durch Multiplizieren mit $B_m(x) >$ und unter Verwendung der Orthogonalitätsbedingungen nachprüfen läßt. Dies muß man vergleichen mit der spektralen Darstellung in der Quantenmechanik, die im 7. Kapitel, Abschnitt 4, beschrieben wurde. Der Hauptunterschied ist, wie schon gesagt, daß in unseren neuen spektralen Darstellungen dissipative Effekte auftreten, die mit der Ljapunow-Zeit zusammenhängen, während wir es in der üblichen spektralen Darstellung mit zeitlich periodischen Situationen (die Eigenwerte sind modulo 1) zu tun haben.

Wir sehen in unserer irreduziblen spektralen Darstellung einen Ausdruck des fundamentalen »Naturgesetzes«, das die Bernoulli-Abbildung beschreibt. Sie beantwortet nämlich die Fragen, die wir stellen können. Gesetzt, eine anfängliche Wahrscheinlichkeitsverteilung sei gegeben. Wie wird sie sich entwickeln? Wie schnell werden wir das Gleichgewicht erreichen? Unsere Theorie gibt auf diese Fragen eine analytische Antwort, die völlig im Einklang mit Computerexperimenten ist. Die anfängliche Verteilungsfunktion $\rho(x)$ muß jedoch eine *Prüffunktion* sein[5]. Das bedeutet im wesentlichen, daß die Verteilungsfunktion ρ hinreichend glatt sein muß. Aus diesem Grunde sind (durch δ-Funktionen beschriebene) individuelle Trajektorien ausgeschlossen. Einstein hat einmal in einer Diskussion mit Heisenberg gesagt, daß die Theorie darüber entscheide, was »beobachtbar« ist und was nicht. In diesem Fall entscheidet die Theorie, daß Trajektorien *keine Observablen* sind, vollkommen unabhängig vom Problem der Berechnung.

3. Die Bäcker-Transformation

Die Bäcker-Transformation ist, wie schon gesagt, ein dynamisches System. Zunächst haben wir eine Trajektorienbeschreibung, die infolge des Chaos zu Schwierigkeiten führt. Sodann haben wir eine Ensemblebeschreibung durch Wahrscheinlichkeiten, die den im 8. Kapitel, Abschnitt 2, erörterten Operator $\mathcal{U}(t)$ als einen unitären Operator enthält. Dieser Operator hat, wie in Abschnitt 1 erwähnt, eine spektrale Darstellung im Hilbert-Raum, doch seine Eigenwerte stehen in keinem Zusammenhang zur Ljapunow-Zeit, und sie erhalten die Symmetrie zwischen Vergangenheit und Zukunft aufrecht. Es ist eine *reduzible* Darstellung, da sie als einen Sonderfall individuelle Trajektorien enthält. Wir suchen jetzt nach einer *dritten* Formulierung der Gesetze der Dynamik in Gestalt einer *irreduziblen* probabilistischen Darstellung.

Wir können uns eng an die Darstellung in Abschnitt 2 halten. Um Eigenwerte wie $\frac{1}{2^n}$ (modulo ungleich 1) zu erhalten, müssen wir den Hilbert-Raum verlassen. Die entsprechenden Eigenfunktionen sind ebenfalls singulär (wie die in Abschnitt 2 untersuchten $\tilde{B}_n(x)$). Wir werden sie nicht explizit hinschreiben, da man sie in der Literatur nachsehen kann[6]. Wir werden nur die Bedingungen für Prüffunktionen diskutieren, die zu einer Brechung der zeitlichen Symmetrie führen. Wir tragen hier Plausibilitätsargumente vor. Beweise findet man an anderer Stelle.

Wir haben schon in den Abschnitten 1 und 2 darauf hingewiesen, daß die Wahrscheinlichkeitsverteilung ρ eine Prüffunktion sein muß. In der Bäcker-Transformation ist ρ eine Funktion von zwei Koordinaten x und y sowie der Zeit: $\rho\ (x, y, t)$. Gesetzt, bei t_0 sei $\rho\ (x, y, t_0)$ tatsächlich eine Prüffunktion. Wird es das auch für $t > 0$ oder $t < 0$ bleiben?

Im 5. Kapitel haben wir gesehen, daß wir, um für $t \rightarrow \infty$ dem Gleichgewicht näherzukommen, Funktionen $\rho\ (x, y, t)$ benötigen, die in der Koordinate x stetig sind. Diese Bedingung wird durch die Anwendung des Entwicklungsoperators $\mathcal{U}_t$ auf die Verteilungsfunktion ρ für $t > 0$ aufrechterhalten, nicht aber für $t < 0$. Man kann expliziter zeigen, daß der Perron-Frobenius-Operator die Funktion $\rho\ (x, y, t)$ für $t > t_0$ in x stetig erhält, wenn sie für t_0 stetig war. Für $t < t_0$ trifft das nicht zu. Wir haben nämlich im 5. Kapitel gesehen, daß wir für $t \to -\infty$ zu einer Verteilung kommen, die aus immer schmaler werdenden Streifen parallel zur y-Achse gebildet wird. Eine solche Funktion wird unstetig in x. $\rho\ (x, y, t)$, das für t_0 in x stetig ist, ist daher eine Prüffunktion für $\mathcal{U}_{+t}$, nicht aber für $\mathcal{U}_{-t}$.

Kurz, wir können zeigen, daß Prüffunktionen zu *zwei verschiedenen Klassen* gehören, je nachdem, ob wir die Entwicklung zur Zukunft oder die zur Vergangenheit betrachten. Das bedeutet aber, daß die durch den Entwicklungsoperator $\mathcal{U}_t$ definierte dynamische Gruppe jetzt in zwei Halbgruppen aufgespalten ist, die eine für $\mathcal{U}_{+t}$, die andere für $\mathcal{U}_{-t}$.

Wir erwähnten bereits, daß wir für die Bäcker-Transformation *zwei* spektrale Darstellungen haben, die eine im Hilbert-Raum, die andere, die wir soeben vorgestellt haben, in generalisierten Räumen. Beide sind mathematisch korrekt, aber sie sind nicht äquivalent, da nur die zweite den chaotischen Charakter der Bäcker-Transformation zeigt und die Annäherung an das Gleichgewicht beschreibt.

Unsere neue Darstellung ist somit reicher als die übliche, da sie wesentliche neue Merkmale einbezieht.

4. Die Gesetze des Chaos

Solange wir Trajektorien betrachten, kann man kaum von den »Gesetzen des Chaos« sprechen. Wir haben es dann mit den *negativen* Aspekten des Chaos zu tun, zum Beispiel mit exponentieller Divergenz und mit Unberechenbarkeit. Die

Situation ändert sich einschneidend, wenn wir zu einer probabilistischen Beschreibung übergehen. Die Beschreibung von Wahrscheinlichkeiten bleibt für alle Zeiten gültig. Die Gesetze der Dynamik müssen daher auf der probabilistischen Ebene formuliert werden. Das genügt jedoch nicht. Um die Brechung der zeitlichen Symmetrie einzubeziehen, müssen wir den üblichen Hilbert-Raum verlassen. In den hier untersuchten einfachen Beispielen beruhen die irreversiblen Prozesse auf der Ljapunow-Zeit, doch all diese Überlegungen können übertragen werden auf allgemeinere Abbildungen, die andere irreversible Prozesse wie etwa die Diffusion umfassen[7].

Die probabilistische Beschreibung, zu der wir gelangt sind, ist irreduzibel: Das ist das unumgängliche Resultat der Tatsache, daß die Eigenfunktionen singuläre Funktionen sind. Diese Tatsache kann man, wie schon gesagt, als Ausgangspunkt für eine *neue, allgemeinere Definition des »Chaos«* nutzen. In der klassischen Dynamik wird das Chaos durch die exponentielle Divergenz von Trajektorien definiert, doch gilt diese Definition nicht für die Quantentheorie (und gleichfalls nicht für »große« klassische Systeme wie die im 6. Kapitel eingeführten großen Poincaré-Systeme).

Die Quantentheorie kennt keine exponentielle Divergenz von Wellenfunktionen und damit auch keine »Empfindlichkeit für die Anfangsbedingungen« im üblichen Sinne. Dennoch werden wir im nächsten Kapitel zeigen, daß es Quantensysteme gibt, die durch *irreduzible probabilistische Beschreibungen* charakterisiert werden. Diese Systeme sind außerdem von fundamentaler Bedeutung für unsere Naturbeschreibung. Auch werden die grundlegenden Gesetze der Physik auf diese Systeme angewandt, doch im Sinne von Wahrscheinlichkeiten (und nicht von Wellenfunktionen). Sie unterscheiden mit der im 7. Kapitel eingeführten Begrifflichkeit nicht zwischen »reinen Zuständen« und »Gemischen«. Auch ein anfangs reiner Zustand wird im Laufe der Zeit in ein Gemisch transformiert. Wir übertragen die in diesem Kapitel gewonnenen Resultate und bezeichnen alle dynamischen Systeme, seien sie klassischer oder quantenmechanischer Natur, die zu einer irreduziblen Darstellung im Sinne von Wahrscheinlichkeiten führen, als *chaotisch*.

Die in diesem Kapitel geschilderte Untersuchung von Abbildungen ist von großem Interesse. Sie verdeutlicht, was wir unter einer »dritten«, *irreduziblen* Formulierung der Naturgesetze verstehen. Abbildungen sind allerdings nur abstrakte, geometrische Modelle. Wir wenden uns nun dynamischen Systemen zu, die auf einer Hamiltonschen Beschreibung beruhen, die schlechthin die Grundlage unseres heutigen Verständnisses der »Naturgesetze« ist.

Zehntes Kapitel
Eine alternative Formulierung der Dynamik. Die Lösung des Quantenparadoxons

1. Eine alternative Formulierung der Dynamik

Im 9. Kapitel haben wir die Dynamik von Abbildungen untersucht. Die irreduzible, probabilistische Beschreibung, die wir abgeleitet haben, macht Eigenschaften, die in der Trajektorienbeschreibung dynamischer Systeme nicht vorkommen, explizit. Im Fall von Abbildungen ist die Definition des Chaos als »Konstruktion einer irreduziblen Darstellung« der üblichen Definition durch »Empfindlichkeit gegenüber Anfangsbedingungen« äquivalent. Doch es gibt Unterschiede. Erstens geht es bei der üblichen Definition um eine Beschreibung durch Trajektorien; es ist eine »negative« Definition, während die von uns eingeführte Definition »positiv« ist und auf der Konstruktion einer neuen Art von Beschreibung basiert. Zweitens läßt sich unsere Definition auf dynamische Systeme ausdehnen, auf die die übliche Definition des Chaos nicht anwendbar ist, das heißt auf Quantensysteme. Diese Schwierigkeit hat zu zahlreichen Diskussionen über das Quantenchaos geführt, in denen sogar seine Existenz angezweifelt wurde. Deshalb werden wir, wenn wir uns nun Hamiltonschen Systemen zuwenden, vor allem die Quantenmechanik im Auge behalten.

Die Systeme, die wir betrachten werden, sind nichtintegrabel im Sinne Poincarés (siehe 6. Kapitel), es sind, genauer gesagt, »große Poincaré-Systeme« (GPS) mit stetigem Spektrum. Mit GPS befassen wir uns deshalb, weil wir in ihrem Fall inzwischen Methoden kennen, mit denen Poincarés Divergenzen – er sah darin bekanntlich das »Hauptproblem der Dynamik« – eliminiert werden können. Wir gelangen dann zu einer ganz anderen Formulierung der Dynamik, bei der die Brechung der zeitlichen Symmetrie und die Irreversibilität einbezogen sind. Das war zu erwarten: Im 6. Kapitel, Abschnitt 4, haben wir gesehen, daß Resonanzen zu Chaos und Diffusion führen (was einem irreversiblen Prozeß entspricht). Der neue Aspekt ist nun, daß wir für GPS eine exakte mathematische Theorie angeben können, die ganz ähnlichen Linien folgt wie jene, die wir für Abbildungen vorgetragen haben[1]. Im Rahmen dieses Buches ist es nicht möglich, diese Theorie darzustellen[2]. Wir werden uns daher im wesentlichen auf intuitive Argumente beschränken.

Der einfachste Weg, die Poincaréschen Divergenzen zu eliminieren, besteht darin, die schon in der Bäcker-Transformation deutlich werdende Doppelrolle der Zeit zu berücksichtigen. Einerseits haben wir die »Uhr«zeit, welche die »regelmäßigen Zeitintervalle« bestimmt, in denen wir die Transformation durchführen. Andererseits wurde schon im 5. Kapitel durch die Unterscheidung zwischen »schrumpfenden« und »sich dehnenden« Fasern eine Unterscheidung zwischen Zukunft und Vergangenheit eingeführt. Diese Unterscheidung lag der im 9. Kapitel beschriebenen Brechung der zeitlichen Symmetrie des Entwicklungsoperators zugrunde. In Abschnitt 2 stoßen wir auf eine ähnliche Unterscheidung, den bekannten Unterschied zwischen »avancierten« und »retardierten« Lösungen für die Wellengleichungen. Die Bedeutung dieser »zeitlichen Anordnung« werden wir am Beispiel des Friedrichs-Modells und der Streuung zeigen.

Die Elimination der Poincaréschen Divergenzen ist ein grundlegender Schritt bei der Konstruktion einer *irreduziblen* probabilistischen Beschreibung. Eine wesentliche Rolle spielt ein zweites Element, die Existenz von *dauerhaften Wechselwirkungen.* In der Physik pflegt man mit einer Idealisierung zu arbeiten, die die Wechselwirkung isoliert von allem Vorangegangenen und allem Nachfolgenden betrachtet. Dies entspricht den Versuchsbedingungen bei Streuversuchen (siehe Abschnitt 2). Bei Situationen, wie sie die kinetische Theorie untersucht, bei wechselwirkenden Feldern und in der Kosmologie ist diese Idealisierung jedoch unzulässig. Wechselwirkungen sind von unbegrenzter Dauer. Zeitlich begrenzte Wechselwirkungen bilden die Ausnahme, während die meisten physikalisch relevanten Situationen durch dauerhafte Wechselwirkungen charakterisiert sind. Dauerhafte Wechselwirkungen sind eine Grundbedingung für eine alternative Formulierung der klassischen und der Quantenmechanik, die es direkt mit Wahrscheinlichkeiten zu tun hat.

Die Existenz einer solchen alternativen Formulierung hat fundamentale Konsequenzen. In erkenntnistheoretischer Hinsicht lösen wir das Quantenparadox, da wir auf diese Weise eine Quantentheorie erhalten, die nicht länger dem Beobachter eine aktive Rolle zuschreibt (siehe 7. Kapitel). In operationaler Hinsicht erhalten wir Lösungen von klassischen und quantenmechanischen Problemen, die auf der Grundlage der Newtonschen Gesetze beziehungsweise der Schrödinger-Gleichung wegen Poincarés Nichtintegrierbarkeit unerreichbar waren. Die Situationen, die nunmehr einer exakten dynamischen Beschreibung zugänglich sind, haben eine zentrale Bedeutung für unsere Naturbeschreibung. Lösungen unserer irreduziblen, probabilistischen Beschreibungen entsprechen nämlich der Annäherung an das thermodynamische Gleichgewicht. Außerdem führt die zeitliche Entwicklung zu kinetischen Gleichungen, die in der statistischen Mechanik eingeführt wurden.

Aus unserem Ansatz folgt somit eine direkte Verknüpfung sowohl des Gleichgewichts als auch der Dynamik mit der Physik der dissipativen Prozesse einschließlich der dissipativen Strukturen.

2. Die Doppelrolle der Zeit

Gehen wir von einem einfachen Problem aus, der Potentialstreuung[3]. Wir richten einen Teilchenstrahl auf ein Objekt. Während einer langen Zeit vor dem Stoß bewegt sich dieser Strahl frei. Dies ist die »Vor-Streuungs-Phase«. Stöße finden in endlicher Zeit statt. Nach dem Stoß bewegt sich der Strahl erneut während langer Zeiten frei: Dies ist die »Nach-Streuungs-Phase«. Der einfallende Strahl wird von einer Wellenfunktion mit einem Impuls k beschrieben (genauer gesagt, handelt es sich um ein Wellenpaket mit einer Impulsverteilung um k). Infolge der Streuung treten Wellenamplituden auf, die einem Impuls k' entsprechen. Schon in diesem Fall treten Poincarésche Divergenzen auf, die auf Resonanzen $\omega_k = \omega_{k'}$ beruhen, wobei ω_k die Energie ist, die dem Impuls k entspricht. Hier vermag die herkömmliche Quantentheorie das Problem zu lösen. Dafür wird eine geeignete zeitliche Anordnung der Ereignisse eingeführt. Bei Streuversuchen haben wir eine einlaufende ebene Welle (den Teilchenstrahl mit dem Impuls k), die in eine auslaufende

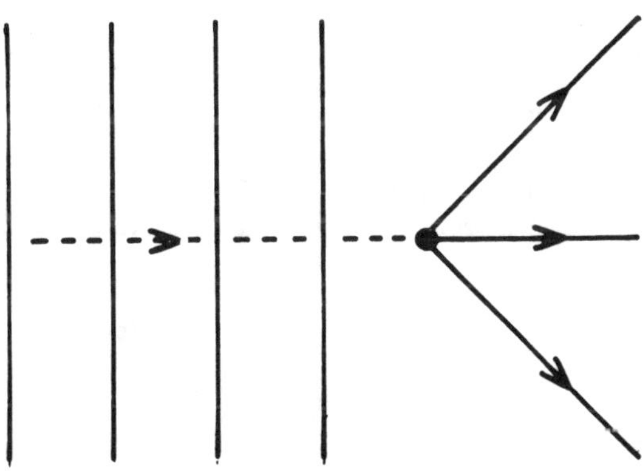

Abb. 10.1 Direkte Streuung: Die ebene Welle wird in eine Kugelwelle umgewandelt.

Kugelwelle transformiert wird (siehe Abb. 10.1). Aus der Sicht der Dynamik wäre ebensogut der umgekehrte Fall möglich: Aus einer einlaufenden Kugelwelle wird durch Streuung eine auslaufende ebene Welle (siehe Abb. 10.2). Dies entspräche einer »inversen Streuung«. In der Natur beobachten wir nur direkte Streuungsvorgänge, doch die dynamischen Gleichungen beschreiben zwei Situationen mit unterschiedlicher zeitlicher Anordnung.

Der erste Schritt besteht in der Eliminierung der Poincaréschen Divergenzen, die aus den verschwindenden Nennern $\frac{1}{\omega_k - \omega_{k'}}$ resultieren (siehe 5. Kapitel). Hierbei spielen die Eigenschaften von GPS eine wesentliche Rolle. Die Streuung entspricht bereits einem GPS, da das Target und der Strahl in ein *großes* Volumen eingeschlossen sind (in der Streutheorie geht man an einem bestimmten Punkt zum Grenzwert eines unendlichen Volumens über). Deshalb haben wir ein *stetiges* Spektrum, und ω_k ist eine stetige Funktion von k. Wir können dann den Nenner $\frac{1}{\omega_k - \omega_{k'}}$ durch Hinzufügen eines kleinen Imaginärteils $\pm i\varepsilon$ »regularisie-

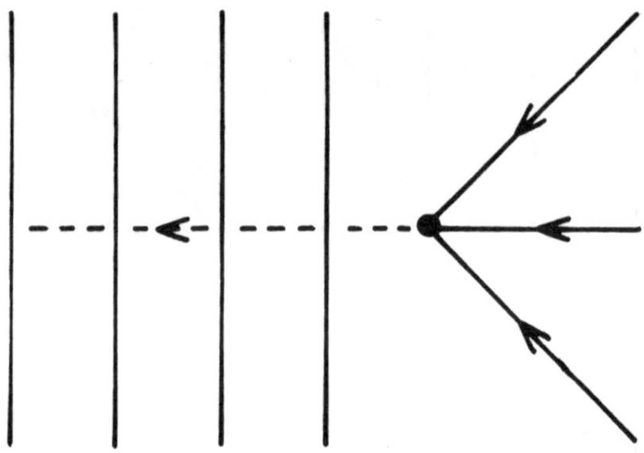

Abb. 10.2 Inverse Streuung: Die Kugelwelle wird in eine ebene Welle umgewandelt.

ren«. Wir haben es dann mit $\frac{1}{\omega_k - \omega_{k'} \pm i\varepsilon}$ zu tun, was in Verbindung mit der Integration (über k oder k') eine wohldefinierte Bedeutung hat. Auf diese Weise können wir, je nachdem, ob wir $-i\varepsilon$ oder $+i\varepsilon$ wählen, außerdem zwischen direkter und inverser Streuung unterscheiden. Der entscheidende Punkt ist, daß wir durch die Einführung der komplexen Größen $\pm i\varepsilon$ eine zeitliche Anordnung erhalten und das Divergenzproblem eliminieren können.

Wir sehen, daß *die Zeit hier auf zweierlei Weise hineinkommt*: zum einen wie üblich als Parameter in der Schrödinger-Gleichung, zum anderen durch die Einführung einer zeitlichen Anordnung. Diese zeitliche Anordnung wird in unserem Ansatz eine wesentliche Rolle spielen. Wir benötigen sie, um die Richtung der Zeit mit dynamischen Prozessen verknüpfen zu können. Wir sind dieser Situation schon im 5. Kapitel bei der Bäcker-Transformation begegnet. Dort hing der Fluß der Zeit mit der sich dehnenden Koordinate zusammen. Hier hängt der Übergang »ebene Welle → Kugelwelle« mit der Zukunft, der Übergang »Kugelwelle → ebene Welle« mit der Vergangenheit zusammen.

Schon in dieser einfachen Situation haben wir ein bemerkenswertes Resultat. Die zeitlich symmetrische Schrödinger-Gleichung führt zu zwei Klassen von Lösungen, die der direkten beziehungsweise der inversen Streuung entsprechen. Die Lösung der Bewegungsgleichungen ist weniger symmetrisch als die Bewegungsgleichungen selbst. Die Irreversibilität, die sich darin äußert, daß wir in der Natur keine inverse Streuung antreffen, hängt mit der Brechung der zeitlichen Symmetrie und der Auswahl einer einzigen Klasse von Lösungen zusammen.

Im Fall der Streuung ist dies ganz offenkundig. Wir können die Symmetriebrechung unterschiedlichen »Randbedingungen« zuschreiben, die zu den Bewegungsgleichungen hinzutreten. So einfach verhält es sich jedoch nicht mehr bei nichtintegrablen Systemen wie den GPS. Hier sind, wie wir sehen werden, Bewegungsgleichungen und »Randbedingungen« unauflöslich miteinander verflochten. Um ein Beispiel anzuführen, wenden wir uns erneut dem Friedrichs-Modell zu.

3. Das Friedrichs-Modell

Wir haben das Friedrichs-Modell bereits im 7. Kapitel, Abschnitt 5, diskutiert. Es ist ein vereinfachtes Modell, das die Wechselwirkung zwischen einem Teilchen und einem Feld beschreibt (siehe Abb. 7.4). Die potentielle Energie λV enthält sowohl Photonenemissions- (der angeregte Zustand 1 > geht unter Emission eines Photons in den Grundzustand 0 > über) als auch Photonenabsorptionsvorgänge. Diese beiden Prozesse gehen außerdem symmetrisch in λV ein. Bei der Lösung des Eigenwertproblems müssen wir daher beide Prozesse berücksichtigen. Friedrichs hat, wie wir gesehen haben, das Eigenwertproblem gelöst und die spektrale Darstellung des Hamilton-Operators $H = \Sigma\, \varphi_k^F > \omega_k < \varphi_k^F$ *allein durch die Feldmoden* erhalten. Das Atom verschwindet dabei ganz und gar. Wie kann man dann von Quantenübergängen sprechen? Wenn wir andererseits am Teilchen festhalten und Störungsverfahren anwenden, landen wir bei Poincaréschen Divergenzen.

Um diesem Dilemma zu entgehen, müssen wir eine zeitliche Anordnung einführen, um zwischen Abregung und Anregungsvorgängen zu unterscheiden, so wie wir die direkte von der inversen Streuung unterscheiden müssen. Trotz der Symmetrie des Hamilton-Operators wissen wir aus der Erfahrung, daß das Atom langfristig das Photon emittieren und sich im Grundzustand befinden wird. Diese Tatsache müssen wir in den Störungsformalismus einbauen. Dort stoßen wir bei jedem Schritt auf den resonanten Nenner $\frac{1}{\omega_1 - \omega_k}$, und in jedem Fall müssen wir unterscheiden, ob dieser Nenner mit Anregungs- oder mit Abregungsvorgängen verbunden ist. Wir müssen, anders gesagt, bei jedem Schritt entsprechende Randbedingungen einführen. Wir fügen zu diesem Zweck wie bei der Streuung einen Imaginärteil $+i\varepsilon$ beziehungsweise $-i\varepsilon$ in den Nenner ein. Abregungs- oder Zerfallsprozesse sind »zukunftsorientiert« (da sie die langfristige Folge der Wechselwirkung sind), während Anregungsprozesse »vergangenheitsorientiert« sind. Wir ersetzen, genauer gesagt, $\frac{1}{\omega_1 - \omega_k}$ durch $\frac{1}{\omega_1 - \omega_k + i\,\varepsilon}$ für Übergänge, die der Abregung des Atoms entsprechen, und durch $\frac{1}{\omega_1 - \omega_k + i\,\varepsilon}$ für den Anregungsprozeß. Auf diese Weise können wir das Eigenwertproblem $H\varphi_1 > z_1 \mid \varphi_1 >$ lösen und dabei jegliche Divergenzen vermeiden[4]. Das wichtigste Resultat besteht darin, daß wir einen *komplexen* Eigenwert $z_1 = \tilde{\omega}_1 + i\,\gamma_1$ erhalten, wobei $\tilde{\omega}_1$ die modifizierte Energie des angeregten Niveaus und γ_1 die Lebensdauer des angeregten Zustands ist. Für die Feldmoden φ_k erhalten wir in der Friedrichs-Lösung reelle Eigenwerte $H\varphi_k > = \omega_k\varphi_k >$.

Unsere zeitliche Anordnung vermeidet die Poincaréschen Divergenzen und führt zu einer komplexen spektralen Theorie (genau wie bei den Abbildungen). Der Operator H ist hermitesch. Wir wissen daher (siehe 7. Kapitel, Abschnitt 4), daß seine Eigenwerte im Hilbert-Raum reell sind. Unser Resultat bezieht sich daher, wie im 9. Kapitel, auf generalisierte Räume. Tatsächlich ist $\varphi_1 >$ eine singuläre Funktion (genaugenommen ist es eine δ-Funktion mit einem komplexen Argument).

Die dem instabilen Teilchen entsprechende Wellenfunktion φ_1 ist durch eine gebrochene zeitliche Symmetrie charakterisiert: Unter Verwendung der Schrödinger-Gleichung erhalten wir $\varphi_1(t) = e^{-iHt}\,\varphi_1^{(0)} = e^{-i\tilde{\omega}_1 t - \gamma t}\,\varphi_1^{(0)}$, welches für $t \to +\infty$ verschwindet (während es für $t \to -\infty$, das heißt die Vergangenheit, divergieren würde).

Weil das ursprüngliche Friedrichs-Modell zeitlich symmetrisch ist (es enthält sowohl die Zerfalls- als auch die Anregungsprozesse, die mit dem instabilen Zustand zusammenhängen), erhalten wir zusätzlich zu den Wellenfunktionen $\varphi_1 >$, $\varphi_k >$ eine weitere Menge von Wellenfunktionen $\tilde{\varphi}_1 >$, $\tilde{\varphi}_k >$, deren Eigenfunktionen den komplexkonjugierten Eigenwerten z^{cc} entsprechen. Da $z_1 = \tilde{\varphi}_1 - i\gamma$ ist, haben wir $z_1^{cc} = \tilde{\varphi}_1 + i\gamma_1$. Dann entspricht $\varphi_1 >$ einem zerfallenden Zustand in der Zukunft, während $\tilde{\varphi}_1 >$ einem Zustand entspricht, der für $t > 0$ verstärkt wird: $\tilde{\varphi}_1(t) = e^{-iHt}\varphi_1^{(0)} = e^{-i\tilde{\omega}_1 t - \gamma t}\varphi_1^{(0)}$.

Die Eigenfunktionen $\varphi_\alpha >$ ($\alpha = 1$ oder k) und $\tilde{\varphi}_\alpha >$ bilden eine vollständige biorthonormale Menge, genau wie bei der im 9. Kapitel, Abschnitt 2, untersuchten Bernoulli-Transformation: $< \varphi_\alpha \mid \tilde{\varphi}_\beta > = \delta_{\alpha\beta}$ ist gleich 1 für $\alpha = \beta$ und gleich 0 für $\alpha \neq \beta$. Bezüglich dieser biorthonormalen Menge haben wir die spektrale Darstellung $H = \varphi 1 > z_1 < \tilde{\varphi}_1 + \Sigma_k \varphi_k > \omega_k < \tilde{\varphi}_k$.

Wir haben somit, wie im Fall der Bäcker-Transformation (9. Kapitel, Abschnitt 3), *mehr als eine spektrale Darstellung*: die von Friedrichs gegebene spektrale Darstellung im Hilbert-Raum (7. Kapitel) und die von uns abgeleitete komplexe spektrale Darstellung[5].

Es ist interessant, diese beiden Lösungen miteinander zu vergleichen. Die wichtigsten Unterschiede sind: 1. Unsere spektrale Darstellung hält an dem angeregten Zustand fest, während in der traditionellen Friedrichs-Lösung nur die Moden der Felder (bzw. Photonen) vorkommen; die komplexe spektrale Darstellung enthält daher »Quantensprünge«, während in der Friedrichs-Darstellung die Teilchen von vornherein als Bestandteil des Feldes erscheinen. 2. Wir erhalten den komplexen Eigenwert $z_1 = \tilde{\omega}_1 - i\gamma$, der die Lebensdauer des angeregten Zustands berücksichtigt. Die komplexe spektrale Darstellung ist somit reicher, da sie dissipative Prozesse einbezieht. 3. Unsere Lösung ist analytisch in der Kopplungskonstanten λ: Für $\lambda \to 0$ verwandelt sie sich ohne weiteres in die Lösung des ungestörten Problems. Es gibt keine spektrale »Katastrophe«.

Kommen wir noch einmal auf das Hauptergebnis unserer Methode zurück, die Brechung der zeitlichen Symmetrie. Wir haben, wie gezeigt wurde, zwei orthonormale Mengen: die $\varphi_1 >$, $\varphi_k >$, die einem gedämpften angeregten Zustand in der Zukunft entsprechen, und die $\tilde{\varphi}_1 >$, $\tilde{\varphi}_k >$, die einer Verstärkung in der Zukunft entsprechen. Die Lösung der Bewegungsgleichungen ist weniger symmetrisch als der Hamilton-Operator. Dieser Situation sind wir schon bei der Streuung begegnet (Abschnitt 1). Sie kommt häufig vor, in der Physik des Gleichgewichts wie in der des Nichtgleichgewichts. In der Physik des Gleichgewichts geht sie mit einer »spontanen Symmetriebrechung« einher. Ein bekanntes Beispiel ist der Magnetismus: Ein rotationssymmetrischer Hamilton-Operator kann einen isotropen ferromagnetischen Grundzustand haben oder bei niedriger Temperatur zu einem anisotropen Kristall führen. In der Physik des Nichtgleichgewichts können Verzweigungen ebenfalls zu Lösungen führen, die weniger symmetrisch sind als die Gleichungen, von denen wir ausgehen (so kann die Symmetrie bezüglich der räumlichen Inversion $r \to -r$ gebrochen werden). Aus der Symmetrie der Gleichungen folgt dann, daß die Lösungen mit gebrochener Symmetrie paarweise auftreten. Diese Analogien haben jedoch ihre Grenzen, da die Brechung der zeitlichen Symmetrie keinem physikalischen Ereignis entspricht (beim Magnetismus entspricht sie allerdings einer Schwellentemperatur). Im übrigen tritt der gleiche Pfeil der Zeit in allen dynamischen Systemen auf.

Da die Zustände $\varphi_1 >$ und $\tilde{\varphi}_1 >$ eine gebrochene zeitliche Symmetrie aufweisen, ist es möglich, eine $\mathcal{H}$-Funktion im Sinne Boltzmanns (siehe 8. Kapitel) zu konstruieren, das heißt eine Funktion, die monoton abnimmt, bis das instabile Teilchen verschwunden ist[6]. Diese $\mathcal{H}$-Funktion ist jedoch etwas ganz anderes als die von Boltzmann beziehungsweise Gibbs eingeführten $\mathcal{H}$-Funktionen. Hier drückt die $\mathcal{H}$-Funktion die Brechung der zeitlichen Symmetrie auf der fundamentalen mikroskopischen Ebene aus.

Man darf den Zerfall des instabilen Teilchens indessen nicht mit einer Annäherung an das Gleichgewicht verwechseln. Das Atom »altert«, wenn es zerfällt, doch die Energie des Teilchens wird einfach auf das sich im Raum ausbreitende Feld übertragen. Um eine Annäherung an das Gleichgewicht zu erhalten, benötigen wir dauerhafte Wechselwirkungen. Ein Beispiel werden wir in Abschnitt 5 geben.

Es sei auch darauf hingewiesen, daß unsere Regel der »zeitlichen Anordnung« in diesem einfachen Fall nicht die einzige Methode ist, um zu einer spektralen Darstellung mit gebrochener zeitlicher Symmetrie zu gelangen. Es stehen andere Methoden zur Verfügung, die vor allem auf G. Sudarshan[7] zurückgehen und zu dem gleichen Ergebnis führen. Unsere Regel hat den Vorzug, daß sie sich leicht auf kompliziertere Situationen übertragen läßt, wie wir gleich sehen werden.

4. Irreduzible Darstellungen

Wie wir gerade gesehen haben, können wir bei einfachen Situationen wie dem Friedrichs-Modell die bei dynamischen Zuständen auftretenden Poincaréschen Divergenzen durch eine geeignete zeitliche Anordnung eliminieren. Generell ist das jedoch nicht auf diese Weise zu erreichen. Betrachten wir zum Beispiel die Streuung. Der Hamilton-Operator H enthält wiederum zwei Terme, einen ersten Term H_0 für freie Teilchen und als zweiten Term das Potential λV, das Übergängen zwischen verschiedenen Werten der Impulse entspricht.

Indem wir wieder auf die »bra-ket«-Schreibweise zurückgreifen, haben wir $H_0 = \Sigma\, k > \omega_k < k$; ω_k ist hier die dem Impuls k entsprechende Energie und $V = \Sigma\, k > V_{k'k} < k'$. Die potentielle Energie induziert Übergänge zwischen den verschiedenen Zuständen $k>$. Die verschiedenen Zustände $k>$ spielen die gleiche Rolle, und es gibt keine natürliche zeitliche Anordnung der Zustände, die im dynamischen Prozeß eingehen. Doch wie wir im 8. Kapitel gesehen haben, gibt es eine natürliche zeitliche Anordnung von Korrelationen.

Um Poincarésche Divergenzen zu eliminieren, müssen wir daher auf die Ensembletheorie zurückgreifen. Es zeigt sich, daß die fundamentale dynamische Beschreibung von GPS eine *statistische* Beschreibung mittels der Wahrscheinlichkeitsverteilung ρ (beziehungsweise der Dichtematrix in der Quantenmechanik) ist. Wir haben im 8. Kapitel gesehen, daß ρ die Liouville-von-Neumann-Gleichung $i \frac{\partial \rho}{\partial t} = L\rho$ erfüllt. Wir haben die formale Analogie zwischen dem Liouville-von-Neumann-Formalismus und der Schrödinger-Gleichung unterstrichen, wobei an die Stelle des Hamilton-Operators der Liouville-Operator L tritt.

L ist, wie wir gesehen haben, hermitesch, und der Entwicklungsoperator $\mathcal{U}(t) = e^{-iLt}$ ist unitär. Im Hilbert-Raum sind die Eigenwerte von L reell. Es kann im Hilbert-Raum keine dynamische Theorie der Irreversibilität geben. Um die Irreversibilität einzubeziehen, müssen wir wie zuvor zu generalisierten Räumen übergehen. Da unsere zeitliche Anordnung jetzt aber durch Korrelationen hergestellt wird, die nur im Zusammenhang mit Ensembles einen Sinn haben, erwarten wir, eine *irreduzible, probabilistische Beschreibung* zu erhalten, die unter diesem Aspekt derjenigen ähnelt, die wir für Karten erhalten haben (siehe 9. Kapitel). Dies sind die Situationen, die wir mit dem Begriff des Chaos verbinden.

Wir möchten den Unterschied zwischen reduziblen und irreduziblen probabilistischen Beschreibungen ein wenig präzisieren.

Betrachten wir den Fall der Quantenmechanik. Die Liouville-Gleichung ist, wie wir gesehen haben, gegeben durch $i \frac{\partial \rho}{\partial t} = L\rho$, wobei L der Liouville-von-Neumann-Operator ist. Wir möchten jetzt ein wenig weiter gehen und benötigen dazu die explizite Form von $L\rho$; sie lautet $L\rho = H\rho - \rho H$. Der Liouville-Operator ist der »Kommutator« des Hamilton-Operators mit ρ. Nehmen wir an, wir hätten das Eigenwertproblem für H gelöst. Die spektrale Darstellung ist dann $H = \Sigma\ \varphi_\alpha > E_\alpha < \varphi_\alpha$, wobei $\varphi_\alpha >$ die Eigenfunktionen und E_α die Eigenwerte sind. Die Definition von L führt daher zu der Schlußfolgerung, daß die Eigenfunktionen von L Produkte $\varphi_\alpha > < \varphi_\beta$ der Eigenfunktionen von H und die entsprechenden Eigenwerte Differenzen von Energieniveaus $l_{\alpha\beta} = E_\alpha - E_\beta$. sind. Die Liouville-Darstellung ist dann, da sie keine neuen Merkmale einführt, auf eine Beschreibung durch Wellenfunktionen reduzierbar.

Wir können auch die spektrale Darstellung von L schreiben. Definieren wir $f_{\alpha\beta} > = \varphi_\alpha > < \varphi_\beta$; L ist dann $= \Sigma_{\alpha\beta} f_{\alpha\beta} > l_{\alpha\beta} < f_{\alpha\beta}$. Man beachte, daß alle $l_{\alpha\alpha} = E_\alpha - E_\alpha$ verschwinden. Dies führt zu der schon im 8. Kapitel erwähnten Tatsache, daß alle diagonalen Elemente der Dichtematrix ρ im Zeitverlauf konstant bleiben. Es gibt folglich für integrable Systeme keine Annäherung an das Gleichgewicht.

Wir möchten nun zeigen, wie die irreduziblen Liouville-Darstellungen aus der zeitlichen Anordnung auf der Ebene der Korrelationen hervorgehen. Wir gehen ganz ähnlich vor wie in Abschnitt 3 beim Friedrichs-Modell.

Wie bereits angedeutet, ist der Liouville-Operator für GPS von der Form $L = L_0 + \lambda L_V$. Wir möchten nun die Eigenfunktionen und die Eigenwerte von L haben, die analytisch in L sind, die wir also in Potenzen von λ entwickeln können.

Betrachten wir zunächst den ungestörten Liouville-Operator L_0. Wir haben dann ein integrables System, und bei solchen Systemen entwickeln sich die Korrelationszustände (das Korrelationenvakuum ρ_0, binäre Korrelationen ρ_2, ...) unabhängig voneinander, da bei integrablen Systemen kein Fluß der Korrelationen besteht. Die verschiedenen Korrelationszustände entsprechen unabhängigen Eigenfunktionen und Eigenwerten. Das Eigenwertproblem für den ungestörten Liouville-Operator L_0 kann dann geschrieben werden als

$L_0 f_\nu > = l_n f_\nu >$, wobei ν den Korrelationszustand bezeichnet. Für einen gegebenen Korrelationszustand existiert im allgemeinen mehr als eine Eigenfunktion, und wir würden daher den Index α benötigen. Zur Vereinfachung der Schreibweise verzichten wir jedoch auf dieses α und schreiben $L_0 f_\nu^0 > l_\nu^0 f_\nu^0 >$. Die Eigenwerte l_ν^0 sind reell und entsprechen Energiedifferenzen. Wie zuvor in diesem Abschnitt ist $f_\nu^0 >$ ein Produkt von Wellenfunktionen.

Betrachten wir jedoch das Eigenwertproblem, das dem vollständigen Liouville-Operator $Lf_\nu > = l_\nu f_\nu >$ entspricht, und entwickeln wir die Eigenfunktionen und die Eigenwerte in Potenzen von λ, so stoßen wir auf Poincarésche Divergenzen, die auf resonanten Nennern $\frac{1}{(l_{\nu'} - l_{\nu''})}$ beruhen, wobei ν' und ν'' sich auf zwei verschiedene Korrelationszustände beziehen, die durch λL_V gekoppelt sind. Wie beim Friedrichs-Modell greifen wir auf das komplexe Eigenwertproblem $L\Phi_\nu > = z_\nu \Phi_\nu >$ zurück. Um dieses Eigenwertproblem zu lösen, gehen wir über zur zeitlichen Anordnung der einzelnen dynamischen Prozesse, nunmehr im Liouville-Raum. Wir fügen in den Nenner einen kleinen komplexen Teil $i\varepsilon_{\nu'\nu''}$ ein. Wir nehmen $\frac{1}{l_{\nu'} - l_{\nu''} + i\varepsilon_{\nu'\nu''}}$ mit $\varepsilon_{\nu'\nu''} = -\varepsilon < 0$, wenn der Grad der Korrelation ν' höher als (oder gleich) ν'' ist (das bedeutet, daß Übergänge $\nu'' \to \nu'$ von niedrigeren Korrelationen ν'' zu höheren Korrelationen ν' verlaufen), und $\varepsilon_{\nu'\nu''} = +\varepsilon > 0$, wenn er niedriger ist. Diese Wahl des Imaginärteils bedeutet, daß Übergänge zu Korrelationen höheren Grades als »zukunftsorientiert«, Übergänge zu solchen niedrigeren Grades als »vergangenheitsorientiert« betrachtet werden[8]. Im Unterschied zu Abschnitt 3 bezieht sich diese Regel nicht auf Energieniveaus, sondern auf die Eigenwerte von L_0, die, wie wir gesehen haben, Energiedifferenzen sind.

Wir erhalten wieder die gleiche Situation wie zuvor. Während das reelle Eigenwertproblem für L zu den Poincaréschen Divergenzen führt, kann das komplexe Eigenwertproblem gelöst werden. Auch hier zeigen die Poincaréschen Divergenzen an, daß man eine dissipative, statistische Beschreibung benötigt.

Die spektrale Darstellung, die wir erhalten, ist im allgemeinen irreduzibel. Im Rahmen der Quantenmechanik bedeutet dies, daß die komplexen Eigenwerte des Liouville-Operators, $z_\nu = \mu_\nu - i\gamma_\nu$, nicht als Differenzen von Eigenwerten des Hamilton-Operators ausgedrückt werden können, wie es bei einer reduziblen Darstellung möglich wäre.

Auch sind die Eigenfunktionen nicht länger Produkte von Wellenfunktionen. Dies bedeutet ein radikales Abgehen von der orthodoxen Quantentheorie. Wir erhalten Lösungen für die Liouville-von-Neumann-Gleichung, die aus der Schrödinger-Gleichung nicht abgeleitet werden könnten. Wir dürfen daher von einer *alternativen* Quantentheorie sprechen.

Unsere Argumente sind auf die klassische Dynamik übertragbar. Auch hier erhalten wir Lösungen (Wahrscheinlichkeitsverteilungen), die aus Newtons Gleichungen oder aus irgendeiner Gleichung, die sich auf individuelle Trajektorien bezieht, nicht abgeleitet werden könnten.

Die mathematische Struktur, die wir erhalten, ist der des in Abschnitt 2 betrachteten generalisierten Hilbert-Raums ganz ähnlich. Wieder haben wir zwei Mengen von Eigenfunktionen: die Funktionen $\Phi_\nu >$, die Eigenwerten $z_\nu = \mu_\nu - i\gamma_\nu$ entsprechen, die in der Zukunft gedämpft sind, und die Funktionen $\tilde{\Phi}_\nu >$, die Eigenwerten $z_\nu^{cc} = \mu_\nu + i\gamma_\nu$ entsprechen, die in der Vergangenheit gedämpft sind. Wieder ist die Lösung weniger symmetrisch als die Gleichungen, von denen wir ausgehen. Die Menge der Funktionen $\Phi_\nu >$ und $\tilde{\Phi}_\nu >$ bildet auch hier eine biorthonormale Menge. Wir können daher die irreduzible spektrale Zerlegung von L hinschreiben: $L = \Sigma\, \Phi_\nu > z_\nu < \tilde{\Phi}_\nu$. Für Wahrscheinlichkeitsverteilungen (die, da wir es mit generalisierten Räumen zu tun haben, Prüffunktionen sein müssen) können wir schreiben: $\rho(t) = e^{-iLt}\rho(0) = \Sigma_\nu e^{-iz_\nu t} c_\nu \Phi_\nu$ mit $c_\nu = < \tilde{\Phi}_\nu \mid \rho(0) >$. Die zeitliche Entwicklung von ρ ist ausgedrückt als eine Überlagerung von zerfallenden Moden.

Die komplexe spektrale Darstellung, die wir abgeleitet haben, gestattet uns, Observable wie Lebensdauern und Streuquerschnitte in die Eigenwerte von L einzubeziehen. Ein Beispiel dafür im nächsten Abschnitt. Für GPS nimmt die Dynamik generell eine völlig neue Form an, und sie verleiht kinetischen Gleichungen (wie der Boltzmann-Gleichung oder der mit der Brownschen Bewegung zusammenhängenden Fokker-Planck-Gleichung) eine exakte mathematische Bedeutung.

Die vielleicht wichtigste Neuerung ist, daß die irreduzible Darstellung von ρ jetzt *die Annäherung an das Gleichgewicht* beschreibt. Asymptotisch (für $t \to +\infty$) verschwinden alle Moden, ausgenommen diejenigen, die *0 Eigenwerten* entsprechen, ungeachtet der Ausgangsbedingung. Wir können gleichfalls, wie in Abschnitt 2 für das Friedrichs-Modell, eine $\mathcal{H}$-Funktion definieren, die monoton abnimmt, bis das System das Gleichgewicht erreicht.

Wir haben in diesem Abschnitt einen »intuitiven« Ansatz benutzt, bei dem die Ableitung der irreduziblen spektralen Darstellungen auf der zeitlichen Anordnung des Flusses der Korrelationen beruht. Ein mathematisch strenges Verfahren ist kürzlich entwickelt worden[9]. Es beruht auf der Beobachtung, daß der Fluß der Korrelationen in Systemen mit *dauerhaften* Wechselwirkungen auftritt. Für solche Systeme besitzt die Dichte ρ Singularitäten (ein Beispiel werden wir in Abschnitt 5 sehen), die uns, genau wie im Fall der Abbildungen, zwingen, die Hilbert-Raum-Beschreibung zu verlassen, und zu einer irreduziblen komplexen spektralen Darstellung führen.

Wenden wir uns nun einem Beispiel zu.

5. *Potentialstreuung*

Kommen wir auf die Potentialstreuung zurück. Dieses Problem ist in der Quantentheorie ausführlich untersucht worden, denn was wir über die Kräfte zwischen Teilchen (das heißt zwischen einem Elektron und einem Proton) wissen, basiert auf Streuversuchen. Zunächst möchten wir einige wichtige Ergebnisse vortragen, die aus der Quantenstreutheorie abgeleitet wurden.

In Abschnitt 3 haben wir die explizite Form des Hamilton-Operators für die Potentialstreuung geschrieben. Dem Zustand $k>$, der ein Eigenzustand des ungestörten Hamilton-Operators H_0 ist, entsprechen zwei Zustände $\varphi_k^+>$ und $\varphi_{k'}^->$ die Eigenzustände von H sind (die Indizes + und – beziehen sich auf direkte und inverse Streuung, wie in Abschnitt 2 definiert wurde). Wir haben daher $H\varphi_k^\pm> = \omega_k \mid \varphi_k^\pm>$. Es hat daher zunächst den Anschein, als seien Streusysteme ebenfalls integrierbar.

Die Zustände $\varphi_k^\pm$ werden als Möller-Funktionen bezeichnet und in jedem Lehrbuch über Streutheorie behandelt. Man beachte, daß $k>$ und $\varphi_k^\pm>$ dem gleichen Eigenwert ω_k entsprechen. Wenn wir die spektrale Zerlegung von H haben, erhalten wir die von L: Die Eigenfunktionen von L sind Produkte der Eigenfunktionen von H. Zur Vereinfachung der Schreibweise betrachten wir nur die +-Funktionen. Der Eigenfunktion $\Phi_{ll'}^+ = \varphi_l^+><\varphi_{l'}^-$ entsprechen die Eigenwerte $\omega_l - \omega_{l'}$.

Die direkte Anwendung der Quantenmechanik läßt folglich darauf schließen, daß $\Phi_{ll}^+ = \varphi_l^+><\varphi_l^+$ eine Invariante der Bewegung sein sollte, da es dem Eigenwert $\omega_l - \omega_l = 0$ entspricht. Wie wir jedoch gesehen haben, ist das Streusystem bereits ein GPS. Es ist nicht integrierbar. Nach Poincaré sollten folglich (außer so trivialen wie der Energie) keine Invarianten existieren.

Diese Schlußfolgerung ist kürzlich durch umfangreiche numerische Simulationen verifiziert worden[10]. Diese Simulationen zeigen, daß ein diagonales Matrixelement $< k \mid \overset{+}{\Phi}_{ll}\, k >$ entsprechend einem Diffusionsprozeß linear in der Zeit ändert. *Poincarésche Resonanzen zerstören die von der Quantenmechanik vorhergesagte Invariante der Bewegung.*

Für kurzfristige Streuvorgänge spielen die diagonalen Matrixelemente $< k \mid \overset{+}{\Phi}_{kk} \mid k >$ keine Rolle, und wir erhalten wieder die gewohnten Resultate der Quantentheorie (die sogenannte S-Matrix-Methode). Unsere neuen Resultate beziehen sich auf *dauerhafte* Wechselwirkungen.

Ähnliche Resultate wurden auch für die klassische Streuung erhalten[11]. Sie zeigen, daß Poincarésche Resonanzen dissipative Prozesse in die dynamische Theorie einführen.

Diese Resultate gehen sehr viel weiter als die Empfindlichkeit gegenüber Anfangsbedingungen, die gewöhnlich im Mittelpunkt der Chaostheorie steht. Dort konnte man glauben, das Chaos bedeute »lediglich«, daß Trajektorien nicht berechenbar sind, daß aber die Grundlagen der klassischen Mechanik unberührt bleiben. Hier ist die Situation ganz anders. GPS stellen unabhängig von etwaigen rechnerischen Problemen dissipative Prozesse dar.

Betrachten wir etwas eingehender die *eindimensionale* Quantenstreuung. Wir gehen aus von der Energie $\omega_l = \frac{l^2}{2}$ (wir nehmen die Masse ebenso wie die Planck-Konstante gleich 1). Es gibt zwei Impulse, l und $-l$, die der gleichen Energie entsprechen. Sie repräsentieren zwei in entgegengesetzte Richtungen laufende Wellen. Wir betrachten *andauernde* Streuung. Um Poincarésche Divergenzen zu eliminieren und das mit dem Liouville-Operator verbundene Eigenwertproblem zu lösen, benutzen wir die in Abschnitt 4 skizzierte Methode.

Um das Resultat anzudeuten: die Größen $\overset{+}{\Phi}_{ll}$ sind nicht invariant (im Einklang mit den numerischen Simulationen). Betrachten wir die Linearkombinationen $F^{g}_{-l} > = \overset{+}{\Phi}_{ll} > + \overset{+}{\Phi}_{-l-l}$ und $F^{n}_{-l} > = \overset{+}{\Phi}_{ll} > - \overset{+}{\Phi}_{-l-l}$ (die Indizes g und n bedeuten Gleichgewicht bzw. Nichtgleichgewicht). Tatsächlich ist nur die erste dieser Kombinationen, F^{g}_{l}, eine

Bewegungsinvariante, da $LF_l^{g} = 0$ ist. Die Kombination F_{-l}^{n} entspricht einem Zustand mit einem komplexen Eigenwert z_l proportional zum Querschnitt.

Dies hat weitreichende Konsequenzen. Der Zustand F_l^{g} entspricht genau der mikrokanonischen Verteilung, die wir im 8. Kapitel diskutiert haben. Im Rahmen einer irreduziblen probabilistischen Darstellung formuliert, wird das Gleichgewicht zu einer Lösung der Bewegungsgleichungen.

Offensichtlich können solche Zustände wie F_{-l}^{g} und F_{-l}^{n} nicht Lösungen der Schrödinger-Gleichung sein, die nur für reine Zustände und nicht für Gemische gilt. Überdies ist die zeitliche Symmetrie gebrochen, da die Eigenwerte z_l komplex sind. Die aus unserer Theorie abgeleitete zeitliche Entwicklung fällt zusammen mit derjenigen, die von der kinetischen Theorie (im Rahmen der üblichen Annahmen wie schwacher Konzentrationen und langer Zeiträume) vorhergesagt wird, doch kann sie auch übertragen werden auf die allgemeine Situation, die durch nichtmarkowsche Gleichungen in der statistischen Mechanik des Nichtgleichgewichts beschrieben werden (siehe 8. Kapitel).

Die Streuung kann man auch im Rahmen der klassischen Dynamik untersuchen, mit vergleichbaren Ergebnissen. Für *dauerhafte Wechselwirkungen* hat die klassische Liouville-Gleichung neue Lösungen, von denen eine dem mikrokanonischen Ensemble entspricht, während andere zerfallenden Moden entsprechen. Diese Lösungen können nicht aus Newtons oder Hamiltons Gleichungen abgeleitet werden, die sich auf einzelne Trajektorien beziehen.

Daß dauerhafte Wechselwirkungen zu neuen Situationen führen, beruht darauf, daß die entsprechenden Wahrscheinlichkeitsdichten nicht länger im Hilbert-Raum liegen. Wir benötigen weitgehend verallgemeinerte funktionale Räume. Lassen Sie uns dies mit einem intuitiven Argument begründen. Betrachten wir ein Streuzentrum im Ursprung eines großen eindimensionalen Volumens. Bei dauerhaften Wechselwirkungen läuft die Dichte ρ für $x \rightarrow t \infty$ auf eine

Konstante hinaus, nennen wir sie ρ_0. Daher divergiert die Länge $\int_0^\infty \rho^2 dx$ (was bedeutet, daß ihre Fourier-Transformation eine Singularität aufweist). Aus diesem Grund müssen wir allgemeinere Klassen von Lösungen der Liouville-Gleichung betrachten.

Poincarésche Resonanzen führen uns zusammen mit der Bedingung dauerhafter Wechselwirkungen sowohl im klassischen wie im Quantenfall zu neuen, erweiterten Formulierungen der Dynamik.

6. Quantenchaos

Wir haben das Chaos gleichgesetzt mit der Existenz von irreduziblen probabilistischen Darstellungen. Es entspringt, was GPS angeht, aus Poincaréschen Resonanzen, die Dissipation einführen. Wir haben ein einfaches Beispiel für unsere Schlußfolgerung betrachtet, daß $\overset{+}{\Phi}_{ll}$ keine Bewegungsinvariante ist. Quantenchaos ist demnach verbunden mit dem Zerfall von Invarianten der Bewegung infolge von Resonanzen. In Verbindung mit andauernder Streuung beruht der Zerfall außerdem auf Diffusionsbewegung. Dies zeigt, daß die fundamentale Beschreibung für GPS nicht von Amplituden $\overset{+}{\varphi}_l$ zu Wahrscheinlichkeiten (oder Dichten) $\overset{+}{\varphi}_l > < \overset{+}{\varphi}_l$ übergehen können. Die grundlegende Gleichung ist jetzt auf der Ebene der Wahrscheinlichkeit. Sogar dann, wenn wir von einem »reinen Zustand« $\rho = \varphi > < \varphi$ ausgehen. Dieser Zustand wird (ebenso wie der Zustand F_l^g in Abschnitt 5) in der Entwicklung zum Gleichgewicht hin zerstört.

Diese Zerstörung kann mit der Zerstörung der Wellenfunktion in Verbindung gebracht werden. Diese Frage des »Zusammenbruchs« der Wellenfunktion ist so wichtig, daß wir ein einfaches Beispiel betrachten sollten.

Wir wollen von einer Wellenfunktion $\psi(0)$ zu einer Anfangszeit $t = 0$ ausgehen. Die Schrödinger-Gleichung transformiert sie in $\psi(t) = e^{-itH}\,\varphi(0)$. Wie läßt sich dieses Resultat vereinbaren mit der Existenz einer irreduziblen spektralen Darstellung für die Dichtematrix ρ? Wir haben im 7. Kapitel die Definition $\rho = \psi\psi^*$ eingeführt, die ρ als ein Produkt von Wellenfunktionen ausdrückt. Wann immer wir es mit irreduziblen Darstellungen zu tun haben, kann dieser Ausdruck nicht gültig sein, weil wir sonst von ψ zu ρ und umgekehrt von ρ zu ψ übergehen könnten. Somit können irreduzible Darstellungen nur bedeuten, daß die Wellenfunktion eine schlecht definierte Funktion wird und daß ρ nicht mehr in Wellenfunktionen faktorisiert werden kann.

Genau dies geschieht bei dauerhaften Wechselwirkungen in der Potentialstreuung. Wir können daher die zeitabhängige Schrödinger-Gleichung lösen, ausgehend von einer Wellenfunktion mit einem Impuls p_0. Die Übergangsamplituden, definiert als $< \psi_{p_1} \mid e^{-iHt} \mid \psi_{p_0} >$, enthalten jetzt (in der ersten Potenz in der Kopplungskonstante λ) den zeitlich oszillierenden Faktor $\frac{\sin\left(\frac{1}{2}(\omega_{p_0} - \omega_{p_1})t\right)}{\omega_{p_0} - \omega_{p_1}}$. Man beachte, daß dieser Ausdruck für $t \to +\infty$ schlecht definiert ist, da er immer schneller zwischen $-\frac{1}{\omega}$ und $+\frac{1}{\omega}$ oszilliert (mit $\omega = \omega_{p_0} - \omega_{p_1}$).

In Abb. 10.3 zeigen wir $\frac{\sin \omega t}{\omega}$ als Funktion von ω.

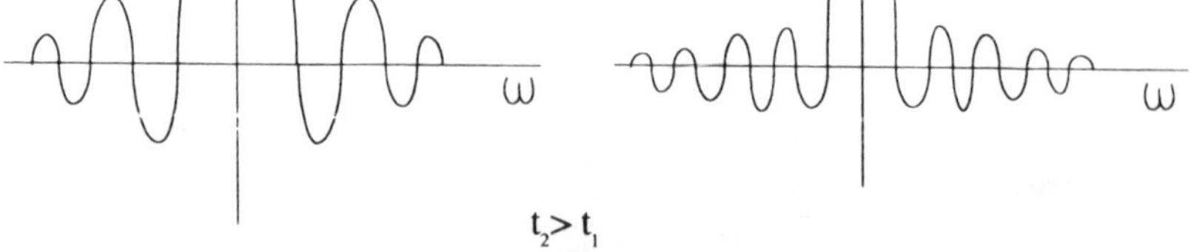

Abb. 10.3 Schematische Darstellung von $\frac{1}{\omega} \sin \omega t$ als Funktion von ω zu zwei aufeinanderfolgenden Zeiten t_1 und t_2.

Sobald wir die Wellenfunktion haben, können wir die Dichtematrix berechnen:

$$\rho_{p_1 p_2} = \psi^*_{p_1 p_0}\, \psi_{p_2 p_0} \sim \frac{\sin\left(\frac{1}{2}(\omega_{p_1} - \omega_{p_0})t\right)}{\omega_{p_1} - \omega_{p_0}}\, \frac{\sin\left(\frac{1}{2}(\omega_{p_2} - \omega_{p_0})t\right)}{\omega_{p_2} - \omega_{p_0}}\,.$$

Auch dieser Ausdruck ist schlecht definiert. In Verbindung mit Prüffunktionen machen diese Ausdrücke jedoch Sinn. Wir sind genau in der gleichen Situation wie in generalisierten Räumen, wo, wie wir gesehen haben, Eigenfunktionen singulär sind und wir ebenfalls Prüffunktionen einführen müssen.

Betrachten wir zunächst die diagonalen Elemente der Dichtematrix $\rho_{p_1 p_1} \sim \frac{\sin^2\left(\frac{1}{2}\omega t\right)}{\omega^2}$. Diese Funktion ist dargestellt in Abb. 10.4.

In Verbindung mit einer Prüffunktion $f(\omega)$ haben wir zu berechnen: $\int d\omega f(\omega)\, \frac{\sin^2 \omega t}{\omega^2}$. Wie man aus Lehrbüchern entnehmen kann, gilt für große t:

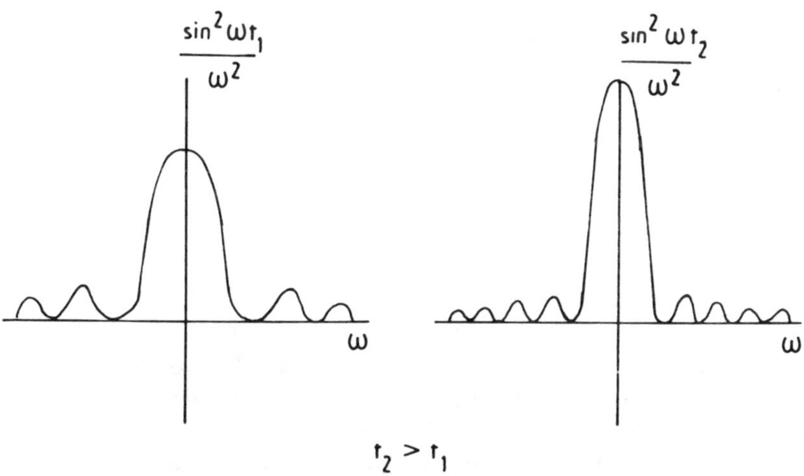

Abb. 10.4 Schematische Darstellung der Funktion $\frac{1}{\omega^2}\sin\frac{\omega^2 t}{2}$ als Funktion von ω zu zwei aufeinanderfolgenden Zeiten t_1 und t_2.

$$\int d\omega f(\omega)\,\frac{\sin^2 \omega t}{\omega^2} \rightarrow t\int d\omega f(\omega)\delta(\omega),$$

wobei $\delta(\omega)$ die bereits im 9. Kapitel eingeführte Deltafunktion ist. Die diagonalen Elemente der Dichtematrix *nehmen linear mit der Zeit zu.*

Die Wellenamplitude bleibt dagegen in Verbindung mit einer Prüffunktion *konstant in der Zeit,* da $\int d\omega\, f(\omega)\,\frac{\sin \omega t}{\omega} \rightarrow \pi\int d\omega\, f(\omega)\delta(\omega)$. Woher dieser Unterschied kommt, sieht man bei einem Vergleich zwischen Abb. 10.3 und 10.4. Die Funktionen $\frac{\sin \omega t}{\omega}$ nehmen sowohl positive als auch negative Werte an, während die Funktion $\frac{\sin^2 \omega t}{\omega^2}$ stets positiv ist und einen sehr viel größeren Beitrag zum Integral ergibt.

Die Dichtematrix *(in Verbindung mit Prüffunktionen genommen)* ist demnach offenbar *nicht mehr das Quadrat der Wellenfunktionen.* Nichtdiagonale Elemente der Dichtematrix werden gegenüber den diagonalen Elementen vernachlässigbar. Dies drückt das Verschwinden der Kohärenz der Wellenfunktion aus.

Für sehr kurze Zeiten von der Größenordnung $\frac{1}{\omega_{p_0}}$ können wir noch die Beschreibung durch Wellenfunktionen benutzen. Der Zusammenbruch der Wellenfunktion beruht auf der Existenz von *säkularen,* das heißt zeitlich kumulativen Termen, die aus Resonanzen herrühren. Die Resonanzen bestehen zwischen »kets«- und »bras«-Zuständen. Deshalb können wir zur Erklärung der säkularen Effekte nicht die Schrödinger-Gleichung benutzen. Die säkularen Effekte spielen eine wesentliche Rolle, da sie für die Annäherung an das Gleichgewicht und das Auftreten einer gebrochenen zeitlichen Symmetrie verantwortlich sind.

In der orthodoxen Quantenmechanik galt der Zusammenbruch der Wellenfunktion als ein außerdynamischer augenblicklicher Vorgang. Jetzt erscheint er als Manifestation einer auf Resonanzen beruhenden Instabilität.

Diese Schlußfolgerungen können durch Computerberechnungen überprüft werden[12]. In Abb. 10.5 stellen wir die Wahrscheinlichkeit ρ_k als Funktion von k für verschiedene

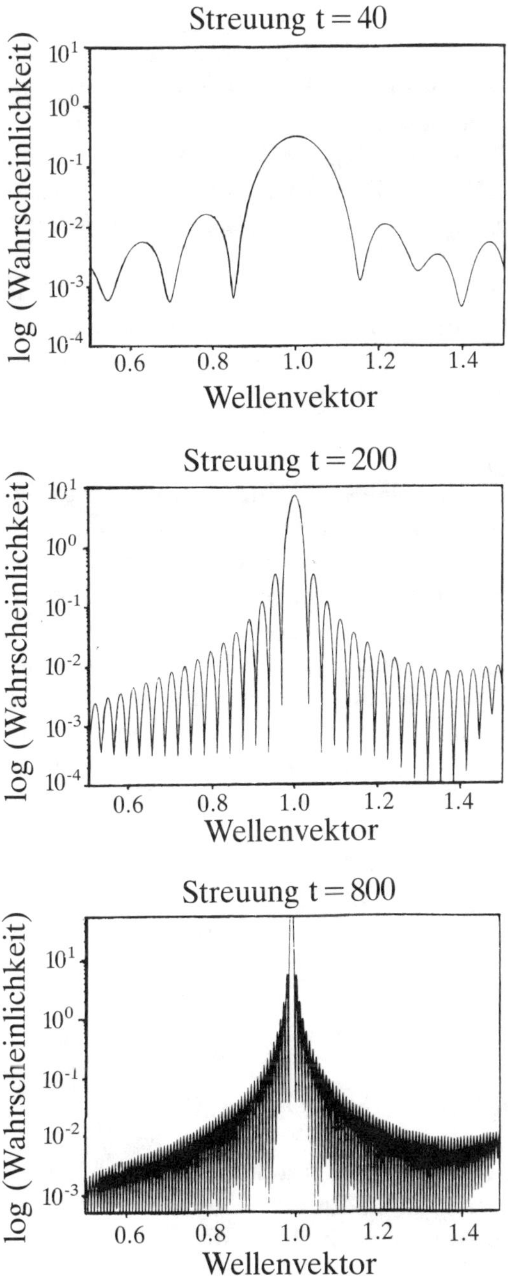

Abb. 10.5 Computersimulation der Wahrscheinlichkeit ρ_k als Funktion von k für zunehmende Zeiten.

Zeiten dar. Wir beginnen mit einer ebenen Welle, die $k_0 = -1$ entspricht. Bei $k = 1$ entwickelt sich aufgrund von Resonanzen ($\omega_{k_0} = \omega_k$) ein Maximum. Wir sehen aber auch, daß ρ_k immer stärker oszilliert (im Gegensatz zu dem, was wir im 7. Kapitel bei der Bildung der Spektrallinie im Friedrichs-Modell gesehen haben). Um ρ_k einen Sinn geben zu können, brauchen wir offensichtlich Prüffunktionen.

Auch die Wellenfunktionen sind schlecht definiert. Wir weisen erneut darauf hin, daß dies auf zwei Voraussetzungen beruht: auf Resonanzen und dauerhaften Wechselwirkungen. Wir ersehen aus diesem Beispiel, warum wir eine irreduzible probabilistische Darstellung benötigen und wie sie mit dem Chaos verknüpft ist.

Schließlich läßt sich zeigen, daß der Zusammenbruch sich mit endlicher Geschwindigkeit im Raum ausbreitet, im Einklang mit den generellen Forderungen der Relativitätstheorie, die eine unmittelbare Ausbreitung von Effekten verbietet.

Dieses Beispiel ist ein wenig vereinfacht. Die mathematische Theorie des Zusammenbruchs der Wellenfunktion für GPS aufgrund von Poincaréschen Resonanzen findet man in der Originalliteratur[13]. Um in *endlichen* Zeiten zum Gleichgewicht zu gelangen, benötigen wir außerdem wiederholte Streuung, das heißt N-Körper-Systeme mit dauerhaften Wechselwirkungen. Die Methode bleibt sich im wesentlichen gleich, da wir die Liouville-von-Neumann-Gleichungen lösen müssen, welche die Poincaréschen Divergenzen eliminieren.

7. Das Chaos und die Gesetze der Physik

Wiederholt haben wir das Chaos durch die Existenz irreduzibler probabilistischer Darstellungen definiert. Dies deckt einen sehr viel größeren Bereich ab, als die Begründer der modernen dynamischen Chaostheorie, unter ihnen Kolmogoroff und Sinai, ursprünglich dachten. Im 5. Kapitel haben wir einfache Beispiele diskutiert, bei denen das Chaos auf einer »Empfindlichkeit gegenüber Anfangsbedingungen« und damit auf einer exponentiellen Divergenz der Trajektorien beruht. Dies führt, wie wir im 9. Kapitel gezeigt haben, zu irreduziblen probabilistischen Darstellungen. Die Trajektorienbeschreibung muß durch eine probabilistische Beschreibung ersetzt werden. Wir können daher in dieser fundamentalen Eigenschaft das eigentliche Kennzeichen des Chaos erblicken. Dort tritt nämlich eine Instabilität auf, die uns nötigt, die Beschreibung durch individuelle Trajektorien beziehungsweise Wellenfunktionen aufzugeben.

In diesem Kapitel haben wir (mathematisch durch ein stetiges Spektrum charakterisierte) GPS betrachtet und gezeigt, daß sogar in so einfachen Situationen wie der dauernden Potentialstreuung bereits »Chaos« in unserem Sinne gegeben ist.

Zwischen dem klassischen Chaos und dem Quantenchaos besteht ein grundlegender Unterschied. Die Quantentheorie hängt, wie wir im 7. Kapitel, Abschnitt 4, gesehen haben, mit Welleneigenschaften zusammen. Die Planck-Konstante bewirkt, verglichen mit dem klassischen Verhalten, eine zusätzliche Kohärenz. Für das Quantenchaos gelten daher strengere Bedingungen als für das klassische Chaos. Das klassische Chaos tritt schon in kleinen Systemen wie den Karten und den von der KAM-Theorie untersuchten Systemen auf (siehe 6. Kapitel, Abschnitt 4). Die Quantenanaloga solcher kleinen Systeme zeigen ein bedingt periodisches Verhalten. Viele Autoren haben daraus den Schluß gezogen, es gebe kein Quantenchaos. Wir kommen zu einem anderen Schluß. Erstens setzen wir ein stetiges Spektrum voraus (also »große« Quantensysteme), und zweitens definieren wir das Quantenchaos durch das Auftreten von irreduziblen probabilistischen Darstellungen.

Aus unserer Sicht werden die Mängel der traditionellen Quantentheorie deutlich. Diese Theorie setzte insofern die klassische Tradition fort, als sie am Ideal einer zeitlosen Beschreibung festhielt. Für einfache dynamische Systeme wie den harmonischen Oszillator ist dies tatsächlich sehr naheliegend. Aber sind wir wirklich in der Lage, solche Systeme isoliert zu beschreiben? Wenn nicht eine Kopplung mit Feldern bestünde, die zu Quantenübergängen und zur Emission von Signalen in Gestalt von Photonen führt, könnten wir sie gar nicht beobachten.

Die damit angesprochene begriffliche Schwierigkeit wird besonders deutlich, wenn wir das Universum als ein einziges dynamisches System betrachten, das durch einen »Welt«-Hamilton-Operator charakterisiert ist. Wenn es uns auch noch gelänge, diesen zu diagonalisieren, kämen wir zu einer zeitlosen Beschreibung, da die Welt in dem Quantenzustand verharren würde, in dem sie beim Urknall geschaffen wurde! Zwischen dieser Vorstellung und dem sich entwickelnden Universum, das wir beobachten, besteht kein Zusammenhang.

Um Entwicklungserscheinungen zu berücksichtigen, müssen wir auf unsere Formulierung der Naturgesetze im Sinne einer irreduziblen probabilistischen Beschreibung zurückgreifen.

8. Nochmals: Bohr und Einstein

Im 7. Kapitel erwähnten wir die Kopenhagener Deutung, die sich mit dem Namen von Niels Bohr verbindet. Für Bohr sollte der Meßapparat eine wesentliche Funktion erfüllen: Er sollte der Vermittler zwischen den auf der mikroskopischen Ebene geltenden Gesetzen der Quantenmechanik und der Welt der klassischen Physik sein. Vor der Entwicklung der Quantenmechanik gab es dieses Problem nicht –

man nahm an, die Atome gehorchten der gleichen Dynamik wie große Körper. Ganz anders stellt sich die Situation in der Quantentheorie dar, die nicht bruchlos in die klassische Theorie übergeht. Es existiert, unabhängig vom Wert der Planck-Konstante h, eine Wellenfunktion: Der Übergang zur klassischen Beschreibung erfolgt nur, wenn $h = 0$ ist (das entspricht einer wesentlichen Singularität).

Bohr zufolge sollte der Meßapparat für einen »glatten« Übergang sorgen. Bohr hat jedoch nicht angegeben, wie man zu dynamischen Systemen gelangt, die – als Quantensysteme definiert – diese Rolle ausfüllen könnten. Auch ist es ihm nie gelungen, den Zusammenhang, der zwischen Messung und Irreversibilität bestehen soll, zu präzisieren. Wir können diese Fragen heute beantworten. Die Quantentheorie großer Poincaré-Systeme und dauerhafte Wechselwirkungen führen, wie wir gezeigt haben, zu irreduziblen probabilistischen Darstellungen. Wir haben es dann direkt mit Wahrscheinlichkeiten (und nicht mehr mit Wahrscheinlichkeitsamplituden) zu tun, und wir erhalten eine Beschreibung, die, was ihre Zeitstruktur angeht, *der klassischen Mechanik isomorph* ist. Wir können den Ideen Bohrs somit eine exakte Bedeutung geben, wenn wir verlangen, den Meßapparat als ein »chaotisches« Quantensystem aufzufassen.

Die Messung ist in einem gewissen Sinne eine Kommunikation mit der Natur. Kommunikation setzt eine *gemeinsame* Zeit voraus; das Konzept dieser gemeinsamen Zeit erwächst aus säkularen Termen, aus der auf Resonanzen beruhenden Dissipation.

In unserem Ansatz spielt die Messung keine besondere Rolle mehr. Die Welt gehorcht, wie es Popper vorweggenommen hat (siehe 5. Kapitel, Abschnitt 6), den gleichen Gesetzen, ob mit oder ohne Messung. Wir beobachten um uns eine Welt, in der es Ordnung und Unordnung gibt, eine Welt, die sich teilweise im thermischen Gleichgewicht befindet und teilweise weit vom Gleichgewicht entfernt ist. Die Physik wählte sich aus dieser Vielfalt anfangs jene Sachverhalte aus, die zu ihrer begrifflichen Grundlage werden sollten, und diese Strategie hat einerseits zu großartigen Erfolgen, andererseits zu solchen Paradoxa wie dem Zeitparadox und dem Quantenparadox geführt. Wir sind heute in einer anderen theoretischen Situation und brauchen Vielfalt und Entwicklung nicht mehr »wegzuerklären«. Das Chaos ist Ausgangspunkt des physikalischen Realismus.

Auf der fünften Solvay-Konferenz über Physik, die 1927 in Brüssel stattfand, kam es zu einer historischen Debatte zwischen Einstein und Bohr. Für Bohr waren der »Zusammenbruch« der Wellenfunktion und der Übergang von der »Potentialität« zur »Aktualität« Bestandteile der Quantenphysik. Er konnte freilich kein »realistisches« Bild dieses Zusammenbruchs liefern, der denn auch bis heute nur in einer »Metatheorie« Platz hat. Das Quantenchaos liefert, wie wir gesehen haben, die Antwort. Ist es eine allzu anmaßende Überlegung, daß Einstein dieser Ansicht möglicherweise zugestimmt hätte?

Die Wahrscheinlichkeit ist heute tatsächlich mit dem physikalischen Realismus zu vereinbaren und nicht mehr gleichzusetzen mit Unwissenheit. Der Beobachter spielt in der Entwicklung der Natur keine aktive Rolle mehr, jedenfalls nicht stärker als in der klassischen Physik. In beiden Fällen können wir die Information, die wir über die Außenwelt erhalten, in Handeln umsetzen. So wichtig diese Rolle auch für die Menschen sein mag, ist sie doch weit entfernt von der Rolle eines Demiurgen, wie sie die Quantenphysik dem Menschen als demjenigen zuschrieb, der dafür verantwortlich sein sollte, daß die Natur von der Potentialität zur Aktualität übergeht. Es ist wirklich sehr befriedigend, daß ein und dieselbe mathematische Struktur unter Einbeziehung des Chaos sowohl das Zeitparadox als auch das Quantenparadox löst, jene beiden Probleme, mit denen die Physik sich fast während des ganzen 20. Jahrhunderts herumgeplagt hat.

Elftes Kapitel
Die Geburt der Zeit

1. Die größte Krise

Vor rund 20 Jahren entdeckten A. Penzias und R. Wilson einen Überrest von der Geburt des Universums. Diese Entdeckung – es handelte sich um eine schwarze Strahlung von sehr niedriger Temperatur (etwa 3 K) – stürzte die Physik, wie John Wheeler bemerkt hat, »in ihre größte Krise«[1]. Der »Urknall«, zumindest die Vorstellung von einer »Geburt« des Universums, bis dahin eine mathematische Spekulation, wurde zu einem Teil der physikalischen Realität. Daß es möglich war, das Universum oder den Kosmos zum Gegenstand wissenschaftlicher Forschung zu machen, war selbst für die Physiker überraschend. Es bereitet nach wie vor Unbehagen, daß die Physik sich in einen Bereich wagen könnte, der bisher der Spekulation vorbehalten war.

Schon der Ausdruck »Kosmos« besagt, daß die Griechen die Totalität des Seienden nur als Ordnung, Harmonie und Schönheit denken konnten. Der Kosmos weist uns unseren Platz zu und verleiht unserer Existenz einen Sinn. Auch das christliche Denken verbindet mit dem Universum den Gedanken der göttlichen Schöpfung. Für Giordano Bruno, den wir bereits zitierten, war das Universum nur unvorstellbar, da es nur in negativen Begriffen gedacht werden konnte: unbeweglich, unveränderlich, unzerstörbar. Ende des 18. Jahrhunderts sah Kant in dem Versuch, sich einen Begriff vom Universum zu machen, eine Selbsttäuschung des Verstandes.

Trotz Kants Kritik wurden lange vor dem Aufstieg der modernen Kosmologie aus der Physik »Weltbilder« abgeleitet. Im 19. Jahrhundert gab es neben dem Bild eines ewigen »Newtonschen« Universums das Bild eines »thermodynamischen« Universums, das seinem Wärmetod entgegengeht. Einerseits galt das Universum als unwandelbar, andererseits als zum Untergang verurteilt. Beide Vorstellungen beriefen sich auf die Physik, haben aber natürlich eine sehr viel ältere Vorgeschichte.

Die moderne Kosmologie hat mit diesen überkommenen Vorstellungen gebrochen. Wer wäre auf den Gedanken gekommen, daß wir dem Universum ein Alter zuschreiben können? Wer wäre auf den Gedanken gekommen, daß wir den »Wärmetod« des Universums, wie schon im 3. Kapitel erwähnt, nicht an das Ende seiner Geschichte, sondern an den Anfang verlegen? Die wissenschaftliche Kosmologie ist jetzt – ungeachtet aller erkenntnistheoretischen Schwierigkeiten – ein Bestandteil unseres Dialogs mit der Natur.

Die gegenwärtigen kosmologischen Modelle bringen uns jedoch in begriffliche Schwierigkeiten. Das fängt schon beim Urknall an. Er ergibt sich als unausweichliche Konsequenz aus dem heute vorherrschenden »Standardmodell«. Nach diesem Modell gelangen wir, wenn wir die Entwicklung des Universums zurückverfolgen, zu einer *Singularität,* einem Punkt, in dem sich die gesamte Energie und Materie des Universums konzentriert. Das Standardmodell verknüpft also den »Ursprung« des Universums mit einer Singularität. Es erlaubt uns aber nicht, diese Singularität zu beschreiben, denn auf einen Punkt mit unendlicher Dichte der Materie und der Energie lassen sich die physikalischen Gesetze nicht anwenden. Kein Wunder also, daß John Wheeler von einer Krise der Physik spricht.

Aus der Sicht der allgemeinen Relativitätstheorie ist ein »leeres« Universum ebenso möglich wie unser Universum, das Energie und Materie enthält: Sie verlangt nur, daß der Energie-Materie-Inhalt des Universums, worin er auch immer bestehen mag, erhalten bleibt. Deshalb ist eine anfängliche Singularität unausweichlich: Wenn wir in die Vergangenheit zurückgehen, in der sich das Universum nach dem Standardmodell immer mehr zusammenzieht, während seine Energie und Materie erhalten bleiben, kommen wir zwangsläufig an einen Punkt, in dem seine Dichte unendlich wird.

Der Urknall nötigt uns somit die Frage auf, woher die Materieenergie in unserem Universum stammt. Warum gibt es etwas und nicht vielmehr nichts? Diese Frage scheint sich jeder positiven Erkenntnis zu entziehen. Wir werden jedoch zeigen, daß sie sich physikalisch formulieren läßt und daß die Antwort eng mit dem Problem der Zeit verknüpft ist.

Offensichtlich ist der Urknall ein Ereignis. Wie kann dieses Ereignis mit den Naturgesetzen, die zeitliche Reversibilität und Determinismus postulieren, in Einklang gebracht werden? Dies ist das »kosmologische Paradox«, von dem in der Einleitung die Rede war.

Die meisten Wissenschaftler haben dieses Paradox dadurch zu beseitigen versucht, daß sie den Urknall entweder leugneten (siehe die Steady-State-Hypothese in Abschnitt 2) oder ihn zu einer »Illusion« erklärten, die auf einer falschen Vorstellung von der Zeit beruht (siehe die »keine Grenze«-Annahme von Hawking, Abschnitt 5). Wir vertreten einen ganz anderen Standpunkt. Der Urknall kann nach unserer Hypothese als der irreversible Prozeß schlechthin betrachtet werden. Was könnte in der Tat irreversibler sein als der Übergang vom »Nichts« (dem Quantenvakuum) zu unserem Universum, das Materie und Energie enthält? Irreversibilität beruht jedoch auf Instabilität. Unsere Diskussion muß daher vor allem der Instabilität gelten, die, wie wir sehen werden, durch die Wechselwirkung von Gravitation und Materie induziert werden kann.

Dieses Problem liegt ganz auf der Linie, die bisher in diesem Buch verfolgt wurde. Es sei daran erinnert, daß Clausius 1865 die erste evolutionäre Aussage über das Universum formulierte: Die Energie des Universums ist konstant; die Entropie des Universums nimmt zu.

Wir müssen jedoch auf einen wesentlichen Unterschied zu unserer bisherigen Darstellung der Instabilität und der Brechung der zeitlichen Symmetrie hinweisen. Die dargestellten Resultate waren streng abgeleitet. Hier haben wir es mit einem offenen, weitgehend ungelösten Problem zu tun, der Wechselwirkung zwischen der von Einsteins Gleichungen beschriebenen Gravitation und den von der Quantentheorie beschriebenen Materiefeldern. Wir werden zeigen, daß diese Wechselwirkung tatsächlich Instabilität induzieren kann. Unsere Resultate führen daher zu interessanten Perspektiven hinsichtlich des Problems, vermögen aber bei weitem nicht die erwünschte Synthese zwischen Quantentheorie und allgemeiner Relativitätstheorie zu leisten.

Dennoch ist ein gewisser Fortschritt zu verzeichnen, und faszinierende Fragen können jetzt aus einer anderen Perspektive diskutiert werden. Ist das Universum wirklich zum Untergang verurteilt, wie man gemeinhin glaubt? Ist das Universum ein abgeschlossenes System im Sinne der Thermodynamik?

Zunächst wollen wir die moderne Kosmologie in ihren Grundzügen skizzieren. Danach wollen wir ein phänomenologisches Modell einführen, das den Urknall nicht als Singularität, sondern als eine Instabilität beschreibt. Schließlich werden wir zeigen, daß das dynamische System »Gravitation plus Materie« ebenfalls ein »großes Poincaré-System« ist. Es könnten daher wiederum Resonanzen jener Instabilität zugrunde liegen, die den »Urknall« hervorrief.

2. Von Einsteins Relativitätstheorie zum Urknall

Bevor wir das Problem des Urknalls erforschen, wollen wir uns mit der Relativitätstheorie, der begrifflichen Grundlage der modernen Kosmologie, befassen. Es sei daran erinnert, daß Einsteins Theorie, anders als die klassische Newtonsche Sicht, eine Beziehung zwischen der Materie und den geometrischen oder »metrischen« Eigenschaften der Raumzeit herstellt.

Auch die Physik Galileis und Newtons setzte schon eine »Metrik« voraus. In der klassischen Physik entspricht die Struktur des Raums einer euklidischen Metrik. Das bedeutet, daß der Abstand zwischen zwei Punkten s_{12} in bezug auf Änderungen der Koordinatensysteme invariant ist (dieser Abstand ist definiert durch die Beziehung $s_{12}^2 = (x_2-x_1)^2 + (y_2-y_1)^2 + (z_2-z_1)^2$). Ein als »euklidisch« bezeichneter Raum hat eine bestimmte Struktur: Er hat die *Krümmung 0.* Es gibt andersartige Räume. Die in sich geschlossene Oberfläche einer Kugel besitzt eine positive Krümmung, für die Oberfläche eines »Hyperboloids« ist die Krümmung dagegen negativ.

Für benachbarte Punkte in einem euklidischen Raum können wir die Differentialform der Metrik $ds^2 = dx^2 + dy^2 + dz^2$ verwenden. Diese Form der Metrik entspricht einer lokalen Eigenschaft des Raums. Wir können uns Objekte vorstellen, bei denen die Krümmung an bestimmten Punkten verschwindet, während sie an anderen von 0 verschieden ist.

Einsteins spezielle Relativitätstheorie benutzt eine Metrik, die wie der euklidische Raum eine Krümmung 0 besitzt; in diese Metrik ist jedoch nicht nur der Raum, sondern auch die Zeit einbezogen. Die spezielle Relativitätstheorie definiert einen neuen »Abstand«, eine neue Invariante. Es ist der Abstand zwischen zwei raumzeitlichen »Ereignissen«. Beobachter, die sich gleichförmig gegeneinander bewegen, schreiben dem Abstand zwischen zwei Punkten oder der Zeit zwischen zwei Ereignissen nicht die gleichen Werte zu. Das zwischen ihnen liegende raumzeitliche »Intervall« erhält dagegen von allen den gleichen Wert zugeschrieben. Die neue Invariante hat die Form $s_{12}^2 = c^2(t_2-t_1)^2 - (x_2-x_1)^2 - (y_2-y_1)^2-(z_2-z_1)$ oder in Differentialform $ds^2 = c^2dt^2 - (dx^2 + dy^2 + dz^2)$. Raum und Zeit haben in dem Ausdruck der Invariante unterschiedliche

Vorzeichen: Das Intervall zwischen Ereignissen, die einen sich im Vakuum ausbreitenden Lichtstrahl betreffen, ist der speziellen Relativitätstheorie zufolge gleich 0 ($s_{12} = 0$). Daher hat die Lichtgeschwindigkeit für alle Beobachter den gleichen Wert c, der eine Universalkonstante ist.

Stephen Hawking schlägt in *Eine kurze Geschichte der Zeit* vor, eine imaginäre Zeit $\tau = itc$ einzuführen. $c^2 dt^2$ wird dann $-d\tau^2$, und die unterschiedliche Rolle von Zeit und Raum in dem Intervall ds^2 verschwindet. Die fundamentale Beschreibung wäre dann eine geometrische, und die mit dem Urknall zusammenhängenden Schwierigkeiten würden auf der Verwendung eines falschen Zeitbegriffs beruhen, da die »imaginäre« Zeit die »eigentliche« Zeit ist[2]. Wir verfolgen einen anderen Ansatz, der den Schwerpunkt auf die Brechung der zeitlichen Symmetrie und die Irreversibilität in der Kosmologie legt. Doch zunächst kurz zu Einsteins wichtigsten Gleichungen.

Von einem vierdimensionalen Intervall ausgehend, gab Einstein der auf der Gravitation beruhenden Beschleunigung eine neue Deutung. Die lokale Krümmung der Raumzeit bestimmt die Bewegung eines »Testkörpers« in diesem Gebiet. Hatte die Newtonsche Physik die Beschleunigung mit gravitativen Wechselwirkungen erklärt, so wird sie nun als Resultat der gekrümmten Raumzeit aufgefaßt, während die Trägheitsbewegung dem Sonderfall einer »flachen« Raumzeit entspricht. Das Universum, in dem Testkörper sich überall geradlinig und gleichförmig bewegen würden, wäre ein Universum ohne Krümmung. Es entspräche einem Universum ohne Materie und Energie, dem *»Minkowski-Universum«*. Nach Einsteins Theorie ist die Krümmung der Raumzeit durch die Existenz von Materieenergie bedingt. Die fundamentalen Gleichungen der allgemeinen Relativitätstheorie verknüpfen, genauer gesagt, zwei mathematische Objekte miteinander, sogenannte »Tensoren«: den metrischen Tensor, der die Krümmung der Raumzeit beschreibt, und den »Impuls-Energie«-Tensor, der den materiellen Inhalt durch die Materie-Energie-Dichte und den Druck definiert.

Einstein selbst hat den Unterschied zwischen den in seine Gleichungen eingehenden mathematischen Konzepten unterstrichen. Er verglich sie mit einem Gebäude, dessen einer Flügel aus teurem Marmor, der andere aus billigem Holz ist[3]. Tatsächlich ist die Form des metrischen Tensors das Ergebnis sehr ausgefeilter geometrischer Überlegungen, während der »Impuls-Energie«-Tensor, der die »Quelle« der Krümmung der Raumzeit darstellt, auf einer phänomenologischen Beschreibung der Materie durch solche makroskopischen Begriffe wie Druck und Energiedichte beruht. Dieser Tensor erhält obendrein nur durch Angabe einer Randbedingung eine physikalische Bedeutung. Nach dieser Bedingung müssen Einsteins Gleichungen sich im Grenzfall schwacher Gravitationsfelder auf Newtons Gleichungen reduzieren.

Um von den grundlegenden Gleichungen der allgemeinen Relativitätstheorie zur Kosmologie zu gelangen, müssen wir vereinfachende Annahmen einführen. Das bereits erwähnte Standardmodell ist jenes Modell, das sich mit den Namen von G. Lemaître, A. Friedmann, H. Robertson und A. Walker verbindet. Es beruht auf dem »kosmologischen Prinzip«, dem zufolge das Universum im großen Maßstab als homogen und isotrop betrachtet werden kann. Die Metrik nimmt dann die einfache Form $ds^2 = c^2dt^2 - R(t)^2dl^2$ an. Dieser Ausdruck differiert von der Minkowski-Raumzeit in zweierlei Hinsicht: dl^2 ist das Quadrat eines Wegelements im vierdimensionalen Raum, das einer Raumkrümmung 0 (wie im Minkowski-Raum) oder einer positiven beziehungsweise negativen Krümmung (wie bei der Kugel beziehungsweise dem Hyperboloid) entsprechen kann; $R(t)$ pflegt man als den »Radius« des Universums zu bezeichnen: Es entspricht der Grenze, bis zu der astronomische Beobachtungen heute vordringen können. Das Standardmodell verknüpft $R(t)$ und die Raumkrümmung mit der mittleren Dichte der Energiematerie, die wir mit σ bezeichnen wollen, und dem Druck p. Statt $R(t)$ wird oft die Hubble-Funktion $H = \frac{1}{R}\frac{\mathrm{d}R}{\mathrm{d}t}$ benutzt.

Den Zusammenhang zwischen dem Druck p und der Dichte σ liefert die Zustandsgleichung. Das Standardmodell enthält somit nur zwei unabhängige Variablen, die Dichte σ und die Hubble-Funktion H. Zur Bestimmung beider benötigen wir zwei Gleichungen, die Einsteins Theorie liefert. Eine von ihnen verknüpft die Hubble-Funktion mit der Masse-Energie-Dichte σ, die andere drückt die Adiabatizität der kosmologischen Entwicklung aus. Adiabatizität bedeutet, daß ein Volumenelement keine Wärme $\mathrm{d}Q$ mit der Umgebung austauscht: $\mathrm{d}Q = 0$. Da es in einem homogenen und isotropen Universum keinen Wärmefluß geben kann, drängt sich die Idee der Adiabatizität auf. Da es keine irreversiblen Prozesse gibt, bleibt bei der zeitlichen Entwicklung des Kosmos auch die Entropie erhalten.

Die Ereignisse, die zum Standardmodell geführt haben, bieten ein dramatisches Beispiel für das Eindringen der Zeit in einen Wissenschaftsbereich, aus dem sie für immer ausgeschlossen schienen. Giordano Bruno erklärte schon, daß man sich das Universum kaum anders vorstellen kann, als daß es sich ewig gleich bleibt. Einstein schlug 1917, nur ein Jahr nach der Formulierung der allgemeinen Relativitätstheorie, ein statisches Modell des Universums vor, das dem zeitlosen Ideal entsprach, von dem er sich sein Leben lang leiten ließ. Um zu diesem kosmologischen Modell zu gelangen, mußte Einstein einen zusätzlichen, »ad hoc« gebildeten Term einfügen, die sogenannte »kosmologische Konstante«. Friedmann zeigte jedoch schon 1922, daß die von Einstein vorgeschlagene statische Lösung instabil war, daß Fluktuationen sie zerstören würden. Andererseits zeigte er auch, daß Einsteins Gleichungen ganz zwanglos zu Lösungen führten, die einer Expansion beziehungsweise einer Kontraktion des Universums entsprachen. Damit war die Vorstellung von einem »Alter« des Universums geboren, das zu messen war an einem universalen zeitlichen Maßstab, der für alle Beobachter gelten würde, die die gleichen Werte für die Dichte oder für andere Observablen des Universums messen würden. Außerdem waren diese zeitabhängigen Lösungen nicht mehr auf die kosmologische Konstante angewiesen.

Hubble entdeckte 1929, daß das von den Galaxien ausgesandte Licht eine Rotverschiebung aufweist, die der Entfernung dieser Galaxien von der Erde proportional ist. Damit war für die Mehrheit der Physiker klar, daß das Universum, in dem wir leben, ein expandierendes Universum ist. Hubbles Entdeckung läßt sich nämlich mit einer Fluchtbewegung der Galaxien erklären, die um so schneller ist, je weiter diese entfernt sind, was bedeutet, daß das Licht, das wir von ihnen empfangen, zu einem weiter zurückliegenden Zeitpunkt ausgesandt wurde. Es bleibt jedoch die Möglichkeit bestehen, daß unser Universum in Zukunft schrumpfen wird, sofern es »geschlossen« ist.

Abb. 11.1 zeigt die drei Möglichkeiten, wie sich der Radius des Universums $R(t)$ dem Standardmodell zufolge in der Zeit entwickeln kann. Jedem Fall liegt ein anderer, durch σ

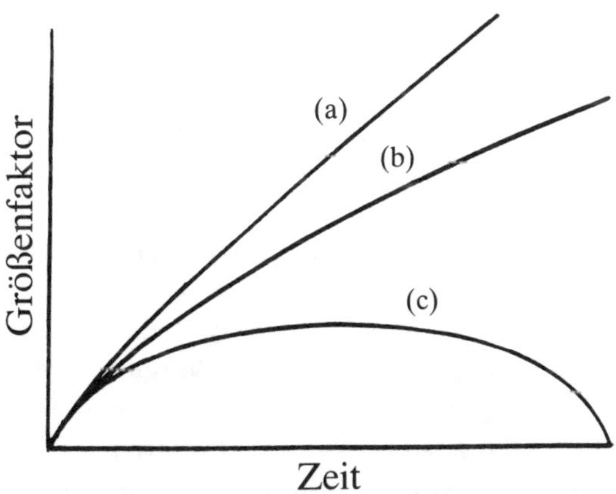

Abb. 11.1 Die drei möglichen Schicksale des Universums nach dem Standardmodell.

ausgedrückter Wert des Energie-Materie-Inhalts des Universums zugrunde. Ist die Dichte σ kleiner als ein aus der Theorie abgeleiteter Schwellenwert, so ist das Universum »offen« (negative Raumkrümmung); es ist unendlich, und seine Expansion wird ewig weitergehen. Ist die Dichte größer als dieser Schwellenwert, so ist das Universum geschlossen (positive Raumkrümmung); es ist endlich, und auf seine Expansion wird eine Kontraktion folgen. Entspricht die Dichte des Universums genau dem kritischen Wert, so ist der Raum euklidisch (keine Raumkrümmung); die Expansion des Universums wird sich in diesem Fall zunehmend verlangsamen, aber ewig weitergehen[4].

An der Möglichkeit, daß auf die Expansion eine Kontraktion folgen könnte, wird deutlich, daß die grundlegenden Gleichungen der allgemeinen Relativitätstheorie zeitlich reversibel sind. Es ist noch ungeklärt, welcher der drei Fälle für unser Universum zutrifft. Nach derzeitigen Erkenntnissen könnte es geschlossen oder euklidisch, ohne Raumkrümmung, sein. Wir werden auf diese verwirrende Erscheinung zurückkommen, aus der sich zu ergeben scheint, daß die ersten Phasen der Expansion zusätzlichen Zwängen unterworfen waren, die im Standardmodell nicht berücksichtigt sind.

Unter thermodynamischem Aspekt entspricht die Entwicklung des Universums, wie wir schon sagten, einer reversiblen adiabatischen Expansion. Wenn ein Gas sich adiabatisch ausdehnt, kühlt es sich ab. Dies gilt auch für das Universum. Seine Entwicklung entspricht einer allmählichen, mit seiner Expansion einhergehenden Abkühlung.

Nun zurück zum Problem des Urknalls. Wenn wir die Expansion des Universums in die Vergangenheit zurückverfolgen, kommen wir zu einer Singularität: Dichte, Temperatur und Krümmung werden unendlich. Aus der heute beobachteten Fluchtgeschwindigkeit der Galaxien können wir folgern, daß dieses Ereignis, die Geburt des Universums, etwa 15 Milliarden Jahre zurückliegt.

Das ist eine erstaunlich kurze Zeit. Sie in Jahren auszudrücken heißt, daß wir den Umlauf der Erde um die Sonne als Uhr benutzen. 15 Milliarden Umläufe sind eine wirklich kleine Zahl angesichts der Tatsache, daß das Elektron im Wasserstoffatom rund 10000 Milliarden Mal in der Sekunde rotiert.

Wie alt das Universum auch immer sein mag, ein Urereignis am Ursprung unseres Universums ist sicherlich ein sehr unerwartetes wissenschaftliches Resultat. Die Physik kann sich nur mit Klassen von Phänomenen befassen. Der Urknall gehört jedoch zu keiner Klasse von Ereignissen. Er stellt sich als ein einmaliges Ereignis dar, das einer Singularität entspricht, für die es in der Physik ansonsten kein Beispiel gibt.

Manche haben in dieser Singularität zu ihrer Genugtuung die »Hand Gottes« zu erkennen geglaubt, den Triumph der biblischen Schöpfungsgeschichte: Die Wissenschaft würde demnach die Existenz eines Akts rekonstruieren, der sich physikalischer Rationalität entzieht und zum Bereich des Übernatürlichen gehört. Andere haben versucht, diese beunruhigende Situation zu umgehen. Einer der in dieser Hinsicht bemerkenswertesten Versuche war das von Bondi, Gold und Hoyle vorgeschlagene »Steady-State-Universum«[5].

Dieses Modell basiert auf dem »perfekten« kosmologischen Prinzip, dem zufolge es nicht nur keinen ausgezeichneten Ort, sondern auch keine ausgezeichnete Zeit im Universum gibt. Jeder frühere und künftige Beobachter würde dem Universum die gleichen Werte der Temperatur und der Materiedichte zuschreiben. Das Universum hat kein Alter. Das Steady-State-Universum ist gekennzeichnet durch eine exponentielle Expansion, die aber durch eine ständige Erzeugung von Materie kompensiert wird. Da Expansion und Erzeugung synchron verlaufen, bleibt die Materie-Energie-Dichte konstant, so daß sich das Bild eines ewigen, alterslosen Universums ergibt, das sich in einem kontinuierlichen Schöpfungszustand befindet.

Das Steady-State-Universum beseitigt in der Tat die auffälligste Eigenschaft des Standardmodells, daß dieses dem Universum ein Alter zuschreibt. Dafür muß jedoch in Einsteins Gleichungen ein Term eingefügt werden, der der Erzeugung von Materie entspricht (eine gewisse Analogie zu Einsteins kosmologischer Konstante). Durch diese Materieerzeugung nimmt die Entropie jetzt mit der Zeit zu. Einsteins Universum hatte weder ein Alter noch einen Pfeil der Zeit. Das Standardmodell schreibt dem Universum ein Alter zu, nicht aber einen Pfeil der Zeit. Das Universum, welches das Steady-State-Modell beschreibt, hat einen Pfeil der Zeit, aber kein Alter.

Das Steady-State-Modell ist durchaus ansprechend, führt aber zu Schwierigkeiten. Insbesondere bedarf es zur Aufrechterhaltung des stationären Zustands einer Feinabstimmung zwischen der kosmologischen Entwicklung (der Expansion des Universums) und mikroskopischen Ereignissen (der Erzeugung von Materie). Eine solche Kompensation zwischen Expansion und Erzeugung bleibt so lange äußerst fragwürdig, wie kein Mechanismus für diese Feinabstimmung aufgezeigt wird.

Es war jedoch eine experimentelle Entdeckung, die die Mehrheit der Kosmologen veranlaßte, das Steady-State-Modell zugunsten des Standardmodells aufzugeben. Es handelt sich um die schon erwähnte Entdeckung der mittlerweile berühmt gewordenen fossilen Hintergrundstrahlung von 2,7 K durch Penzias und Wilson im Jahre 1965.

Alpher und Herman hatten diese Strahlung schon 1948 theoretisch vorhergesagt. Wenn das Universum – so ihr Argument – früher sehr viel dichter und heißer war als heute, dann muß es anfangs »undurchsichtig« gewesen sein, da die Photonen genügend Energie für eine starke Wechselwirkung mit der Materie hatten. Es läßt sich zeigen, daß bei einer Temperatur von 3000 K das Gleichgewicht zwischen Materie und Licht zerbrechen mußte. Bei dieser Temperatur wird unser Universum transparent, da die Strahlung sich von der Materie »trennt«. Danach änderte sich von den Eigenschaften der Photonen, die die Wärmestrahlung bilden, nur noch die Wellenlänge, die mit der Größe des Universums zunimmt. Alpher und Herman konnten also vorhersagen, daß, falls die Photonen zu dem Zeitpunkt, als ihr Gleichgewicht mit der Materie zerstört wurde (rund 300 000 Jahre nach dem »Ursprung«), tatsächlich eine schwarze Strahlung von 3000 K darstellten, die Temperatur dieser Strahlung heute etwa 3 K betragen müßte. Das war eine wirklich bemerkenswerte Vorhersage, die einer der größten experimentellen Entdeckungen dieses Jahrhunderts vorausging.

Bevor wir näher auf die Kosmologie eingehen, möchten wir zwei Dinge betonen. Zum einen wird die allgemeine Relativitätstheorie gewöhnlich als eine Erweiterung der Newtonschen Theorie dargestellt. Dies gilt jedoch nicht für die frühesten Phasen des Universums, in denen nicht nur eine globale Expansion stattfand, sondern auch die »Erschaffung« der Materie, die wir heute beobachten. Man muß sich deshalb vielleicht Gedanken über solche Begriffe wie den Druck machen, die in Einsteins Theorie vorkommen. Zum anderen spielen in der Standardbeschreibung des Universums Gleichgewichtsüberlegungen eine wesentliche Rolle (wenn beispielsweise der schwarzen Strahlung eine wohldefinierte Temperatur zugeschrieben wird). Das Gleichgewicht ist aber, wie wir im 9. und 10. Kapitel gezeigt haben, ein Ergebnis des Chaos, der Instabilität. Dies ist nach unserer Ansicht ein starkes Argument für eine Kosmologie, die auf dem Quantenchaos basiert.

3. Ein Gratisessen?

Das Standardmodell ist der Kern der heutigen Kosmologie. Nach vorherrschender Überzeugung beschreibt es korrekt die Entwicklung des Universums von dem Zeitpunkt an, der eine Sekunde nach der Singularität des Urknalls folgt. Theoretisch ungeklärt ist aber noch immer, was in dieser ersten Sekunde geschah: Das Verhalten der Materie bei diesen extremen Temperaturen und Dichten ist von fundamentaler Bedeutung für alle Bemühungen, die Wechselwirkungen zwischen Elementarteilchen in einer einheitlichen Theorie zu beschreiben. Die Teilchen, die wir heute in Hochenergie-Teilchenbeschleunigern erzeugen können, existierten, als das Universum weniger als eine Milliardstel Sekunde alt war. Die gegenwärtigen Theorien, in denen die wesentlichen Wechselwirkungen – die schwache, die elektromagnetische und die starke – vereinheitlicht werden sollen, reichen jedoch in ein noch früheres Stadium zurück, als das Universum etwa 10^{-34} Sekunden alt war. Um die in diesem Stadium existierenden Teilchen heute beobachten zu können, würden wir Beschleuniger benötigen, deren Durchmesser unserer Galaxie gleichkämen!

Das Standardmodell ist außer diesem handgreiflichen experimentellen Problem auch mit theoretischen Schwierigkeiten behaftet. Warum liegt die räumliche Krümmung des Universums so nahe bei Null? Nach den Beobachtungen ist die Hintergrundstrahlung bemerkenswert homogen und isotrop: Wie weit läßt sich diese Homogenität mit den Forderungen der Kausalität vereinbaren? Um diese Fragen beantworten zu können, sind Verbesserungen des Standardmodells vorgeschlagen worden, darunter das »inflationäre Modell«[6]. Nach diesem Modell hat es etwa 10^{-35} Sekunden nach dem Urknall eine »zweite Geburt« des Universums gegeben. Dabei handelt es sich um einen hochgradig dissipativen Vorgang, der einem Phasenübergang ähnelt. Er ist am ehesten mit der Kristallisation einer schlagartig abgekühlten Flüssigkeit zu vergleichen. Bei dieser zweiten Geburt des Universums soll es zur Brechung der Symmetrie zwischen der starken Wechselwirkung einerseits und der schwachen sowie der elektromagnetischen Wechselwirkung andererseits gekommen sein. Sie ging mit einer gigantischen Expansion einher (um einen Faktor von 10^{50} innerhalb eines Zeitintervalls von 10^{-32} Sekunden). Während dieser Expansion wächst die Größe des Universums exponentiell. Deshalb hat man dieses Modell als »inflationär« bezeichnet. Wir weisen darauf hin, daß ein exponentielles Wachstum der Größe des Universums Merkmal einer Klasse von Universen ist, die man als »de-Sitter-Universen« bezeichnet und die in dem Modell, das wir in diesem Kapitel vorstellen wollen, eine wichtige Rolle spielt.

Das inflationäre Modell wirft jedoch seinerseits Fragen auf. So müssen wir beispielsweise wieder die »kosmologische Konstante« in Einsteins Gleichungen einführen. Das verändert die Gravitationsgesetze in einer Weise, die mit den heutigen Beobachtungen anscheinend nicht zu vereinbaren ist. Vor allem aber liefert das inflationäre Modell keine Antwort auf die Frage, die wir am Anfang dieses Kapitels gestellt haben. Es läßt die Frage nach der anfänglichen Singularität offen und fügt in die Geschichte des Kosmos lediglich eine »Komplikation« ein, die darin bestand, daß das Universum sich mit einer gewissen Verzögerung an seine Abkühlung anpaßte. Dieser Vorgang war gewiß hochgradig dissipativ, aber er stellt doch nur eine Unterbrechung innerhalb eines kosmologischen Geschichtsablaufs dar, der gleichwohl als im wesentlichen adiabatisch aufgefaßt wird. Das Modell, das wir vortragen werden, verzichtet dagegen auf die Einführung eines Urknalls und verknüpft die Irreversibilität direkt mit der Erschaffung des Universums.

Nach unserer Auffassung besteht die Hauptschwierigkeit im adiabatischen, reversiblen Charakter der von Einsteins Gleichungen beschriebenen Entwicklung des Kosmos. Solange es um dic geometrischen Eigenschaften des Universums geht, liegt die Annahme einer adiabatischen Entwicklung nahe. Seit jedoch die Hintergrundstrahlung mit ihrem Entropiegehalt entdeckt wurde, können wir den thermodynamischen, dissipativen Aspekt der Entwicklung nicht mehr übergehen. Wir sind sogar zu der Schlußfolgerung genötigt, daß fast die gesamte Entropie, die überhaupt im Universum erzeugt werden kann, bereits erzeugt wurde: Es ist berechnet worden, daß, würde sich das gesamte »materielle« Universum entmaterialisieren und in Photonen verwandeln, die Entropie des Universums sich dadurch nur um ein hundertstel Prozent ändern würde! Wie können wir diese gigantische Entropieerzeugung, sicherlich eines der Hauptmerkmale der Geburt des Universums, verstehen?

An dieser Stelle müssen wir an eine heute sehr verbreitete Konzeption erinnern, wonach die Entstehung des Universums ein *»free lunch«* war, ein »Gratisessen«, also ein kostenloses Ereignis. Edward Tryon hat diesen Gedanken 1973 vorgetragen[7], der aber wohl auf Pascual Jordan zurückgeht. Nach dieser Hypothese tritt die Energie im Universum in zwei Formen auf: zum einen gebunden an die Gravitation (die eine Anziehungskraft ist), zum anderen gebunden an die Masse durch die berühmte Formel Einsteins $E = mc^2$. Die mit der Anziehung verbundene Energie hat ein negatives Vorzeichen (um einen Körper aus dem Gravitationsfeld eines anderen herauszubringen, muß Energie aufgewandt werden), während die an die Masse gebundene Energie ein positives Vorzeichen hat. Es ist daher ein verlockender Gedanke, daß unser aus Materie und Gravitation bestehendes Universum eine verschwindende Gesamtenergie haben könnte – genau wie ein leeres Universum, das Minkowski-Universum. Eine Gesamtenergie Null kann sich ja ebensogut aus der Summe zweier Nullen (leeres Universum) wie aus der Summe von zwei gleichen Größen mit entgegengesetztem Vorzeichen (materielles Universum) ergeben. An der Energie des Universums würde sich somit nichts ändern, wenn es von der »Nichtexistenz« zur »Existenz« übergeht. Das Universum könnte demnach, folgert Tryon, spontan aus dem Nichts entstehen. Es könnte eine spontane Fluktuation des Vakuums sein.

Die Vorstellung, daß das Universum eine Fluktuation des Vakuums sein könnte, hat eine merkwürdige Ähnlichkeit mit der im 1. Kapitel erwähnten Idee Boltzmanns. Sie stößt auf das gleiche Problem: Warum beobachten wir nicht derartige Fluktuationen, warum existiert unser Universum seit 15 Milliarden Jahren? Hier stoßen wir wirklich auf das Problem der Irreversibilität. Erinnern wir uns der im 3. Kapitel beschriebenen Bénard-Wirbel. Unter energetischem Gesichtspunkt stellen sie gleichfalls ein »Gratisessen« dar. Die Erhaltung der Energie reicht jedoch nicht aus, um ihre Entstehung zu erklären. Der Preis für ihre Existenz ist nicht in Energie, sondern in Entropie zu entrichten.

Bevor wir näher auf die Prozesse eingehen, die vom Vakuum zu unserem Universum geführt haben könnten, möchten wir versuchen, die kosmologische Ära einzugrenzen, in der dieses Ereignis stattgefunden haben könnte. Nach vorherrschender Meinung kann man den Beginn des Universums in die »Plancksche« Ära verlegen, in der nur die drei Universalkonstanten, die Lichtgeschwindigkeit im Vakuum *c*, die Planck-Konstante *h* und die Gravitationskonstante *G*, eine Rolle spielen. Man nimmt ferner an, daß diese Konstanten die gleichen Werte hatten wie heute.

Aus diesen Konstanten können wir neue Maßstäbe oder Einheiten der Länge, der Zeit, der Temperatur und der Masse konstruieren. Die Plancksche Länge $l_{Pl} = (\frac{Gh}{2\pi c^3})^{\frac{1}{2}}$ entspricht ungefähr 10^{-33} Zentimetern, die Plancksche Zeit beträgt etwa 10^{-44} Sekunden, die Plancksche Temperatur etwa 10^{32} K. Diese Größenordnungen entsprechen einem kleinen, heißen Universum nahe dem Zeitpunkt, an dem der Urknall stattgefunden haben soll. Wir können ferner eine Plancksche Masse definieren, deren Wert etwa 10^{-5} g beträgt. Dies ist eine sehr große Masse, verglichen mit der Masse eines Elementarteilchens (das Proton hat eine Masse von etwa 10^{-23} g).

Es ist eine naheliegende Annahme, daß während der Planckschen Ära Plancksche Massen eine wichtige Rolle spielten. Man kann jedoch annehmen, daß ein Teilchen von

Planckscher Masse recht ungewöhnliche Eigenschaften hat. In der Quantenmechanik pflegt man einem Teilchen einen Radius zuzuschreiben, der gegeben ist durch $\frac{h}{2\pi mc}$, wobei h die Planck-Konstante, c die Lichtgeschwindigkeit und m die Masse des Teilchens ist. Wenn wir annehmen, daß m von der Größenordnung der Planckschen Masse ist, ist der Radius von der Größenordnung der Planckschen Länge. Somit ist eine (gemessen an den Elementarteilchen) sehr große Masse in einem sehr kleinen Volumen (von der Größenordnung 10^{-33} cm) konzentriert. Die Plancksche Masse bildet denn auch den Schwellenwert, jenseits dessen ein Teilchen die Eigenschaften eines Schwarzen Loches annimmt.

Kaum eines der von der Physik eingeführten Objekte hat so sehr unsere Phantasie angeregt wie die Schwarzen Löcher. Ein Schwarzes Loch ist, einfach gesagt, ein Gebiet, das so dicht ist, daß es nicht einmal das Licht herausläßt. Die Grenzen des Schwarzen Loches sind bestimmt durch den »Ereignishorizont«: Ein Lichtstrahl, der diesen Horizont überschreitet, wird eingefangen. Der Mittelpunkt des Schwarzen Loches bildet eine Singularität der Raumzeitmetrik.

Hawking und Bekenstein[8] haben jedoch gezeigt, daß Schwarze Löcher doch »nicht so schwarz« sind. In einem klassischen Universum wären sie ganz schwarz, doch die Quantentheorie verändert das Bild. Betrachten wir ein Schwarzes Loch im Quantenvakuum. Aufgrund der Heisenbergschen Unschärferelationen fluktuieren Felder (wie etwa das elektromagnetische Feld) auch im Quantenvakuum. Das bedeutet, daß in jedem Augenblick Paare von virtuellen Teilchen und Antiteilchen entstehen, um im nächsten Augenblick wieder zu verschwinden. Es könnte jedoch geschehen, daß das Schwarze Loch eines der Teilchen des virtuellen Paares einfängt, bevor es wieder verschwindet, während das andere ins Unendliche entkommt. Hawking hat gezeigt, daß dieser Prozeß zu einem Nettofluß negativer Energie in das Schwarze Loch führt – und zu einem von dem Schwarzen

Loch fort gerichteten Fluß positiver Energie (oder Materie). Auf diese Weise zerfällt das Schwarze Loch dank seiner Wechselwirkung mit dem Quantenvakuum. Schwarze Löcher haben somit einen doppelten Aspekt: Sie wachsen, indem sie alles, was ihren Ereignishorizont überschreitet, verschlingen, und sie zerfallen aufgrund ihrer Wechselwirkung mit dem Quantenvakuum.

Hawking hat, genauer gesagt, gezeigt, daß Schwarze Löcher durch eine Wärmestrahlung (die Hawking-Strahlung) von wohldefinierter Temperatur zerfallen. Wir können daher Schwarze Löcher durch ihre Temperatur (die sich umgekehrt proportional zu ihrer Masse verhält) und ihre Lebensdauer im Vakuum definieren. Diese Lebensdauer wächst mit der dritten Potenz ihrer Masse. Ein Schwarzes Loch von der Masse der Sonne hätte demnach eine Lebensdauer von 10^{66} Jahren, während ein Schwarzes Loch von der Planckschen Masse nach einer Zeit, die der Planckschen Zeit (etwa 10^{-44} Sekunden) entspricht, verschwinden würde. Schwarze Löcher haben außerdem eine Entropie, die ihrer Ausdehnung (und damit dem Quadrat ihrer Masse) proportional ist. Sie verhalten sich wie thermodynamische Konverter: Alles, was in ihre Reichweite kommt, seien es Teilchen, Strahlung, Autos oder Raumschiffe, verschlingen sie und verwandeln es in Wärmestrahlung. Eine Umkehrung des Hawking-Prozesses, so daß Schwarze Löcher Wärmestrahlung absorbieren und Autos oder Raumschiffe emittieren würden, ist natürlich unmöglich. Schwarze Löcher sind ein extremes Beispiel der Irreversibilität.

Eine Hawking-Strahlung ist, soweit wir wissen, noch nicht beobachtet worden, doch gilt sie als notwendige Konsequenz aus der Verknüpfung von Quantenvorstellungen und Relativitätstheorie.

Wir kommen nun zu unserer eigentlichen Frage: Wie kann man sich die Geburt unseres Universums vorstellen? Handelt es sich, wie das Standardmodell impliziert, um eine Singularität, oder ist sie vorstellbar als eine Instabilität, die zusammen mit einer explosionsartigen Zunahme der Entropie zur Erzeugung von Materie führt?

4. Einsteins Gleichungen und der Pfeil der Zeit

Wir wollen zunächst einen thermodynamischen, makroskopischen Ansatz vorstellen, den wir in letzter Zeit entwickelt haben[9]. Um die Erzeugung von Materie aus dem Vakuum zu beschreiben, benötigen wir offensichtlich eine Theorie, in der der Materie-Energie-Inhalt des Universums nicht länger eine Konstante ist. Anders gesagt: Während, wie wir gesehen haben, die im Standardmodell verwendeten Gleichungen Einsteins den Radius R (beziehungsweise die Hubble-Funktion), die Energie-Materie-Dichte σ und den Druck p berücksichtigen, müssen wir eine Variation der Materiedichte aufgrund der Erzeugung von Teilchen in Betracht ziehen.

Betrachten wir zunächst die beiden Hauptsätze der Thermodynamik. Der erste bringt die Erhaltung der Energie zum Ausdruck. Die Energie kann jedoch unterschiedliche Formen annehmen. Wenn wir zum Beispiel einen Motor abrupt zum Stillstand bringen, wird ein Teil der potentiellen Energie in interne thermische Energie verwandelt. Auch in der Kosmologie müssen wir, wie schon erwähnt, zwei Formen der Energie berücksichtigen, die (negative) Gravitationsenergie und die (positive) »innere«, an die Materie gebundene Energie. Nach dem Modell des »free lunch« können wir auf Kosten von Gravitationsenergie interne Energie erzeugen. Dies führt zu einem zusätzlichen Term im Ersten Hauptsatz der Thermodynamik, der einer Quelle interner Energie entspricht, sowie zu einer Modifikation in Einsteins Gleichung. In dieser Gleichung kommt ein Term vor, den wir durch Vergleich mit der Newtonschen Physik mit dem Druck gleichgesetzt haben. Unser zusätzlicher Term führt somit zu einer neuen Definition des Drucks: Wir müssen den bisherigen Druck p ergänzen um einen zusätzlichen, auf der Erzeugung von Teilchen beruhenden kritischen Druck p_c. Damit zerfällt der Druck in zwei Terme, einen, der der üblichen thermodynamischen Zustandsgleichung entspricht, und einen, zu dem es in der bisherigen Physik kein Gegenstück gibt, da er sich auf die Umwandlung von Gravitationsenergie in Materie bezieht. Außerdem ist der mit der Materieerzeugung einhergehende Druck p_c negativ.

Betrachten wir nun den Zweiten Hauptsatz der Thermodynamik, so bemerken wir, daß die verschiedenen Energieformen in unterschiedlicher Weise an der Entropieänderung beteiligt sind. Die Entropie hängt zusammen mit der internen Energie, nicht aber mit den anderen Formen wie etwa der mechanischen Energie. Da wir jetzt eine Quelle interner Energie haben, haben wir zugleich eine Quelle der Entropie. Während die Entropie, wie wir gesehen haben, im Standardmodell erhalten bleibt, haben wir jetzt eine Entropieerzeugung, die der Rate der Teilchenerzeugung proportional ist.

Die grundlegende Annahme, die wir hier einführen, besagt, daß eine Raumzeit ohne Krümmung wie das Minkowski-Vakuum keine Entropie hat. Da die Entropie jetzt spezifisch mit der Materie verknüpft ist, können wir eine grundlegende Asymmetrie formulieren: Die Umwandlung von Raumzeit in Materie wird zu einem dissipativen, Entropie erzeugenden Prozeß, während der umgekehrte Prozeß, der Materie in Raumzeit umwandeln würde, verboten ist. Dies ist natürlich ein fundamentaler Schritt. Aus dieser Sicht entspricht die »leere« Raumzeit einer kohärenten, aber instabilen Struktur, während die Materie eine »fragmentierte« Raumzeit wäre. Diese Fragmentierung der Minkowski-Raumzeit wäre charakterisiert durch eine gleichzeitige Erzeugung von Materie und Entropie.

Wir möchten betonen, daß es ganz naheliegend ist, den Übergang vom Quantenvakuum zum »Nach-Urknall«-Universum mit einer gewaltigen Entropiezunahme in Verbindung zu bringen. Im Quantenvakuum haben wir nur *virtuelle* Teilchen, die gemäß den Heisenbergschen Unbestimmtheitsrelationen auftreten und verschwinden. Nach dem Übergang haben wir *reale* Teilchen, die sich frei bewegen können. Damit treten neue Freiheitsgrade und eine neue »Unordnung« auf, und somit wird Entropie erzeugt.

Diese kosmologische Fassung der beiden Hauptsätze der Thermodynamik hat weitreichende Konsequenzen. Wir erhalten auf diese Weise eine ganze neue Klasse von Kosmologien, denn außer den im Standardmodell vorkommenden Variablen (Druck p, Dichte σ und Radius $R(t)$) haben wir eine zusätzliche Variable n, die Teilchendichte. Da die Teilchenerzeugung einen irreversiblen Prozeß darstellt, weist Einsteins Gleichung jetzt eine gebrochene zeitliche Symmetrie auf.

Um diese neue Kosmologie zu entwickeln, benötigen wir eine zusätzliche Gleichung, die die Dichte n mit den übrigen kosmologischen Variablen verknüpft. Wir haben detailliert den Fall eines Universums untersucht, das aus einer einzigen Teilchenart mit der Masse M besteht. Die Masse-Energie-Dichte σ ist dann einfach Mn, und der Druck p verschwindet. Es bleiben die zwei Variablen n und $R(t)$. Einstein liefert uns eine Gleichung, welche die Hubble-Funktion H $(= \frac{1}{R}\frac{dR}{dt})$ zur Teilchendichte n in Beziehung setzt. Wir brauchen somit eine zweite Gleichung für den Zusammenhang zwischen der Teilchenerzeugung und der Hubble-Funktion. Was aus unserem Modell folgt, hängt nicht von der genauen Form dieser kinetischen Gleichung ab, solange sie nur einen Prozeß der Teilchenerzeugung im Zusammenhang mit der Hubble-Funktion H beschreibt. Eine einfache Gleichung dieser Art ist $\frac{1}{R^3}\frac{dnR^3}{dt} = \alpha H^2$, wobei α eine kinetische Konstante ist, positiv oder gleich 0. Sie tritt hier als Parameter auf; ihre physikalische Bedeutung werden wir noch erörtern.

Da sowohl α als auch H^2 positiv sind, ist nur eine Erzeugung (nicht aber Zerstörung) von Teilchen möglich. Durch unsere Gleichung wird folglich der Zweite Hauptsatz auf der kosmologischen Ebene eingeführt: Die Raumzeit kann Materie »ausstrahlen«, das Gegenteil ist nicht möglich. Außerdem erkennt man unschwer, daß es in einem Minkowski-Universum, in dem $H = 0$ ist, keine Teilchenerzeugung geben kann. Im übrigen müßten wir in einem Universum, in dem die Gesamtzahl der Teilchen nR^3 unabhängig von dem Wert von H konstant wäre, $\alpha = 0$ setzen.

Betrachten wir jetzt das Minkowski-Universum. Es ist leer, folglich ist $n = 0$, und die Hubble-Funktion verschwindet ($H = 0$). Angenommen, durch einen Mechanismus, den wir noch diskutieren werden, würde eine (Quanten-)Fluktuation in diesem Minkowski-Vakuum zu einer Dichte n_0 und zu einer Hubble-Funktion H_0 führen. Dies sind dann die Anfangswerte, die wir in die kinetische Gleichung einsetzen müssen. Die Gesamtzahl der Teilchen wird dadurch weiterhin wachsen, und es läßt sich zeigen, daß das Universum nach einer kurzen Übergangszeit einen Zustand erreicht, in dem n und H zeitunabhängige Werte annehmen (Abb. 11.2 und 11.3). Es ist sehr interessant, daß diese Werte von den Anfangswerten n_0, H_0 der Variablen unabhängig sind. Die für das Verschwinden des Minkowski-Universums verant-

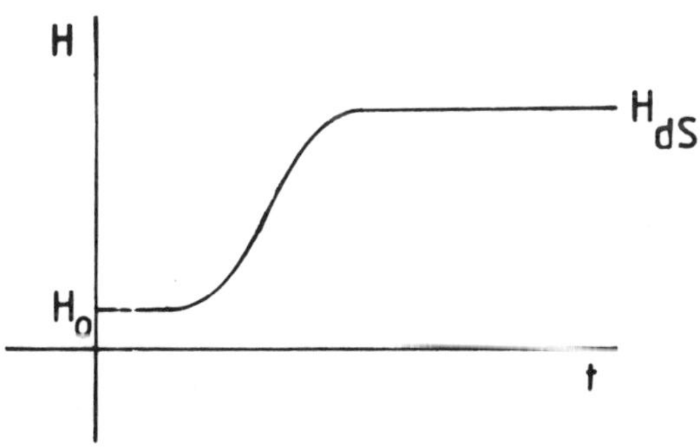

Abb. 11.2 Entwicklung der Hubble-Funktion nach einer Fluktuation (H_0) auf ihren stationären Wert H_{dS} des de-Sitter-Stadiums hin (beliebige Einheiten).

wortliche Fluktuation ist vergessen worden. Dies ist typisch für irreversible Prozesse.

Der stationäre Zustand, den wir erreichen, ist ein »de-Sitter«-Universum, charakterisiert durch eine Krümmung 0, einen zeitunabhängigen Wert der Teilchendichte und einen exponentiell wachsenden Radius (falls H eine Konstante ist, $R = R_0 e^{Ht}$). Das de-Sitter-Universum, dem wir schon im inflationären Modell begegnet sind, kann jetzt als ein kosmologischer *Attraktor* aufgefaßt werden, also als das stationäre Regime, zu dem das Universum durch eine Fluktuation des Minkowski-Raums hingeführt wird. Die Singularität, die das Standardmodell mit dem Urknall verbindet, ist bezüglich der Materieerzeugung strukturell instabil. Sie würde als Resultat unserer modifizierten Version der Einstein-Gleichung nur dann gegeben sein, wenn es keinen Mechanismus der Materieerzeugung gäbe ($\alpha = 0$). Sobald α um einen beliebig kleinen Betrag von Null verschieden ist, tritt an die Stelle der Singularität, die mit der Geburt unseres Universums verknüpft wird, ein von einer Fluktuation ausgelöster stetiger Prozeß der Materieerzeugung.

Man beachte, daß eine makroskopische Theorie den Wert von α nicht vorherzusagen vermag. Dafür benötigen wir

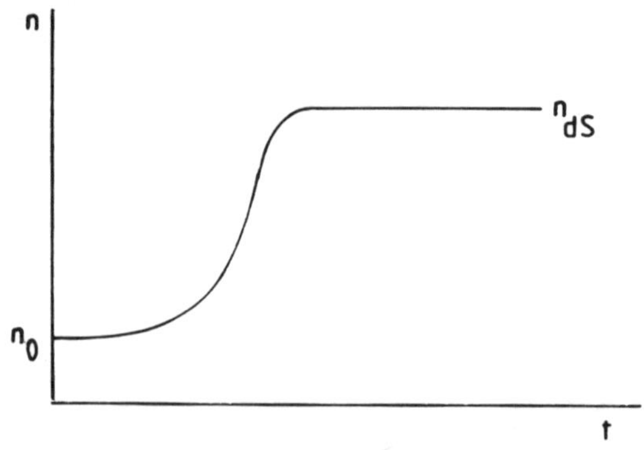

Abb. 11.3 Entwicklung der Teilchendichte nach einer Fluktuation (n_0) auf ihren stationären Wert n_{dS} des de-Sitter-Stadiums hin (beliebige Einheiten).

einen spezifischen mikroskopischen Mechanismus. Ein Beispiel für einen solchen Mechanismus werden wir im Laufe dieses Kapitels vorstellen.

Offenbar kann das de-Sitter-Universum nicht der Endzustand der kosmologischen Entwicklung sein, da die Größe unseres Universums heute nicht mehr exponentiell wächst. Wir müssen einen zusätzlichen Mechanismus einführen, der die Materieerzeugung auf ein frühes Stadium des Universums begrenzt. Wenn dieser Prozeß endet, gelangen wir wieder zu der üblichen Form der Einsteinschen Gleichungen und zum Standardmodell.

Diese Bedingung kann auf einfache Weise durch das Postulat erfüllt werden, daß die in der de-Sitter-Phase erzeugten Teilchen instabil sind und wir, wenn sie zerfallen, wieder zum Standardmodell zurückkommen. Es ist daher naheliegend, die in der Frühphase erzeugten Teilchen als winzige Schwarze Löcher mit einer Masse von der Größenordnung der Planckschen Masse aufzufassen. Schwarze Löcher zerfallen (je nach ihrer Temperatur, das heißt ihrer Masse) in »gewöhnliche« Materie und Strahlung. Wir dürfen annehmen, daß die Materieerzeugung mit dem Zerfall der ursprünglichen Schwarzen Löcher aufhört. Das de-Sitter-Universum geht dann in das sich adiabatisch entwickelnde Standarduniversum über. Dies ist, wie wir sehen werden, eine vertretbare Annahme. Sie ist im Einklang mit Modellen, die die Instabilität eines Minkowski-Universums mit Quantenfluktuation beschreiben. Abb. 11.4 stellt diese Situation schematisch dar. Die kosmologische Entwicklung beginnt in dieser Abbildung mit dem Radius R_0, der durch die ursprüngliche Fluktuation entstanden ist, und geht bis zum Berührungspunkt (b) in das de-Sitter-Universum über. Anschließend folgt das Universum dem Standardmodell; (a) entspricht dem Urknall, der außerhalb der physikalischen Entwicklung des Universums liegt.

Wir gelangen somit zu einer in drei Phasen ablaufenden Geschichte des Kosmos. Bemerkenswert ist, daß dieses

Modell ganz zwanglos zu der Schlußfolgerung führt, daß die gegenwärtige Raumkrümmung des Universums nahe bei ihrem euklidischen Wert 0 liegen muß, da wir von einem leeren euklidischen Minkowski-Universum ausgehen.

Aus unserer Beschreibung ergeben sich weitere interessante Vorhersagen. Im Standardmodell bleibt die thermodynamische Struktur des Universums, die in dem Verhältnis zwischen Materie (Baryonen) und Photonen (die die »Entropie« des Universums darstellen) zum Ausdruck kommt, unbestimmt. Wie wir bereits betont haben, ist diese Verhältniszahl aufgrund eines sehr hohen Entropiegehalts des Universums bemerkenswert klein (etwa 10^{-9}). In unserem Modell folgt dieses Verhältnis aus der Temperatur der Wär-

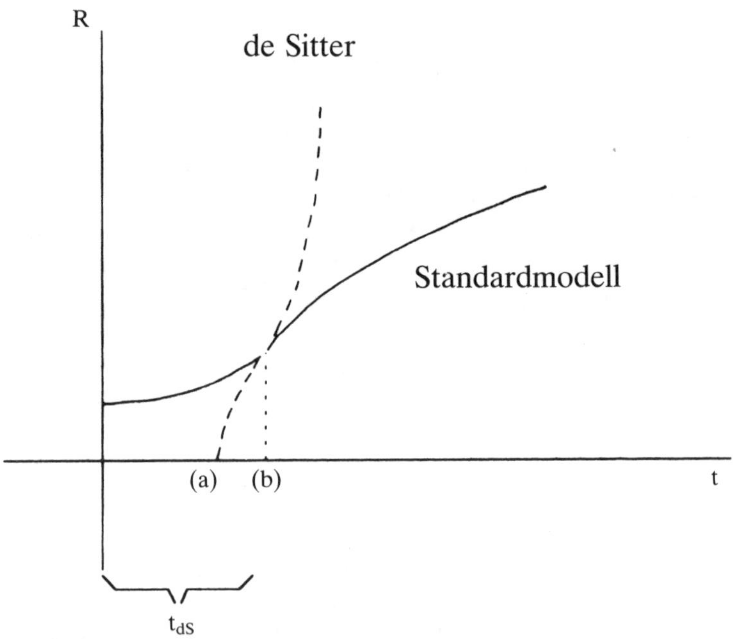

Abb. 11.4 Entwicklung des Radius *R*. Die gestrichelten Linien extrapolieren die de-Sitter-Expansion nach dem Berührungspunkt (b) und die Standardexpansion vor diesem Punkt (beliebige Einheiten).

mestrahlung der Schwarzen Löcher, das heißt aus ihren Massen.

Es ist ein wichtiger neuer Punkt, daß der Wert dieses Verhältnisses aus unserem Modell hergeleitet werden kann. Aus unserem Modell lassen sich nämlich die Massen der ursprünglichen Schwarzen Löcher ableiten, wenn wir die Bedingungen berücksichtigen, die wir aufstellen müssen, damit der Übergang vom de-Sitter-Universum zum Friedmann-Lemaître-(Standard-)Universum kontinuierlich verläuft. Dies erfordert, daß der Radius des Universums und seine Ableitung nach der Zeit beim Durchlaufen dieses Übergangs stetig bleiben. Außerdem bestimmen die Materie-Energie-Dichte an diesem Punkt und die Hubble-Funktion des de-Sitter-Universums die Anfangswerte für die anschließende adiabatische Entwicklung. Diese Angleichungsbedingungen beruhen in unserem Modell auf drei »de-Sitter«-Parametern: der Masse M der erzeugten Teilchen, der kinetischen Konstante α und der Lebensdauer des de-Sitter-Universums t_{ds}. Wenn wir die Annahme der kleinen Schwarzen Löcher gelten lassen, reduzieren sich diese Parameter auf zwei, da die Lebensdauer t_{ds} die der Schwarzen Löcher ist, die von ihrer Masse M abhängt.

Numerische Berechnungen zeigen, daß die Angleichungsbedingungen erfüllt sind, wenn die Masse der ursprünglichen Schwarzen Löcher etwa 50 Planckschen Massen entspricht. Diese errechnete Masse von 50 Planckschen Massen führt zu einer korrekten Vorhersage der Entropie unseres Universums.

5. *Eine selbstkonsistente Kosmologie*

Wir haben kleine Schwarze Löcher unter anderem deshalb als die ursprünglichen Teilchen eingeführt, weil so die hohe Temperatur am Anfang des Universums verständlich wird (die Temperatur eines kleinen Schwarzen Loches von Planckscher Masse ist, wie erwähnt, die Plancksche Temperatur, 10^{33} K). Es existieren jedoch andere Möglichkeiten. Außerdem sah das Universum zu dem Zeitpunkt, als die Schwarzen Löcher zerfielen, noch ganz anders aus als dasjenige, das wir heute beobachten. Vermutlich erzeugen zerfallende Schwarze Löcher ebensoviel Materie wie Antimaterie. Um das gegenwärtige Übergewicht der Materie gegenüber der Antimaterie zu erklären, bedarf es zusätzlicher verstärkender Mechanismen. Das Universum kann – ebenso wie die Entstehung des Lebens – nur das Ergebnis einer Aufeinanderfolge von Instabilitäten sein.

Wir möchten betonen, daß unser Modell nicht eine »Schöpfung aus dem Nichts« im abstrakten, philosophischen Sinne beschreibt. Das Quantenvakuum ist wahrlich nicht »nichts«. Es verfügt bereits über die Universalkonstanten. Ihnen schreiben wir außerdem ihren heutigen Wert zu.

Am Beginn dieses Kapitels haben wir auf den Doppelcharakter des Newtonschen Universums hingewiesen, das einerseits aus der Raumzeit, andererseits aus Materie besteht. Einstein konnte, wie wir gesehen haben, eine einheitlichere Darstellung geben. Einsteins Gleichungen drücken eine gewisse Äquivalenz zwischen Raumzeit und Materie aus, wie sie ähnlich zwischen Wärme und Arbeit besteht. Wir wissen jedoch, daß diese Äquivalenzbeziehung aufgrund des Zweiten Hauptsatzes der Thermodynamik keine symmetrische ist: Die Umwandlung von Arbeit in Wärme ist immer möglich, das Gegenteil nicht. Unsere Modifikation der Einsteinschen Gleichungen unter Einbeziehung der Materieerzeugung drückt die »Nichtäquivalenz« zwischen Materie und Raumzeit aus. In der Form, die wir Einsteins Gleichungen gegeben haben, verknüpfen sie nicht nur Raumzeit und Materie, sondern auch die Entropie. Der kosmologische Mechanismus, den wir einführen, führt zu einer irreversiblen »Phasentrennung« zwischen Materie und Gravitation. Im ursprünglichen Vakuum sind sie vermischt; im gegenwärtigen Universum sehen wir die Materie, den Träger der Gravitation, in der Raumzeit »schweben«. Der tiefgreifende Dualismus, den das Universum heute darbietet, ist das Resultat der anfänglichen explosiven Entropiezunahme.

Welche Bedeutung haben Zeit und Irreversibilität auf der Ebene der Kosmologie? Es besteht eine gewisse Analogie zur Situation einer unterkühlten Flüssigkeit vor dem Phasenübergang zum Kristall; wir können Fluktuationen beobachten, durch die kleine Kristalle entstehen und sich wieder auflösen. Wenn sich jedoch ein großer Kristall bildet, so zieht das ein irreversibles Ereignis nach sich, die Kristallisierung der ganzen Flüssigkeit. Auch im Gleichgewicht haben wir einen auf Stößen beruhenden Fluß der Korrelationen. Es gibt jedoch keinen makroskopischen Effekt, keinen wirklichen Pfeil der Zeit. Der Pfeil der Zeit wird »manifest« mit dem Prozeß, der zur irreversiblen Erzeugung eines Kristalls führt. Auch hier deutet die bloße Möglichkeit einer kritischen Fluktuation im Minkowski-Vakuum darauf hin, daß der Pfeil der Zeit bereits in latenter, potentieller Form vorhanden ist, die Zeit jedoch erst dann manifest wird, wenn eine Instabilität zur Entstehung eines neuen Universums führt. In diesem Sinne geht die Zeit der Existenz des Universums voraus.

Die Wissenschaft befaßt sich, wie wir sagten, mit Klassen von Ereignissen. Es ist vorstellbar, daß andere Universen dem unseren vorausgingen und andere ihm künftig folgen werden. Abb. 11.5 zeigt schematisch die zeitliche Entwicklung der Materie-Energie-Dichte. Wir sehen die oben erläuterten drei Phasen: die Phase der Instabilität, dann die de-Sitter-Phase mit konstanter Dichte (und exponentiell wachsender Größe) und schließlich die dem Standardmodell entsprechende Phase mit abnehmender Dichte (keine Materieerzeugung und Expansion des Universums). Der interessante Punkt ist, daß unser Universum nach hinreichend langer Zeit wieder dem ursprünglichen Minkowski-Vakuum nahekommen wird. Dies macht das Auftreten von aufeinander folgenden Universen aufgrund der Fluktuationen des Vakuums plausibel. Wir können vom Alter des Universums sprechen, diesem Begriff aber keine absolute Bedeutung beilegen.

Wir stoßen hier natürlich an die Grenzen unserer heutigen Erkenntnis. Stephen Hawking und andere haben, wie schon gesagt, eine abweichende Auffassung vertreten. In der frühesten, der Planckschen Ära entsprechenden Phase des Universums sollen Quanteneffekte auf die Raumzeit die Unterscheidung zwischen Raum und Zeit verschmiert haben. In seinem Beitrag zu dem von Paul Davies herausgegebenen Band *The New Physics* schreibt Hawking: »Wenn dies zutrifft [...], könnten wir sagen, daß die Zeit vollständig verräumlicht wird, und noch richtiger wäre es, nicht von der Raumzeit, sondern von einem vierdimensionalen Raum zu sprechen.«[10] Unser zeitliches Universum würde demnach in dem Augenblick aus einem zeitlosen hervorgehen, da die Quantenverschmierungseffekte nachlassen. Diese Genese der Zeit aus dem Raum bleibt jedoch reine Spekulation. Wie soll man sich den Zwischenzustand zwischen einem geometrischen, statischen Universum und einem zeitlichen Universum überhaupt vorstellen? Andererseits sind wir vollkommen einer

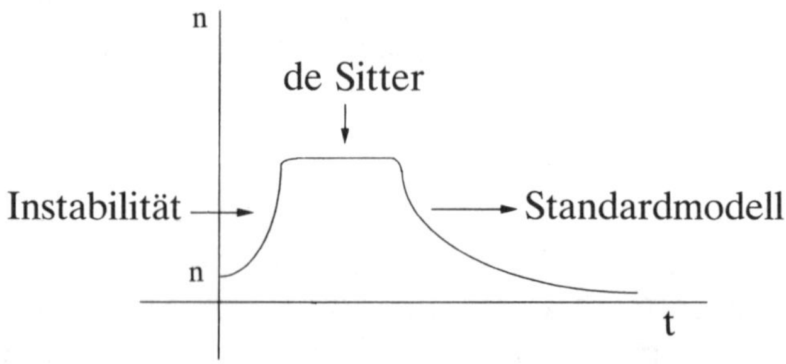

Abb. 11.5 Zeitliche Entwicklung der Materie-Energie-Dichte: eine Geschichte des Universums in drei Phasen (beliebige Einheiten).

Meinung mit Hawking, wenn er fordert, daß ein befriedigendes kosmologisches Modell unabhängig von spezifischen Anfangsbedingungen sein sollte: »Man bräuchte keine Angaben über den Zustand in der unendlichen Vergangenheit zu machen, und es gäbe keine Singularitäten, bei denen die Gesetze der Physik versagen würden. Man könnte sagen, daß die Grenzbedingungen des Universums sind, daß es keine Grenze hat.«[11] Das in diesem Kapitel vorgestellte Modell erfüllt diese Forderungen insofern, als es die Urknall-Singularität beseitigt und die Anfangswerte der ursprünglichen Fluktuation (n_0, H_0) vergessen sind. Die Hypothese der kleinen Schwarzen Löcher bestimmt sogar die Masse der Schwarzen Löcher und erlaubt es, die wesentlichen thermodynamischen Eigenschaften des gegenwärtigen Universums vorherzusagen.

Wir ließen uns bei unserem phänomenologischen Modell teilweise von einem früheren Modell inspirieren, das von Brout, Englert, Gunzig, Nardone und Spindel entwickelt wurde[12]. Hier wurde erstmals – noch vor dem inflationären Universum – die Idee vorgetragen, daß aus der Instabilität des Minkowski-Vakuums ein exponentielles Wachstum der Größe des Universums resultiert. Hier wurde zugleich die Möglichkeit einer »konsequenten Kosmologie« aufgezeigt, die die Urknall-Singularität ausschaltet.

Nach diesem Modell entsteht der Kosmos aus der Wechselwirkung zweier Felder, von denen das eine mit der Materie, das andere mit der Gravitation zusammenhängt. Wenn wir von einem homogenen und isotropen Universum ausgehen, nimmt die Metrik, wie wir gesehen haben, eine einfache Form an: $ds^2 = c^2dt^2 - R(t)^2dl^2$. Es war bekannt[13], daß diese Metrik mit einer Minkowski-Metrik $(ds^2)_{Min}$ verknüpft werden kann durch die Formel $ds^2 = F^2(ds^2)_{Min}$, wobei F der sogenannte konformale Faktor ist. Man kann die wechselwirkenden Felder als ähnlich den Feldern betrachten, die wir im 8. und 10. Kapitel diskutiert haben. Das mit der globalen geometrischen Struktur des Universums zusammenhängende Feld besitzt jedoch ein einzigartiges Merkmal: Seine Energie ist nicht von unten begrenzt. Die Energie des Materiefeldes ist dagegen wie gewohnt positiv. Das Gravitationsfeld kann daher die Rolle eines Reservoirs negativer Energie spielen, aus dem die Energie für die Erzeugung von Materie (etwa Schwarzer Löcher) entnommen wird.

Damit sind wir wieder bei der Idee des »Gratisessens«. Die Gesamtenergie (Gravitationsfeld + Materie) kann erhalten bleiben, während die Gravitationsenergie in Materie umgewandelt wird. Brout et al. schlugen einen Mechanismus für diese Gewinnung positiver Energie vor. Aufgrund der nichtlinearen rückgekoppelten Wechselwirkung zwischen Gravitations- und Materiefeld würde, ausgehend von der Minkowski-Raumzeit (ohne Gravitationsenergie und ohne Massenenergie), ein kooperativer Prozeß zum gleichzeitigen Auftreten massiver Materiebausteine und einer gekrümmten Raumzeit führen. Ein solcher kooperativer Prozeß läßt, wie das Modell zeigt, ein de-Sitter-Universum entstehen.

Wenn aber, wie Gunzig und Nardone gezeigt haben, das Quantenvakuum in einer flachen geometrischen Umgebung bei Vorhandensein von Gravitations-Wechselwirkungen instabil ist, warum findet dann dieser kooperative Prozeß nicht ständig statt? Um den Prozeß in Gang zu setzen, bedarf es einer Art »Aktivierungsenergie«. Berechnungen zeigen, daß die leere Quanten-Minkowski-Raumzeit instabil ist gegenüber globalen Fluktuationen, die einer unteren Grenze von 50 Planckschen Massen entsprechen. Diese Masse ist – und das ist sehr bemerkenswert – von der gleichen Größenordnung wie die Masse der kleinen Schwarzen Löcher, zu der wir mit unserem phänomenologischen Modell gelangt sind.

6. Chaos und Universum

Die Verknüpfung von Quantentheorie und Gravitation führt zu schwierigen Problemen. Es fällt noch immer schwer, die beiden großen theoretischen Umwälzungen des 20. Jahrhunderts auf einen Nenner zu bringen. Können wir von einer Wellenfunktion des Universums sprechen? Nach der derzeitigen Auffassung wird die Gesamtenergie des Universums mit 0 angenommen. Es liegt daher nahe, wenn wir $H = 0$ ansetzen. In der Schrödinger-Gleichung ist $ih \frac{\partial\psi}{\partial t} = H\psi$. Dann aber ist $\frac{\partial\psi}{\partial t} = 0$, die Wellenfunktion des Universums ist zeitunabhängig (die Gleichung $H\psi = 0$ wird oft als Wheeler-de-Witt-Gleichung bezeichnet[14]). In diesem kosmologischen Ansatz scheint die Zeit somit eliminiert zu sein. Das ist ein wahrlich paradoxer Schluß.

Wir möchten zunächst zeigen, daß man diese Schwierigkeit mit den im 10. Kapitel dargestellten Methoden vermeiden und eine Quantenbeschreibung der Kosmologie erhalten kann, die zu einer gebrochenen zeitlichen Symmetrie führt[15;16]. Wie in Abschnitt 5 gehen wir von einer konformalen Geometrie aus. Dem konformalen Faktor F entspricht ein Feld mit negativer Energie. Wir betrachten jetzt die Wechselwirkung dieses Feldes mit einem anderen Feld (von positiver Energie), das der Materie entspricht. Der Hamilton-Operator, der die Wechselwirkung zwischen den beiden Feldern beschreibt, ähnelt demjenigen, den wir im 8. und 10. Kapitel im Zusammenhang mit dem Friedrichs-Modell kennengelernt haben. Beim Friedrichs-Modell liegt die Energie des instabilen Zustands jedoch innerhalb der Energie des Feldkontinuums, während sie hier außerhalb liegen, und von der Masse des Teilchens oder genauer ihrer Frequenz abhängt (wir erinnern daran, daß Energie und Frequenz durch die Planck-Konstante $E_k = h\omega_k$ zusammenhängen und daß die Energie E_k jetzt die Ruhemasseenergie mc^2 enthält). Wir können außerdem die Frequenzen mit dem konformalen Feld in Beziehung setzen.

Der wesentliche Punkt ist, daß die Kopplung zwischen den beiden Feldern zu Resonanzen führt, wenn die Frequenz des massiven Teilchens einen kritischen Wert überschreitet, der einer Masse von der durch Gunzig und Nardone berechneten Größenordnung entspricht. Bei schwacher Wechselwirkung (die Frequenz des massiven Teilchens ist kleiner als die minimale Frequenz) tritt keine Resonanz auf. Bei starker Wechselwirkung (die Frequenz des massiven Teilchens ist oberhalb der kritischen Schwelle) entsteht Resonanz, und wir bekommen ein Poincarésches nichtintegrables System (siehe Abb. 11.6).

Unser Modell sagt folglich einen kooperativen Effekt voraus, der zur Krümmung des Universums (die negative Energie) und zur Bildung von Materie führt. Zur Zeit ist es

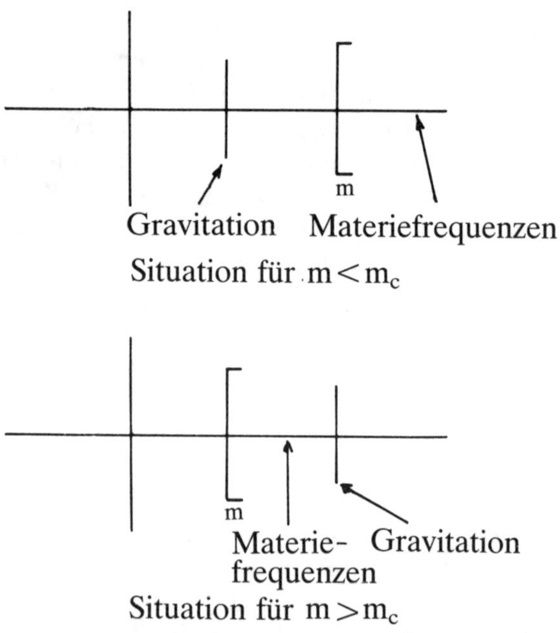

Abb. 11.6 Situation ohne und mit Resonanz je nach der Frequenz des Materiefeldes.

lediglich ein »Spielmodell«, denn wir müssen einige vereinfachende Annahmen (sowohl bei der Form der Raumzeit-Metrik als auch bei der Form der Wechselwirkung) einführen. Dennoch erlaubt es die interessante, von diesen Annahmen weitgehend unabhängige Schlußfolgerung, daß das fundamentale dynamische Modell der Kosmologie vermutlich zur Klasse der instabilen dynamischen Systeme gehört. Unser Universum stand von Anfang an im Zeichen der Instabilität und der Irreversibilität. Im übrigen führt, wie wir im 10. Kapitel gesehen haben, Instabilität im allgemeinen zu irreduziblen probabilistischen Darstellungen. Dies trifft auch hier zu: Die Geschichte des Universums ist von Anfang an eine Geschichte mit offenem Ausgang.

So befriedigend dieses Ergebnis auch ist, löst es doch längst nicht alle Probleme. Erstens wurde es mit der klassischen Näherung abgeleitet (das Materiefeld ist quantisiert, das Gravitationsfeld nicht). Wir erwarten, daß diese Schwierigkeit sich in naher Zukunft beheben läßt. Es gibt aber noch eine andere: Was geschieht *nach* der Instabilität, der die schweren Teilchen (die kleinen Schwarzen Löcher) ihre Entstehung verdanken? Warum hört die Materieerzeugung auf? In dem in Abschnitt 4 vorgestellten phänomenologischen Modell verknüpften wir das Ende der Materieerzeugung mit der Lebensdauer der Schwarzen Löcher. Eine fundamentalere Begründung steht noch aus; sie würde die Einführung zusätzlicher Materiefelder bedingen, die zum Zerfall der schweren Teilchen führen.

Ungeachtet aller Schwierigkeiten verdient dieses Programm fortgesetzt zu werden. Das Endziel wäre eine »darwinistische Theorie« der Elementarteilchen: Die Teilchen, die beim Urknall auftraten, wären diejenigen mit der größten Produktionsrate.

7. Was steht dem Universum bevor?

In diesem Kapitel haben wir zu zeigen versucht, daß die Kosmologie auf die Theorie instabiler dynamischer Systeme gestützt werden muß. Dies ist einstweilen nur ein Programm, doch sehen wir im Rahmen der derzeitigen physikalischen Theorie keine andere Möglichkeit.

Außerdem werden mit der Einführung der Wahrscheinlichkeit auf der fundamentalen Ebene einige der Hindernisse für den Aufbau einer konsistenten Theorie der Gravitation beseitigt. W. G. Unruh und R. M. Wald schrieben kürzlich in einem interessanten Aufsatz: »Die Schwierigkeit [...] läßt sich direkt auf die Rolle der Zeit in der Quantentheorie und die Natur der Zeit in der allgemeinen Relativitätstheorie zurückführen. In der Quantenmechanik werden alle Messungen in Momenten der Zeit ausgeführt; nur Größen, die sich auf den momentanen Zustand eines Systems beziehen, haben eine physikalische Bedeutung. Besonders Geschichten sind in der Quantentheorie unmeßbar. Andererseits ist in der allgemeinen Relativitätstheorie [...] nur die Raumzeit-Geometrie meßbar, das heißt, nur Geschichten haben eine physikalische Bedeutung.«[17] Die Quantenmeßtheorie bezieht sich, wie wir gesehen haben, tatsächlich auf momentane, nichtkausale Prozesse. Das ist nach Ansicht der Verfasser ein starkes Argument gegen die »naive Verbindung« der Quantentheorie mit der allgemeinen Relativitätstheorie, die eine »Wellenfunktion des Universums« impliziert. Unser Ansatz vermeidet indessen, wie wir im 10. Kapitel betonten, die mit der Quantenmessung zusammenhängenden Paradoxa.

Die Geburt des Universums ist nach unserer Auffassung das spektakulärste Beispiel einer zu Irreversibilität führenden Instabilität. Doch wie geht es weiter? Das Standardmodell sagt dem Universum letzten Endes den Tod voraus, entweder durch ständige Expansion (Wärmetod) oder durch eine erneute Kontraktion (den »großen Zusammenbruch«). Dies gilt nicht mehr für ein Universum, das im Zeichen der Instabilität aus dem Minkowski-Vakuum hervorgegangen ist. Nichts spricht derzeit gegen die Annahme, daß wiederholte Instabilitäten möglich sind. Diese Instabilitäten können sich in unterschiedlichen Größenordnungen abspielen.

Ein einfaches Beispiel mag zeigen, was wir darunter verstehen. Nach der modernen Feldtheorie gibt es außer den Teilchen (von positiver Energie), die wir beobachten, negative Energiezustände, die vollständig besetzt sind. Unter bestimmten Bedingungen, darunter starke Felder, gehen Teilchenpaare aus dem Vakuum in die positiven Energiezustände über. Dieser Prozeß ist grundsätzlich *irreversibel.* Die anschließenden Transformationen belassen die Teilchen in den positiven Energiezuständen. Das Universum, aufgefaßt als die Gesamtheit der Teilchen positiver Energie, ist somit nicht geschlossen. Der Zweite Hauptsatz von Clausius ist nicht anwendbar! Auch das Universum ist ein offenes System.

Die aufregendsten Konsequenzen ergeben sich aus der Formulierung der Naturgesetze im Sinne von irreduziblen probabilistischen Darstellungen auf dem Gebiet der Kosmologie. Viele Physiker sind überzeugt, der Fortschritt der Physik werde zu einer einheitlichen Theorie führen. Heisenberg nannte sie die »Urgleichung«, und heute wird sie vielfach als »Theorie von allem« (Theory of Everything – abgekürzt TOE) bezeichnet[18]. Sollte es jemals gelingen, eine solche Theorie zu formulieren, so wird sie die dynamische Instabilität einbeziehen und dadurch die Brechung der zeitlichen Symmetrie, die Irreversibilität und die Wahrscheinlichkeit berücksichtigen müssen. Das heißt, daß man die Hoffnung aufgeben muß, eine »TOE« aufzustellen, aus der sich die umfassende Beschreibung der physikalischen Realität ableiten ließe. Auf die Prämissen einer Deduktion können wir nicht hoffen, wohl aber auf die Prinzipien einer kohärenten »Erzählung«, die sowohl Gesetze als auch

Ereignisse umfaßt, die dem probabilistischen Entstehen neuer Formen von Regelmäßigkeiten wie von Instabilitäten einen Sinn gibt. Wir möchten Walter Thirring zitieren, der zu ähnlichen Schlußfolgerungen kommt: »Die Urgleichung, falls es so etwas gibt, muß potentiell alle möglichen Wege enthalten, die das Universum hätte einschlagen können, und damit eine Menge Spielraum. Mit einer solchen Gleichung wäre die Physik in einer ähnlichen Lage wie die Mathematik um 1930, als Gödel bewiesen hatte, daß mathematische Strukturen, auch wenn sie widerspruchsfrei sind, wahre Sätze enthalten werden, die nicht aus ihnen ableitbar sind. So wird auch die Urgleichung nicht der Erfahrung widersprechen, denn sonst würde sie modifiziert werden, doch wird sie weit davon entfernt sein, alles zu determinieren. Während das Universum sich entwickelte, schufen sich die Umstände ihre Gesetze.«[19] Es ist genau dieses Bild eines sich intrinsisch entwickelnden Universums, zu dem wir durch unsere irreduzible Formulierung der Naturgesetze gelangen.

Schluß
Ein schmaler Weg

1. Das Ende der Wissenschaft?

Stephen Hawking kommt in seinem Buch *Eine kurze Geschichte der Zeit* zu dem Schluß, daß wir uns dem Augenblick nähern, da wir Gottes Plan erkennen werden, daß das Ende der Wissenschaft kurz bevorstehe. Wenn erst die »vollständige Theorie« des Universums entdeckt sein werde, bleibe nur noch die Frage, »warum es uns und das Universum gibt. Wenn wir die Antwort auf diese Frage fänden, wäre das der endgültige Triumph der menschlichen Vernunft – denn dann würden wir den Plan Gottes kennen.«[1]

Dann würden wir in der Tat an Seiner zeitlosen Sicht des Universums teilhaben, und wir würden die ewige Notwendigkeit jenseits der Erscheinungen des Werdens begreifen.

Hawkings Ansicht ist Ausdruck der traditionellen Auffassung vom letzten Ziel der Physik. In der Vergangenheit haben Physiker vielfach erklärt, alle Probleme würden bald gelöst sein, und die theoretische Physik werde an ein Ende kommen. Heute wird dieses Ende, wie wir im 11. Kapitel gesehen haben, mit der Entdeckung einer »Theorie von allem« gleichgesetzt, eines geradezu magischen Supergesetzes, aus dem wir alle Formen der physikalischen Realität ableiten könnten, von den Elementarteilchen und den Photonen bis hin zu den chemischen Elementen und den Schwarzen Löchern. Die Theorie von allem würde das Universum auf eine Identität reduzieren, eine fundamentale, geometrische und zeitlose Beschreibung.

Die Aussage, wir näherten uns dem »Ende« der Wissenschaft, kann jedoch auch eine ganz andere Bedeutung annehmen. Die Nobelkonferenz, die 1989 am Gustavus Adolphus College in St. Peter (Minnesota) stattfand, stand unter dem Thema »Das Ende der Wissenschaft«, das hier jedoch eine alles andere als optimistische Bedeutung hatte. Die Veranstalter schrieben: »Uns, die wir heute die Welt erforschen, beschleicht zunehmend das Gefühl, daß wir an das Ende der Wissenschaft gekommen sind, daß es mit der Wissenschaft im Sinne eines universalen, objektiven Unternehmens vorbei ist.« Weiter hieß es: »Wenn die Wissenschaft nicht von außerhistorischen, universalen Gesetzen spricht, sondern statt dessen sozial, zeitlich und lokal orientiert ist, dann kann nicht mehr die Rede sein von etwas Realem, das über die Wissenschaft hinausgeht und sich lediglich in ihr spiegelt.«[2]

Aus dieser Aussage spricht die Überzeugung Einsteins, die wir im 2. Kapitel zitierten: Wenn die Wissenschaft nicht beanspruchen könne, eine »bloße Widerspiegelung« der außer uns existierenden Realität zu sein oder dies wenigstens zu versuchen, wenn die Wissenschaft nur ein Produkt der menschlichen Geschichte und ebenso relativ wie alles andere sei, dann sei es um die Objektivität geschehen. Die Wissenschaft werde dann lediglich ein subjektives Unternehmen neben anderen sein. Unser Buch vertritt die genau entgegengesetzte These. Die großen Gesetze der Physik sind nicht »bloße Widerspiegelungen« der Realität, aber auch nicht bloß »soziale« oder »historische« Konstruktionen. Das klassische Ideal der Objektivität und die in ihm enthaltene Leugnung der Zeit stehen nicht außerhalb der Geschichte. Es war ein kühnes und machtvolles Ideal, das im 17. Jahrhundert aus der abendländischen Kultur erwuchs. Es steht jedoch nicht in unserem Belieben, an diesem Ideal wie an einer beliebigen Meinung festzuhalten oder es aufzugeben.

Die in der dynamischen Beschreibung verkörperte Idee einer objektiven physikalischen Realität entsprang, wie wir im 1. Kapitel gesehen haben, dem ersten gelungenen Versuch, die Zeit in ein mathematisches Schema einzubeziehen. Es dauerte zwei Jahrhunderte – von Galilei bis Boltzmann –, ehe man begriff, welcher Preis für diesen Erfolg zu entrichten war: Es war der Widerspruch zwischen den grundlegenden Gesetzen der Physik und allen Prozessen, die durch eine gebrochene zeitliche Symmetrie gekennzeichnet sind.

Heute erkennt die Physik den Pfeil der Zeit als einen wesentlichen Bestandteil der Realität an. Die unerwarteten Entwicklungen, welche die Physik in den letzten Jahrzehnten genommen hat, laufen alle darauf hinaus, der Idee, daß wir in einer zeitlichen Welt leben, eine konstruktive Bedeutung zu geben. Wer hätte vor 30 Jahren vorhersagen können, daß das Nichtgleichgewicht zu jener Selbstorganisation führen würde, wie wir sie bei hydrodynamischen Instabilitäten, zum Beispiel bei den Bénard-Zellen, beobachten? Wer hätte die Existenz von instabilen Teilchen, einer chaotischen Dynamik oder einer evolutionären Kosmologie vorhersagen können? Die physikalische Realität, die wir heute beschreiben, ist eine von der Zeit geprägte Realität. Sie umfaßt Gesetze und Ereignisse, Gewißheiten und Wahrscheinlichkeiten. Das Eindringen der Zeit in die Physik ist nicht gleichbedeutend mit dem Ende der Objektivität oder der Erklärbarkeit der Welt. Es eröffnet uns vielmehr den Weg zu neuen Formen objektiver Erklärung.

Die Brechung der zeitlichen Symmetrie auf der mikroskopischen Ebene, zentraler Gegenstand dieses Buches, entspringt nicht einer Entscheidung, das Ideal vollkommener Erkenntnis aufzugeben. Es ist die Dynamik des Chaos, die uns diese Idee aufzwingt. Wegen der Existenz eines Zeithorizonts schien es zunächst, als sei die Instabilität eine Beschränkung, die auf der Empfindlichkeit für Anfangsbedingungen beruht (4. Kapitel). Doch inzwischen sind wir über solche »negativen« Aussagen hinaus und zu einer Formulierung der Naturgesetze vorgestoßen, die das Chaos und den Pfeil der Zeit berücksichtigt. Dieser Bedeutungswandel des Chaos – von einem Hindernis für die Erkenntnis zu einem neuen Gegenstand der Erkenntnis – ist die unerwartete Antwort auf unser Ausgangsproblem, das Streben nach einer Lösung des Zeitparadoxons.

Doch gewiß kann die Einbeziehung der Wahrscheinlichkeit und der Irreversibilität in die Dynamik nicht aus einer außergeschichtlichen Notwendigkeit abgeleitet werden. Der Pfeil der Zeit wäre nicht in die tiefste Ebene der Physik eingedrungen, wären nicht neue Fragen ersonnen worden bei der Suche nach einer Möglichkeit, das Zeitparadox zu lösen. Der Begriff der Möglichkeit verweist darauf, daß die Wissenschaft ein historischer Dialog des Menschen mit der Natur ist, ein Dialog, bei dem symbolisches Denken eine wesentliche Rolle spielt.

Das symbolische Denken erschafft, wie einer der Verfasser vor 30 Jahren schrieb, eine »ärmere, vereinfachte und zugleich intensivierte, verstärkte« Welt[3]. Innerhalb der klassischen und der Quantenphysik verstärkte das symbolische Denken jene Aspekte der physikalischen Realität, die der zeitlichen Symmetrie einen Vorzug einräumen. Es kann insofern mit einem Kunstwerk verglichen werden. Wie ein Kunstwerk besitzt es seine eigenen Zwänge. Es ruft Bewunderung und Ablehnung hervor. Es ist eine Herausforderung, über das Bisherige hinauszugehen. Deshalb spielt das Zeitparadox in diesem Buch eine zentrale Rolle. Es ist der Antrieb für unsere Arbeit, die Herausforderung, die einer der Verfasser seit vielen Jahren empfunden hat. Die Zeit kann nicht aus der Zeitlosigkeit entspringen. Die zeitlosen Gesetze der Physik können nicht als eine wahre »Widerspiegelung« der fundamentalen Wahrheit der physikalischen Welt akzeptiert werden, weil diese Wahrheit uns zu Fremden in dieser Welt macht und die Mannigfaltigkeit der von uns beobachteten Phänomene zu einem bloßen Schein reduziert.

Diese Unzufriedenheit wurde auch von anderen Physikern geäußert. Roger Penrose schrieb jüngst in *Computer-*

denken, daß »unser derzeit mangelhaftes Verständnis der physikalischen Grundgesetze daran schuld [ist], daß wir dem Begriff Geist nicht mit physikalischen oder logischen Ausdrücken beizukommen vermögen«[4]. Penrose verweist wie wir auf das Problem der Zeit: »Nach meiner Meinung ist unser gegenwärtiges Bild der physikalischen Realität, speziell im Hinblick auf das Wesen der Zeit, für eine große Verwirrung verantwortlich, die vielleicht noch größer ist als jene, für die die heutige Relativitätstheorie und Quantenmechanik gesorgt hatten.«[5] Penrose scheint jedoch eine Lösung des Problems von der »Quantengravitation« zu erwarten, das heißt von der Vereinigung der Relativitätstheorie und der Quantenmechanik. Unsere Strategie war vorsichtiger, denn wir gingen von einem Problem aus, das zu den »physikalischen Grundgesetzen« gehört, wie sie heute sind, dem Problem der dynamischen Instabilität. Penrose hat jedoch insofern recht, als wir tatsächlich ein »neues Verständnis« dieser fundamentalen Gesetze benötigten. Jede Zeit hat ihre Herausforderungen, die unübersehbar auf ungelöste Probleme hinweisen. Es ist sehr überraschend, daß die Lösung einer jahrhundertealten Herausforderung, des Zeitparadoxons, das durch Boltzmanns und Plancks Unvermögen entstand, eine dynamische Interpretation des Pfeils der Zeit zu geben, zugleich Antworten auf die beiden Paradoxa lieferte, die als Herausforderung vor der zeitgenössischen Physik stehen, das Quantenparadox und – bis zu einem gewissen Grad – das kosmologische Paradox.

Dennoch war das zu erwarten. Die drei Paradoxa hängen eng miteinander zusammen. Die Ausschließung des Pfeils der Zeit führt notwendig zu einer dualistischen Beschreibung des Universums: einerseits die mikroskopischen, zeitlich reversiblen Gesetze, die ihren Ausdruck in Trajektorien oder Wellenfunktionen finden, andererseits die phänomenologischen Gesetze mit gebrochener zeitlicher Symmetrie. Zu dieser phänomenologischen Ebene würde die Beschreibung von Lebenserscheinungen gehören. Damit erhalten wir wieder den traditionellen kartesianischen Dualismus, der die Materie durch »Ausdehnung« und den menschlichen Geist durch »Denken« charakterisiert. Ein klarer Beleg für diesen Dualismus sind die Relativitätstheorie und die Quantenmechanik. Einsteins Relativitätstheorie zielt auf eine geometrische Sicht des Universums, eine Verfeinerung der kartesianischen »Ausdehnung«. Die Quantenmechanik gibt diesem Dualismus explizit durch ihre duale Struktur Ausdruck. Die Wahrscheinlichkeitsamplituden, deren Entwicklung einer deterministischen, zeitlich reversiblen Gleichung folgt, sind verglichen worden mit Potentialitäten, im Gegensatz zu den aktuellen, beobachtbaren Wahrscheinlichkeiten. Ist die Welt also zu verstehen als eine Potentialität, die darauf wartet, von *uns* beobachtet zu werden? Einige Physiker sind so weit gegangen, dem menschlichen Geist eine zentrale Stellung in der Quantenmechanik einzuräumen: Eine durch Wellenfunktionen beschriebene Welt »verlangt« nach einem Beobachter, der ihre Potentialität in Aktualität überführt. Wir sehen in dieser dem Beobachter eingeräumten zentralen Stellung eine Konsequenz des Zeitparadoxons. Zur Quantenwelt haben wir allein durch aktuelle Ereignisse Zugang, die Gegenstand unserer probabilistischen Beschreibung mit gebrochener zeitlicher Symmetrie sind.

Die Quantenmechanik zeigt, daß eine zeitlich reversible Welt, wie sie die Schrödinger-Gleichung darstellt, zugleich eine *unerkennbare* Welt ist. Erkenntnis setzt die Möglichkeit voraus, daß die Welt auf uns oder unsere Instrumente einwirkt, sie setzt nicht nur eine Wechselwirkung zwischen dem Erkennenden und dem Erkannten voraus, sondern darüber hinaus, daß diese Wechselwirkung einen Unterschied zwischen Vergangenheit und Zukunft herstellt. Das Werden ist sowohl ein inhärentes Merkmal der Realität als auch die Vorbedingung menschlicher Erkenntnis.

In diesem Sinne hatten die Veranstalter der Nobelkonferenz im Jahre 1989 recht. Wir stehen »am Ende der Wissenschaft«, dem Ende der Idee der klassischen Rationalität, die das Verstehen gleichsetzte mit der Entdeckung deterministischer Regeln, der Entdeckung des Seins, das sich hinter dem Werden verbarg. Für Einstein war jedes Abweichen von diesem Ideal bekanntlich gleichbedeutend mit der Aufgabe des Bestrebens, die Welt zu »verstehen«, des eigentlichen Projekts der Wissenschaft. Wir können dem jedoch nicht zustimmen, drückt sich in dieser Überzeugung doch eine ganz eigentümliche Deutung dessen aus, was »verstehen« bedeutet. Blind wäre ein Herr, der seine Sklaven zu verstehen glaubt, weil sie seinen Befehlen gehorchen und seine Regeln befolgen. Bei Tieren, etwa bei Pferden, Hunden oder Katzen, können wir Verstehen nicht mit dem Gehorsam gegen Regeln oder Gesetze gleichsetzen. Eine Katze, deren Verhalten wir immer vorhersagen könnten, würden wir nicht als eine echte Katze anerkennen. In der Physik haben wir offensichtlich andere Erwartungen. Doch auch hier bleibt Nabokovs Erkenntnis gültig: »Was kontrolliert werden kann, ist nie vollkommen real; was real ist, kann nie vollkommen kontrolliert werden.«[6]

Viele Philosophen haben darauf hingewiesen, daß die Kreativität Voraussetzung der menschlichen wie der physikalischen Existenz sei. Whitehead hat geschrieben: »Die Kreativität ist die Aktualisierung der Potentialität, und der Prozeß der Aktualisierung ist eine Gelegenheit zum Experimentieren... Der Prozeß der Schöpfung ist die Form der Einheit des Universums.«[7] Die Einführung der »Kreativität« in unser Verständnis der physikalischen Realität schien jedoch eine Metaphysik vorauszusetzen, von der die Wissenschaft nichts wissen wollte, die ihr zumindest fremd war. Das Neue, Unerwartete ist, daß wir, gewissermaßen innerhalb der traditionellen Formulierung der Wissenschaft ansetzend, diesen Widerspruch jetzt hinter uns gelassen haben.

Bei der Formulierung der großen Naturgesetze verwob die Physik zwei Dinge miteinander, die wir jetzt voneinander trennen können. Das eine war das Verlangen nach einem wahren »Dialog mit der Natur«, der von der menschlichen

Vernunft forderte, sich den Ansprüchen der experimentellen Überprüfung und der exakten mathematischen Beschreibung zu unterwerfen. Unter diesem Aspekt war schon die Möglichkeit, Naturgesetze zu entdecken, überraschend, was sich darin zeigt, daß die Rationalisten des 18. Jahrhunderts das Newtonsche Gesetz mit Skepsis aufnahmen. Das andere war das mit diesen Gesetzen verbundene Versprechen der »Allwissenheit« und der »Allmacht«. Auf paradoxe Weise hat die abendländische Wissenschaft, deren Projekt – im Gegensatz zu den ambitiösen Ansprüchen der Metaphysik – darin bestand, auf die Tatsachen der Natur zu lauschen, tatsächlich »die tiefste Passion des abendländischen Geistes«, wie Richard Tarnas sie mit Recht genannt hat, befriedigt, nämlich, »sich wieder mit dem Grund ihres Seins zu vereinen«[8]. Diese Passion wurde mit der Entdeckung der großen, zeitlich reversiblen, deterministischen Gesetze erfüllt, aber um den Preis, daß dieser Grund von der schöpferischen, zeitlichen Realität unseres Seins abgespalten wurde. Das Streben nach einer Lösung des Zeitparadoxons entspringt, wie wir glauben, auch aus dieser »Passion des abendländischen Geistes«. Doch ist das dynamische Chaos, das, physikalisch ausgedrückt, der »Grund des Seins« ist, keine metaphysische Wahrheit. Es ist, genau wie die großen klassischen Naturgesetze selbst, ein Produkt unseres erfinderischen und anspruchsvollen Dialogs mit der Natur.

2. Die Natur der physikalischen Gesetze

Zeichnen wir nun ohne Rückgriff auf Fachausdrücke die wichtigsten Schritte nach, die zur Überwindung des Zeitparadoxons führten. Das grundlegende neue Konzept, das dieses Buch beschreibt, ist die Formulierung *irreduzibler* probabilistischer Naturgesetze. Es gab, wie wir im 5. und 6. Kapitel gesehen haben, traditionell zwei Formulierungen der physikalischen Gesetze, eine im Sinne von Trajektorien und Wellenfunktionen, die andere im Sinne von statistischen Ensembles. Doch die statistische Formulierung war *reduzibel.* Sie war auch auf individuelle Trajektorien und Wellenfunktionen anwendbar. In der statistischen Beschreibung traten, anders gesagt, keine neuen dynamischen Eigenschaften auf. Bei der irreversiblen Annäherung an das Gleichgewicht arbeitete man deshalb mit Approximationen, mit einer »Grobkörnung«, und den Pfeil der Zeit schrieb man der Unvollständigkeit unseres Wissens zu. Die von uns eingeführte »irreduzible« Formulierung macht damit Schluß. Irreversibilität und Wahrscheinlichkeiten werden zu objektiven Eigenschaften. Sie sind Ausdruck der Tatsache, daß die physikalische Welt, die wir beobachten, nicht auf einzelne Trajektorien oder einzelne Wellenfunktionen reduziert werden kann. Wenn wir von der Newtonschen Beschreibung durch Trajektorien oder der Schrödingerschen Beschreibung durch Wellenfunktionen zu einer Ensemblebeschreibung übergehen, so ist das nicht mit einem Informationsverlust verbunden; vielmehr erlaubt es uns, wichtige neue Eigenschaften in die grundlegende Beschreibung instabiler chaotischer Systeme einzubeziehen. Die Eigenschaften dissipativer Systeme sind nicht mehr nur phänomenologische Eigenschaften, sondern solche, die sich nicht auf die Eigenschaften individueller Trajektorien und Wellenfunktionen reduzieren lassen.

Es gibt allerdings klassische Systeme, die stabil und zeitlich reversibel sind. Sie entsprechen, wie wir heute wissen, Grenzsituationen, Sonderfällen. In der Quantenmechanik ist die Situation noch verwickelter, denn die gebrochene zeitliche Symmetrie gilt ausdrücklich als notwendige Bedingung für die Beobachtung der Quantenwelt, das heißt für den Übergang von Wahrscheinlichkeitsamplituden zur Wahrscheinlichkeit. In unserer Formulierung der Naturgesetze gehören die repräsentativen Situationen zur Klasse der instabilen chaotischen Systeme, die wir mit der Existenz von irreduziblen probabilistischen Darstellungen in Verbindung gebracht haben. Diese neue Definition des dynamischen Chaos erweitert dessen übliche Definition (bei einfachen Situationen wie Karten, die wir im 10. und 11. Kapitel untersucht haben, sind beide äquivalent) auf kompliziertere Situationen (10. und 11. Kapitel), die die große Mehrheit der physikalisch interessanten Situationen darstellen.

Das Faszinierende ist, daß mit dieser neuen Formulierung der Gesetze der Dynamik zugleich eine Reihe von technischen Problemen gelöst wird. Das Chaos ist nicht länger gleichbedeutend mit einer Schranke unserer Erkenntnis, sondern wird nun definiert als das, was wir zu erkennen haben. In der klassischen Dynamik beziehen sich die Gesetze des Chaos auf die langfristige Entwicklung von Karten (siehe 10. und 11. Kapitel) und die Integration der »nichtintegrablen Systeme« Poincarés. Unsere Methoden liefern, anders gesagt, Algorithmen, die leistungsfähiger sind als die Instrumente der klassischen Dynamik. Auch in der Quantenmechanik beseitigen sie einige der Schwierigkeiten für Heisenbergs Programm, das heißt, sie lösen das Eigenwertproblem. Schon ein so einfaches Problem wie die Potentialstreuung gehört zu den nichtintegrablen Systemen Poincarés. Deshalb mußten die Physiker auf die »S-Matrix-Theorie« zurückgreifen, welche die Streuung dahin gehend idealisiert, daß Wechselwirkungen auf einen begrenzten Zeitraum beschränkt sind. Bei einfachen Problemen ist dies zwar eine angemessene Vereinfachung, doch werden dauerhafte Wechselwirkungen, wie sie in der statistischen Mechanik vorkommen (N-Körperproblem oder Kosmologie), ausgeschlossen. In diesem Fall müssen wir auf unsere neue Formulierung zurückgreifen.

Der neue Ansatz ist deshalb so erfolgreich, weil er zu leistungsfähigeren mathematischen Instrumenten greift. Probleme, die innerhalb eines Algorithmus nicht entschieden werden können, werden bekanntlich lösbar, wenn man sie in einem anderen formuliert. Die Frage, wie viele Lösungen eine algebraische Gleichung hat, ist im Rahmen der reellen Zahlen unentscheidbar, ist aber sehr einfach zu beantworten, wenn wir zu komplexen Zahlen übergehen: Eine Gleichung *n*-ten Grades hat *n* Lösungen. Nach dem berühmten Gödelschen Theorem gibt es kein endliches System von Axiomen, das alle Probleme lösen kann. Der Zusammenhang zwischen Problemen und den zu ihrer Lösung erforderlichen Mitteln ist somit ein offener, erfinderischer Prozeß, ein schöner Beleg für das aktive Erschaffen von Sinn durch den Menschen, das einerseits frei und zugleich streng durch das zu lösende Problem begrenzt ist.

Mit der Einführung irreduzibler probabilistischer Darstellungen müssen wir vom Hilbert-Raum zu generalisierten Räumen übergehen. Schon in der Einleitung erwähnten wir die Analogie zu dem Übergang von der euklidischen zur Riemannschen Geometrie (siehe auch das 7. und 11. Kapitel). Der Hilbert-Raum ist tatsächlich eine Verallgemeinerung des euklidischen Raums, wenn wir von Vektoren zu Funktionen übergehen. Im Hilbert-Raum benutzen wir nur »wohlerzogene« Funktionen (von endlicher »Norm«, siehe 8. Kapitel), während wir in den generalisierten Räumen auch singuläre Funktionen berücksichtigen. Wir benötigen daher *Prüffunktionen*. Dies ist ein wesentliches Element des Übergangs zu irreduziblen probabilistischen Darstellungen.

Ein anderes wichtiges Element ist die Existenz einer zeitlichen Ordnung. Bei einem harmonischen Oszillator (klassischer oder quantenphysikalischer Natur) ist die Zeit ausschließlich an die Bewegungsgesetze geknüpft. Bei nichtintegrablen Systemen spielt die Zeit dagegen eine doppelte Rolle (siehe 9. und 10. Kapitel). Dort wird eine natürliche, mit dem Fließen der Zeit verbundene Anordnung sichtbar. Das einfachste Beispiel ist der Unterschied zwischen retardierten und avancierten Potentialen, die wir schon im 1. Kapitel einführten. Diese zeitliche Anordnung kann im allgemeinen nur auf der statistischen Ebene der Ensembledarstellung durchgeführt werden. Gerade dadurch gelangen wir zu *irreduziblen* Darstellungen. Während stabile dynamische Systeme sich mit dem Konzept einer deterministischen, symmetrischen Zeit verbinden, verbindet man instabile, chaotische Systeme mit dem Konzept einer probabilistischen Zeit, die eine Brechung der Symmetrie zwischen Vergangenheit und Zukunft einschließt.

Daß die traditionelle Beschreibung durch individuelle Trajektorien und Wellenfunktionen ihre Grenzen hat, ist nicht sonderlich überraschend. Wenn es um Architekturgeschichte geht, sprechen wir nicht über einzelne Ziegelsteine, sondern über das ganze Bauwerk. Wenn wir älter werden, so hat das nichts mit einzelnen Atomen und Molekülen zu tun, sondern mit den Beziehungen zwischen ihnen. Oft wird gesagt, die Geschichte verlaufe heute immer schneller. Auch damit ist nicht eine Veränderung im Wesen einzelner Menschen gemeint, sondern ein Wandel ihrer Beziehungen durch die außerordentliche Steigerung der weltweiten Kommunikation. Sogar die Entstehung bestimmter Ideen beruht darauf, daß wir an einer Welt gemeinsamer Bedeutungen, Probleme und Zusammenhänge teilhaben. In der Physik ist die Situation natürlich sehr viel einfacher. Aber auch dort müssen wir die Vorstellung von der Zeit als einem Parameter, der die Bewegung individueller Systeme beschreibt, hinter uns lassen. Erst auf der Ebene der Ensembles können wir eine relevante physikalische Beschreibung chaotischer Systeme ableiten, einer zeitlichen Entwicklung, die Irreversibilität und Wahrscheinlichkeit einschließt.

3. Die vereinheitlichende Rolle des Chaos

Wir glauben, daß unser Ansatz zu einer kohärenteren, einheitlicheren Beschreibung der Natur führt. Zwischen den Grundgesetzen der Physik und allen übrigen Ebenen der

Beschreibung einschließlich der Chemie, der Biologie und der Wissenschaften vom Menschen bestand eine Kluft. Woran das lag, verstehen wir jetzt besser. Stabile dynamische Systeme ebenso wie endliche Quantensysteme waren die Ausgangspunkte für die Errichtung der großen Theoriegebäude der Physik. Diese hoben das heraus, was wir jetzt als ganz partikulare, hochgradig idealisierten Situationen entsprechende Eigenschaften begreifen, und extrapolierten sie weit über ihren Gültigkeitsbereich hinaus.

Das Verhältnis zwischen den Einzelwissenschaften wird durch diese neue Betrachtungsweise tiefgreifend verändert. Wir können uns jetzt dem Paradox entziehen, das das Werden unter Berufung auf die fundamentalen Gesetze zu einer Illusion erklärte und die menschliche Erfahrung zu einer subjektiven Realität herabsetzte, die nichts mit der Natur zu tun hat.

Wir sind in diesem Buch zwei Erscheinungsformen des Chaos begegnet, dem dynamischen Chaos auf der mikroskopischen und dem dissipativen Chaos auf der makroskopischen Ebene. Beide dürfen nicht miteinander verwechselt werden. Das dynamische Chaos ist die Grundlage der mikroskopischen Physik, es hat eine Brechung der zeitlichen Symmetrie zur Folge und ist der Grund für makroskopische, vom Zweiten Hauptsatz der Thermodynamik bestimmte Phänomene, zu denen die deterministische Annäherung an das Gleichgewicht ebenso gehört wie dissipative Strukturen und das dissipative Chaos. Wenn wir makroskopische Gleichungen untersuchen, die dissipative physikalische Prozesse oder chemische Umwandlungen beschreiben, haben wir es mit Systemen zu tun, deren *mikroskopische* Beschreibung bereits zu den chaotischen Systemen zu rechnen ist.

Weit vom Gleichgewicht entfernt stoßen wir bekanntlich auf Attraktoren mannigfacher Art. Einige führen zu einem periodischen Verhalten (etwa zu chemischen Uhren), andere zum dissipativen Chaos. All diese dissipativen Erscheinungen sind makroskopische Manifestationen einer chaotischen

Dynamik. Erst durch die Untersuchung instabiler dynamischer Systeme erfassen wir, was die Fülle der in der Natur angetroffenen Situationen vereint, angefangen bei der Unordnung der schwarzen Strahlung bis hin zu hochgradig organisierten Systemen wie lebenden Organismen. Solange die fundamentale Ebene durch integrable Systeme (oder endliche Quantensysteme) beschrieben wurde, konnte dieses einigende Element nicht entdeckt werden.

»Chaos« und »Materie« sind jetzt eng miteinander verknüpfte Begriffe, denn das dynamische Chaos ist die Grundlage für alle Wissenschaften, in denen es um die Aktivität der Materie geht, angefangen von der physikalischen Chemie. Darüber hinaus hängen Chaos und Materie auf der Ebene der Kosmologie miteinander zusammen, denn es scheint jetzt, als sei schon das Eintreten der Materie in die physikalische Existenz mit Chaos und Instabilität verbunden. Dies ist die Schlußfolgerung des 11. Kapitels. Die Einsteinsche Kosmologie war der krönende Abschluß des klassischen Strebens nach einer durch Identität bestimmten Erklärbarkeit der Welt. Im Standardmodell ist die Materie gegeben und entwickelt sich lediglich im Einklang mit den Phasen der kosmischen Expansion. Instabilität kommt jedoch, wie wir gesehen haben, ins Spiel, sobald wir das Problem der Materieerzeugung berücksichtigen. An die Stelle der Urknall-Singularität tritt dann die gleichzeitige Erzeugung der Materie und der Raumzeit-Krümmung. Die Einsteinsche Raumzeit, die einem gekrümmten Universum entspricht, stellt sich jetzt als eine Folge irreversibler Prozesse dar.

Der Pfeil der Zeit geht als grundlegendes Element schon in die Definitionen der Materie und der Raumzeit ein. Nach unserem Modell entsteht der Pfeil der Zeit jedoch nicht aus dem »Nichts«. Schon die Instabilität des Quantenvakuums setzt den kosmologischen Pfeil der Zeit voraus. Tatsächlich war die Richtung der Zeit, die Unterscheidung zwischen Vergangenheit und Zukunft in keinem Augenblick so wichtig wie während der Planckschen Zeit, in der unser Universum aus dem Quantenvakuum entstand. »Kreativität«, nämlich die Kreation eines Unterschieds zwischen Vergangenheit und Zukunft durch das Werden, ist, wie Whitehead schrieb, die »höchste Tatsache«[9].

Können wir noch darüber hinausgehen? Wenn das Chaos in einem weiten Bereich, der von der klassischen Mechanik über die Quantenphysik bis zur Kosmologie reicht, als einendes Element auftritt, ist es dann so etwas wie eine »Theorie von allem«, eine »TOE«, wie man heute abgekürzt zu sagen pflegt?

Hier sind gewisse Vorbehalte angebracht. Zum einen muß die Instabilität an eine wohldefinierte Form der Dynamik gekoppelt sein. Das klassische Chaos ist etwas ganz anderes als das Quantenchaos, und wir sind noch weit von einem großen einheitlichen Entwurf entfernt, der die Quantentheorie und die allgemeine Relativitätstheorie in sich vereint. Des weiteren ist es das Bestreben einer klassischen TOE, »den Plan Gottes zu kennen«, wie es bei Stephen Hawking heißt, also zu der fundamentalen Ebene vorzudringen, von der zumindest prinzipiell alle Phänomene auf deterministische Weise abgeleitet werden können. Wir sprechen hier jedoch von einer Vereinheitlichung ganz anderer Art. Eine TOE, die das Chaos auf der fundamentalen Ebene der Physik einbezieht, würde nicht zu einer reduktionistischen, zeitlosen Beschreibung führen. Es müßten höhere Ebenen berücksichtigt werden, die sich jedoch nicht aus den tieferen Ebenen herleiten ließen. Das Chaos als vereinheitlichendes Element entspricht der Vorstellung von einer offenen, sich entwickelnden Welt, in der, um Paul Valéry zu zitieren, »die Zeit Konstruktion ist«[10].

Neue Perspektiven führen oft zu einer neuen Einschätzung der Vergangenheit. Wie C. Rubino[11] festgestellt hat, verwarf Aristoteles die von Platon beschriebene ewige und unwandelbare Welt. In seiner *Ethik* legte er dar, daß unsere Entscheidungen nicht durch unseren Charakter determiniert sind; vielmehr werden wir durch die Entscheidungen, die wir nach und nach treffen, zu dem, was wir sind. Die Ethik ist nicht ein Bereich deduktiver Erkenntnis, sondern der »praktischen Weisheit«, sie ist die Kunst, im Hinblick auf eine ungewisse Zukunft angemessene Entscheidungen zu treffen. Wir müssen der platonischen Versuchung widerstehen, die Ethik mit dem Streben nach unwandelbaren Gewißheiten gleichzusetzen. Zur Weisheit des Aristoteles gehörte, wie Rubino betont, auch dies: Wir sollten in der Darstellung eines Gegenstandes nicht genauer sein wollen, als die Natur dieses Gegenstandes erlaubt. Jahrhundertelang mag man dies als eine negative Aussage verstanden haben, als einen Aufruf zur Resignation. Heute können wir die positive Bedeutung dieses Satzes erfassen, wie es der von uns beschriebene Wandel des Chaosbegriffs belegt. Solange wir gefordert haben, daß alle dynamischen Systeme den gleichen Gesetzen gehorchen müßten, war das Chaos ein Hindernis. In der geschlossenen Welt der klassischen Rationalität konnte das Streben nach Erkenntnis leicht zu geistiger Überheblichkeit führen. In der offenen Welt, die wir jetzt zu beschreiben lernen, bedingen Erkenntnis und praktische Weisheit sich gegenseitig.

4. Ein schmaler Weg

Wenige Jahre vor seinem Tod wurde Einstein eine Aufsatzsammlung[12] gewidmet, zu der auch der große Mathematiker Kurt Gödel etwas beisteuerte. Gödel hatte Einsteins Auffassung, die Irreversibilität der Zeit sei nur eine Illusion, ganz ernst genommen. Er legte Einstein ein kosmologisches Modell vor, in dem eine Reise in die eigene Vergangenheit möglich war. Er schätzte sogar die erforderliche Brennstoffmenge ab. Einstein war nicht begeistert. In seiner Erwiderung schrieb er, er könne nicht glauben, daß es möglich sei, »in seine eigene Vergangenheit zurückzutelegraphieren«.

Diese Unmöglichkeit, so fügte er hinzu, solle die Physiker veranlassen, das Problem der Irreversibilität noch einmal zu überdenken. Mochte das Ewige auch noch so verlockend sein – wenn man eine Reise in die Vergangenheit für möglich hielt, leugnete man nach Einsteins Ansicht die Realität der Welt. Er konnte sich mit der radikalen Art und Weise, in der Gödel seine Ansichten unterstützte, nicht einverstanden erklären.

Eine ähnliche Reaktion finden wir in einem schönen Text des großen Schriftstellers Jorge Luis Borges. In »A New Refutation of Time« beschreibt Borges die Auffassungen, denen zufolge die Zeit eine Illusion ist, um abschließend zu erklären: »*Und dennoch, und dennoch*... Das Fließen der Zeit zu leugnen, das Selbst zu leugnen, das astronomische Universum zu leugnen, das sind offenkundige Verzweiflungstaten und heimliche Tröstungen [...] Die Zeit ist der Stoff, aus dem ich gemacht bin. Die Zeit ist ein Fluß, der mich fortreißt, doch ich bin der Fluß; sie ist der Tiger, der mich zerreißt, doch ich bin der Tiger; sie ist ein Feuer, das mich vernichtet, doch ich bin das Feuer. Leider ist die Welt real; leider bin ich Borges.«[13] Zeit und Realität sind auf irreduzible Weise verknüpft. Es mag ein Trost sein oder als ein Triumph der menschlichen Vernunft erscheinen, die Zeit zu leugnen – in jedem Fall ist es eine Leugnung der Realität.

Die Zeit zu leugnen war sowohl für Einstein, den Wissenschaftler, als auch für Borges, den Dichter, eine Verlockung, denn es erfüllte ein tiefes existentielles Bedürfnis. Einstein hat wiederholt erklärt, er habe von Dostojewski mehr gelernt als von jedem Physiker. 1924 schrieb er in einem Brief an Max Born, daß er, sollte man ihn zwingen, die strenge Kausalität aufzugeben, »lieber ein Schuster oder gar Angestellter in einem Spielcasino als ein Physiker« wäre[14]. Die Physik hatte nur dann einen Wert, wenn sie sein Bedürfnis erfüllte, der Tragödie des menschlichen Daseins zu entgehen. »Und dennoch, und dennoch...« wich Einstein zurück, als Gödel ihm die äußerste Konsequenz seines Bestrebens vorhielt, die Leugnung ebenjener Realität, die der Physiker zu verstehen sucht.

Einstein war, was das menschliche Leben betrifft, zutiefst pessimistisch. Seine Lebenszeit fällt mit einem besonders tragischen Abschnitt der menschlichen Geschichte zusammen, der Epoche des Faschismus, des Antisemitismus und der beiden Weltkriege. Seine Auffassung von der Physik als dem höchsten Triumph der menschlichen Vernunft über die Welt befriedigte das Bedürfnis, die reine, objektive Erkenntnis vom Bereich des Ungewissen und Subjektiven zu trennen. Dieses Bedürfnis könnte erklären, warum in der Geschichte der Physik fast immer das Sein dem Werden vorgezogen wurde. Der französische Philosoph Emile Meyerson sah in dem Bemühen, die Natur auf eine Identität zu reduzieren, sogar die eigentliche Triebfeder der abendländischen Wissenschaft[15]. Eine paradoxe Triebfeder, wie er betonte; vernichtet dieses Streben nach Identität doch gerade das, was es zu begreifen sucht. Was bleibt von unserer Beziehung zur Welt, wenn diese Welt auf eine geometrische Wahrheit reduziert ist? Ebendarin äußert sich das Zeitparadox, dem Einstein sich schließlich stellen mußte. In die Vergangenheit zurückreisen zu können erschien Gödel wohl als der Triumph der menschlichen Vernunft, als vollständige Kontrolle über unser Dasein. Darin zeigt sich zugleich der ganze Wahnwitz dieses Vernunftbegriffs, die Leugnung all der Zwänge, ohne die es keine Schöpfung gäbe, weil es keine Realität gäbe, an der unsere Hoffnungen und Pläne sich messen müssen.

Das ganz und gar Zufällige entbehrt jedoch gleichfalls der Realität. Wir können verstehen, daß Einstein den Zufall nicht als letzte Antwort auf unsere Fragen gelten lassen wollte. Was wir finden müssen, ist ein wahrlich schmaler Weg zwischen zwei Konzeptionen, die beide im Wahnwitz enden: der Konzeption einer Welt, die von Gesetzen regiert wird, welche keinen Raum lassen für die Entstehung von Neuem und für Kreativität, und der Konzeption, für die als Symbol ein würfelnder Gott steht, der Konzeption einer absurden, akausalen Welt, in der es nichts gibt, was wir verstehen könnten. Sie wäre der Inbegriff einer Entzauberung, die zu der stoischen Haltung eines Jacques Monod führen mag, der ein sinnloses Universum entdeckt, das taub ist für unsere Musik, ein Universum, aus dem wir durch Zufall hervorgegangen sind, für Shakespeares Macbeth Anlaß zu Zorn und Verzweiflung.

Die Suche nach diesem schmalen Weg, der unser Buch im Grunde gewidmet ist, macht die Rolle der menschlichen Kreativität in der Geschichte der Wissenschaft deutlich. In der Wissenschaft wird die wissenschaftliche Kreativität sonderbarerweise oft unterschätzt. Wären Shakespeare, Beethoven oder van Gogh kurz nach der Geburt gestorben, wäre das, was sie geschaffen haben, von keinem anderen geschaffen worden – das ist unbestritten. Gilt dies auch für Wissenschaftler? Hätte es keinen Newton gegeben, wären die klassischen Bewegungsgesetze dann nicht von jemand anderem entdeckt worden? Bedurfte es der Persönlichkeit eines Clausius, um den Zweiten Hauptsatz der Thermodynamik zu formulieren? In diesen Gegenfragen steckt ein Körnchen Wahrheit. Die Wissenschaft ist ein kollektives Unternehmen. Um anerkannt zu werden, muß die Lösung eines wissenschaftlichen Problems hohen Kriterien und Ansprüchen genügen. Diese Zwänge schalten die Kreativität jedoch nicht aus, sondern stacheln sie vielmehr an.

Die Formulierung des Zeitparadoxons ist selbst eine außergewöhnliche Leistung menschlicher Kreativität. Hätte eine eng an empirische Fakten gebundene Wissenschaft sich auch nur im Traum einfallen lassen, den Pfeil der Zeit zu leugnen, wo doch alle natürlichen Tatsachen seine Existenz bezeugen? Doch wissenschaftliche Kreativität ist nicht nur eine Sache des Träumens, und die Formulierung zeitlich symmetrischer Gesetze führte zu dem großartigen klassischen Gebäude, dessen Krönung die beiden großen Fortschritte der Physik des 20. Jahrhunderts bilden, die Quantenmechanik und die allgemeine Relativitätstheorie. Darin liegt die merkwürdige Schönheit der Physik. So konnte denn auch die Auflösung des Zeitparadoxons nicht nur eine Sache des Traums, der persönlichen Überzeugung oder eines bloßen Appells an den gesunden Menschenverstand sein. Es ging auch nicht nur darum, die Schwäche des klassischen Gebäudes ausfindig zu machen. Das leistete Poincaré mit seinem Theorem, mit der Entdeckung der dynamischen Instabilität, die den Begriff der Trajektorie zu Fall brachte[16]. Wir mußten aus dieser Schwäche eine Stärke machen, aus dem Chaos ein neues Instrument für die Erforschung von Situationen machen, die sich bislang den physikalischen Gesetzen entzogen hatten. Dies ist die Essenz des »Dialogs mit der Natur«, als den wir das wissenschaftliche Streben nach Verständnis auffassen. Durch einen kreativen Dialog verwandeln wir das, was sich zunächst als ein Hindernis, als eine Schranke darstellt, in eine neue Betrachtungsweise, die der Beziehung zwischen dem Erkennenden und dem Erkannten einen neuen Sinn gibt.

Was sich jetzt herausschält, ist eine »intermediäre« Beschreibung, die ihre Stellung zwischen den beiden befremdenden Bildern sucht, dem einer deterministischen Welt auf der einen und dem einer Welt purer Ereignisse auf der anderen Seite. Die Welt wird nicht von Gesetzen regiert, aber auch nicht vom bloßen Zufall. Die Gesetze der Physik führen jetzt zu einem neuartigen Verständnis, das sich in irreduziblen probabilistischen Darstellungen ausdrückt. Nunmehr mit der Instabilität auf der mikroskopischen oder der makroskopischen Ebene verknüpft, beschreiben sie die Möglichkeit von Ereignissen, reduzieren das aktuelle, individuelle Ereignis jedoch nicht auf eine ableitbare, vorhersagbare Konsequenz. Diese Abgrenzung zwischen dem, was sich vorhersagen und kontrollieren läßt und was nicht, hätte Einsteins Streben nach Verständlichkeit möglicherweise befriedigt.

Während wir an dem schmalen Weg bauen, der uns die dramatische Alternative zwischen blinden Gesetzen und beliebigen Ereignissen erspart, fällt uns auf, daß ein Großteil der uns umgebenden konkreten Welt bislang – um einen Ausdruck von Whitehead zu benutzen – »durch die Maschen des wissenschaftlichen Netzes geschlüpft« ist. Wir sehen jetzt neue Horizonte, neue Fragen, neue Gefahren. Wir erleben einen privilegierten Augenblick in der Geschichte der Wissenschaft, und wir hoffen, daß es uns gelungen ist, unseren Lesern diese Überzeugung zu vermitteln.

Anmerkungen

Einleitung

1 Der Ausdruck »Pfeil der Zeit« wurde 1928 eingeführt von Arthur Eddington in *The Nature of the Physical World*, Ann Arbor 1958 [deutsch: *Das Weltbild der Physik und ein Versuch seiner philosophischen Deutung*, Braunschweig 1931]. Eddington sah in diesem bemerkenswerten Buch voraus, daß die Vorherrschaft der »primären« (deterministischen) Gesetze in der Physik einmal enden und »sekundäre« Gesetze (statistische Gesetze, die irreversible Prozesse beschreiben) an ihre Stelle treten würden.
2 Vorwort zur amerikanischen Ausgabe von Leibniz' *Neue Abhandlungen über den menschlichen Verstand*, La Salle, Ill., 1916.
3 Lukrez, *Über die Natur der Dinge*, 2. Buch, Vers 216–220.
4 A. Einstein, *Verh. Deutsche Phys. Ges.*, Bd. 18, 1916, S. 318.
5 S. Hawking, *Eine kurze Geschichte der Zeit*, Reinbek 1988, S. 173.
6 I. Prigogine und I. Stengers, *Entre le temps et l'éternité*, Paris 1988.
7 I. Prigogine und I. Stengers, *Dialog mit der Natur*, München 1981, Neuausg. 1986.

Erstes Kapitel

1 H. Bergson, *Schöpferische Entwicklung*, Jena 1912.
2 H. Bergson, *Vocabulaire technique et critique de la philosophie*, Artikel »Inconnaissable«, zitiert von H. Gouhier in seiner Einführung in die *Œuvres* Bergsons, Paris 1970, S. XXIII.
3 H. Bergson, *Schöpferische Entwicklung*, a.a.O., S. 11. Siehe auch *La Pensée et le mouvant*, in *Œuvres*, a.a.O., S. 1286.
4 I. Prigogine und I. Stengers, *Dialog mit der Natur*, München 1981.
5 H. Poincaré, »La mécanique et l'expérience«, in *Revue de Métaphysique et de Morale* 1, 1893, S. 534–537, und *Leçons de Thermodynamique*, hrsg. v. J. Blondin, 1892, Nachdruck Paris 1923.
6 Siehe Leibniz' *Monadologie* und *Kleine metaphysische Abhandlung*.
7 Vorträge über die kinetische Theorie der Materie und Elektrizität,

1914, zitiert von H. Weyl in *Philosophy of Mathematics and Natural Science*, Princeton 1949, S. 204.

8 L. Boltzmann, »Zu Hrn. Zermelo's Abhandlung: Über die mechanische Erklärung irreversibler Vorgänge«, *Wiedemannsche Annalen (Annalen der Physik)* 60, 1897, S. 392–398. Zitiert von K. Popper, *Ausgangspunkte*, Hamburg 1979, S. 232f.

9 Norbert Wiener hat gezeigt, daß wir auf keinen Fall mit einem Universum kommunizieren können, dessen Zeitrichtung der unseren entgegengesetzt wäre. Jedes Signal, das es uns senden würde, würde uns wie ein merkwürdiger Naturprozeß erscheinen, den wir aus seinen Folgen erklären würden. Wenn es uns ein Quadrat (in den Sand) zeichnen würde, sähen wir die Überbleibsel seiner Figur als ihre Vorboten, und das Quadrat würde uns als eine merkwürdige Kristallisation dieser Überbleibsel erscheinen. »Seine Bedeutung würde uns ebenso zufällig erscheinen wie die Gesichter, die wir aus Bergen und Felsen lesen« (*Kybernetik*, Düsseldorf 1963, S. 69).

10 T. S. Kuhn, *Black-Body Theory and the Quantum Theory, 1894–1912*, Oxford 1978.

11 Ebd., S. 25.

12 Ebd., S. 27.

13 K. Popper, »The Arrow of Time«, in *Nature* 177, 1956, S. 538.

14 W. Pauli, *Pauli Lectures on Physics*, Bd. 1, *Electrodynamics*, Cambridge 1973, S. 131.

Zweites Kapitel

1 *Leibniz–Clarke Correspondence*, hrsg. v. H. G. Alexander, Manchester 1956.

2 Für eine Analyse des Newtonschen Konzepts der Kraft als Ausdruck eines nicht auf die Mechanik reduzierbaren Prinzips der Aktivität siehe E. McMullin, *Newton on Matter und Activity*, Notre Dame, Ind., 1978.

3 G. Bruno, *Von der Ursache, dem Anfangsgrund und dem Einen*, Jena 1906, *Fünfter Dialog*, S. 119.

4 Siehe die schönen Bücher von S. Sambursky, *The Physical World of the Greeks. Physics of the Stoics* und *The Physical World of Late Antiquity*, Princeton.

5 M. Jammer, *The Philosophy of Quantum Mechanics*, New York 1974, S. 120f.

6 W. Heisenberg, *Der Teil und das Ganze*, München 1969, S. 77.

7 R. Tagore, »The Nature of Reality«, in *Modern Review*, Bd. XLIX, Kalkutta 1931, S. 42f.

8 R. Thom, Vorwort zum *Essai philosophique sur les probabilités* von Laplace, wieder aufgelegt in der Reihe »Epistémè«, Paris 1986, S. 22.
9 Siehe dazu Leibniz, *Essais de Théodicée*, in *Opera philosophica omnia*, hrsg. v. J. E. Erdmann, Nachdr. Aalen 1959; ferner der *Petit Discours de Métaphysique*, ebd.

Drittes Kapitel

1 J. Monod, *Zufall und Notwendigkeit*, München 1971.
2 Abgedruckt in *Robot Dreams*, New York 1986.
3 M. Mareschal und E. Kestemont, »Experimental Evidence for Convective Rolls in Finite Two-Dimensional Molecular Models«, in *Nature*, 329, 1987, S. 427–429. M. Mareschal, M. Malek Mansour, A. Puhl und E. Kestemont, »Molecular Hydrodynamics versus Hydrodynamics in two-dimensional Rayleigh-Bénard Systems«, in *Phys. Rev. Lett.* 61, 1988, S. 2550.
4 Siehe M. Malek Mansour und C. v. d. Broeck, »Inhomogeneous Fluctuations in Reaction-Diffusion Systems«, in *Instabilities, Bifurcations und Fluctuations in Chemical Systems*, hrsg. v. L. E. Reichl, Austin, Tex., 1982.
5 Siehe A. Turing, *Phil. Trans. Roy. Soc.*, London, Ser. B, Bd. 237, 1952, S. 37, sowie P. Glansdorff und I. Prigogine, *Thermodynamics of Structure, Stability and Fluctuations*, New York 1971.
6 Zur experimentellen Beobachtung von »Turing-Strukturen« siehe Q. Ouyang und S. Swinney, in *Nature* 352, 1991, S. 610. Zu der in Abb. 3.3 dargestellten Simulation siehe J. Verdasca, A. de Wit, G. Dewel und P. Borckmans, *Physics Letters A 168*, 1992, S. 194.
7 I. Prigogine in *Bull. Acad. Roy. Belg. C. Sci.* 31, 1945, S. 600. Siehe auch G. Nicolis und I. Prigogine, *Self-Organization in Nonequilibrium Systems*, New York 1977.
8 S. Chandrasekhar, *Hydrodynamic and Hydromagnetic Stability*, Oxford 1961. Siehe ferner P. Glansdorff und I. Prigogine, a.a.O., und D. Kondepudi und G. Nelson, in *Nature* 314, 1985, S. 438.
9 G. Nicolis und I. Prigogine, *Exploring Complexity*, New York 1989.
10 Vorlagen dieser Abbildungen waren die von I. R. Epstein in *Chemical Instabilities*, hrsg. v. G. Nicolis und F. Barras, Dordrecht 1983.

Viertes Kapitel

1 G. Nicolis und I. Prigogine, *Erforschung des Komplexen*, München 1987; H. Schuster, *Deterministic Chaos*, Weinheim 1984.
2 B. Mandelbrot, *The Fractal Geometry of Nature*, San Francisco 1982.
3 Siehe S. Lovejoy, in *Science* 216, 1982, S. 185, und B. Mandelbrot, a.a.O.
4 Siehe G. Nicolis und I. Prigogine, a.a.O., sowie M. Tabor, *Chaos and Integrability in Nonlinear Dynamics*, New York 1989.
5 John Miles, *Physica D 11*, 1984, S. 309. Dieses Beispiel wird diskutiert in dem Artikel von J. Lighthill, »The Recently Recognized Failure of Predicability in Newtonian Dynamics«, in *Proceedings of the Royal Society London A 407*, 1986, S. 35–50.
6 H. Lamb, *Climate: Present Past and Future*, London 1977. Siehe auch G. Nicolis und I. Prigogine, a.a.O.
7 P. Grassberger und I. Procaccia, in *Physica*, 9 D, 1983, S. 189–208; *Measures of Complexity and Chaos*, hrsg. v. N. Abraham, A. Albano, A. Passamente und P. Rapp, Nato Series, Plenum Press 1989.
8 C. Nicolis und G. Nicolis, »Is there a Climatic Attractor?«, in *Nature* 311, 1984, S. 529–532.
9 A. Babloyantz, J. M Salazar und C. Nicolis, »Evidence of Chaotic Dynamics of Brain Activity During the Sleep Cycle«, in *Physics Letter A 111*, 1985, S. 152–156; A. Babloyantz und A. Destexhe, »Low Dimensional Chaos in Epileptic Seizure«, in *Proc. Nat. Acad. Sci. USA* 83, 1986, S. 351; D. Gallez und A. Babloyantz, in *Biol. Cybern.* 64, 1991, S. 381; A. Babloyantz in *Electroencephalography and Clinical Neurophysiology* 78, 1991, S. 402.
10 P. Valéry, *Cahiers*, Bd. 1, Paris 1973, S. 963.
11 Siehe B. Hess und A. Boiteux, »Oscillatory Phenomena in Biochemistry«, in *Annua. Rev. Biochem.* 40, 1971, S. 237–258; A. Goldbeter und S. R. Caplan, »Oscillatory Enzymes«, in *Annua. Rev. Biophys. and Bioeng.* 5, 1976, S. 449–476; sowie M. P. Berridge und P. E. Rapp, »A Comparative Survey of the Function, Mechanism and Control of Cellular Oscillations«, in *J. Exp. Biol.* 81, 1979, S. 217–279.
12 Siehe M. Eigen und P. Schuster, *The Hypercycle. A Principle of Natural Self-Organization*, Berlin 1979; P. Schuster, »Structure and Dynamics of Replication-Mutation Systems«, in *Physica Scripta* 35, 1987, S. 402–416; und S. Kauffman, *Origins of Order: Self Organization and Selection in Evolution*, Oxford 1993.
13 Siehe C. E. Shannon und N. Weaver, *The Mathematical Theory of Communication*, Urbana, Ill., 1949.
14 Siehe G. Chaitin, in *Scientific American*, Mai 1975, S. 47.
15 G. Nicolis und S. Subba Rao, »Generation of Spatially Asymetric

Information-Rich Structures in Far-from-Equilibrium Systems«, in *Coherence and Chaos in Dynamical Systems*, Manchester 1987.

Fünftes Kapitel

1 J. Lighthill, »The Recently Recognized Failure of Predicability in Newtonian Dynamics«, a.a.O., S. 38.
2 A. Einstein, »Zur Theorie der Brownschen Bewegung«, in *Annalen der Physik*, Bd. XIX, 1906, S. 199–206; *Selected Papers on Noise and Stochastic Processes*, hrsg. v. N. Wax, New York 1954.
3 P. Collet und J. Eckman, *Iterated Maps on the Interval as Dynamical Systems*, Boston 1980; H. Schuster, *Deterministic Chaos*, Weinheim 1984.
4 P. Duhem, *La Théorie physique. Son objet, Sa structure*, Neuaufl. Paris 1981, 2. Teil, III. Kap.
5 P. Shields, *The Theory of Bernoulli Shifts*, Chicago 1973.
6 Für weitere Einzelheiten siehe B. Misra und I. Prigogine, »On the Foundations of Kinetic Theory«, in *Suppl. Progr. Theor. Phys.* 69, 1980, S. 101–110; Y. Elskens und I. Prigogine, »From Instability to Irreversibility«, in *Proc. Natl. Acad. Sci. USA* 83, 1986, S. 5756–60; S. Martinez und E. Tirapegui in *Phys. Lett. A 110*, 1985, S. 81; sowie G. Nicolis und I. Prigogine, *Erforschung des Komplexen*, München 1987.

Sechstes Kapitel

1 *Quantum Theory and Measurement*, hrsg. v. J. A. Wheeler und W. H. Zurek, Princeton 1983. Zum geschichtlichen Kontext siehe auch P. Forman, »Weimar Culture, Causality, and Quantum Theory, 1918–1927: Adaptation by German Physicists and Mathematicians to a Hostile Intellectual Environment«, in *Historical Studies in the Physical Sciences* 3, 1971, S. 1–115.
2 Für nähere Einzelheiten siehe jedes Lehrbuch zur klassischen Mechanik, z. B. Goldstein, 1950, oder M. Tabor, *Chaos and Integrability in Nonlinear Dynamics*, New York 1989.
3 H. Poincaré, *Méthodes nouvelles de la mécanique céleste*, Paris 1982; ferner *Acta Mathematica* 13, 1980, S. 1; und für eine aktuelle Darstellung M. Tabor, a.a.O.
4 Siehe Tabor, a.a.O.
5 V. Arnold und A. Avez, *Ergodic Problems of Classical Mechanics*, New York 1968.

6 Siehe J. Moser, *Stable and Random Motions in Dynamic Systems*, Princeton 1973, sowie A. Lichtenberg und M. Lieberman, *Regular and Stochastic Motion*, Berlin 1983.

Siebtes Kapitel

1 J. S. Bell, *Speakable and Unspeakable in Quantum Mechanics*, Cambridge 1987.
2 M. Jammer, *The Philosophy of Quantum Mechanics*, New York 1974; A. I. M. Rae, *Quantum Physics: Illusion or Reality?*, Cambridge 1986.
3 P. Davies, »The New Physics: a Synthesis«, in *The New Physics*, hrsg. v. P. Davies, Cambridge 1989, S. 6.
4 Zitiert in K. V. Laurikainen, *Beyond the Atom. The Philosophical Thought of Wolfgang Pauli*, Berlin 1988, S. 193.
5 Für die ersten Beobachtungen: T. Sauter, W. Neuhauser, R. Blatt und P. E. Toschek, *Phys. Letters* 57, 1986, S. 1696–98, und J. C. Bergquist, R. G. Hulet, W. M. Itano und D. J. Wineland, ebd., S. 1699–1702. Für die Ableitung aus der Quantentheorie siehe R. J. Cook und H. J. Kimble, in *Phys. Letters* 54, 1985, S. 1023. Für eine Kritik an der üblichen Verknüpfung von Quantentheorie und Quantenphänomenologie: N. Cartwright, *How the Laws of Physics Lie*, Oxford 1983.
6 R. G. Newton, *Scattering Theory*, Berlin 1982.
7 Newton, a.a.O., S. 520.
8 Die Standarddarstellung der Quantentheorie: P. M. Dirac, *The Principles of Quantum Mechanics*, Oxford 1958. Für die Geschichte der Entwicklung der Quantenmechanik siehe: J. Mehra und H. Rechenberg, *The Historical Development of Quantum Theory*, 4 Bde., New York 1982; M. Jammer, *The Conceptual Development of Quantum Mechanics*, New York 1966.
9 Siehe M. Jammer, *The Philosophy of Quantum Mechanics*, New York 1974.
10 A. Eddington, *The Nature of the Physical World*, Ann Arbor 1958, S. 217.
11 Um eine unhandliche Schreibweise zu vermeiden, haben wir $\frac{h}{2\pi}$ gleich 1 genommen und den Index »op« fortgelassen. Dort, wo keine Verwechslung möglich ist, werden wir es weiter so halten.
12 T. Petrosky und I. Prigogine, *Physica A 147*, 1988, S. 439.
13 Diese virtuellen Prozesse sind erforderlich, um die Lokalität der Wechselwirkung sicherzustellen; die Forderung ist also, daß das Atom mit dem Feld an dem Punkt im Raum wechselwirkt, wo das Atom sich befindet.
14 K. Friedrichs, in *Commun. Pure Appl. Math.* 1, 1948, S. 361.

15 I. Prigogine, *Vom Sein zum Werden*, München 1977; B. D'Espagnat, *The Conceptual Foundations of Quantum Mechanics*, London 1976.
16 A. I. M. Rae, *Quantum Physics: Illusion or Reality?*, Cambridge 1986, S. IXf.
17 Diese unselige Katze taucht in jedem Buch über die begrifflichen Schwierigkeiten der Quantenmechanik auf. Schrödinger ersann diese Katze, die sich zusammen mit einem radioaktiven Teilchen, dessen Zerfall zu ihrem Tod führt, in einem Kasten befindet, um zu zeigen, daß die Quantenmechanik keine genaue Definition für eine Meßvorrichtung (hier die Katze) enthält. Wird die Katze wie das Teilchen durch eine Wellenfunktion beschrieben, so stirbt sie nie, wird aber zu einer Überlagerung von toten und lebenden Katzen. Andere haben vorgeschlagen, daß ihr Tod nur dann eintreten wird, wenn ein Beobachter den Kasten öffnet und hineinschaut (Zusammenbruch der Wellenfunktion der Katze).
18 W. G. Unruh und W. H. Zurek, »Reduction of a Wavepacket in Quantum Brownian Motion«, in *Phys. Rev.* 40 1989, S. 1070.
19 G. C. Ghirardi, A. Rimini und T. Weber, *Phys. Rev. D 34*, 1985, S. 470.
20 K. Popper, *Quantum Theory and the Schism in Physics*, Toronto, N. J., 1982, S. 175.
21 Ebd, S. 177.

Achtes Kapitel

1 Siehe R. C. Tolman, *The Principles of Statistical Mechanics*, Oxford 1938.
2 B. O. Koopman, *Proc. Acad. Sci. USA* 17, 1931, S. 315.
3 Siehe I. Prigogine, *Non-Equilibrium Statistical Mechanics*, New York 1962.
4 A. Bellemans und J. Orban, in *Physics Letters A 24*, 1967, S. 620, und *J. Stat. Phys.* 1, 1969, S. 467.
5 Der hier verwendete Begriff »Chaos« ist nicht zu verwechseln mit dem Begriff, der die dynamischen Instabilitäten beschreibt.
6 T. Petrosky und I. Prigogine, *Can. J. Phys.* 68, 1990, S. 670, und dort angegebene ältere Quellen.
7 Siehe I. Prigogine, *Non-Equilibrium Statistical Mechanics*, New York 1962, und R. Balescu, *Equilibrium and Nonequilibrium Statistical Mechanics*, New York 1975.
8 A.a.O. in Anm. 7, sowie P. Résibois und M. De Leener, *Classical Kinetic Theory of Fluids*, New York 1977.
9 B. Alder und T. Wainright, *Phys. Rev. Lett.* 18, 1967, S. 988.

Neuntes Kapitel

1 M. Pollicott, *Invent. Math.* 81, 1985, S. 413, und 85, 1986, S. 147; D. Ruelle, *Phys. Rev. Lett.* 56, 1986, S. 405; *Commun. Math. Phys.* 125, 1989, S. 239; *J. Diff. Geom.* 25, 1987, S. 117.
2 L. Schwartz, *Théorie des distributions*, 2 Bde., Paris 1957; I. Gelfand und N. Vilenkin, *Generalized Functions*, Bd. 4, New York 1964.
3 P. Shields, *The Theory fo Bernoulli Shifts*, Chicago 1973.
4 H. Hasegawa und W. Saphir, *Phys. Lett. A 161*, 1992, S. 471, und *Phys. Rev. A 46*, 1992, S. 4701; P. Gaspard, *J. Phys. A 26*, 1993, S. 73.
5 A. Böhm, *Quantum Mechanics*, Berlin 1986, sowie A. Böhm und M. Gadella, *Dirac Kets, Gamow Vectors and Gelfand Triplets*, Berlin 1989.
6 I. Antoniou, S. Tasaki, »General Spectral Decomposition of the β-diabatic Baker and Intrinsic Irreversibility«, *Physica A 190*, 1992, S. 303–329.
7 Siehe H. Hasegawa und D. Driebe, *Phys. Lett. A 168*, 1992, S. 18, und P. Gaspard, *Phys. Lett. A 168*, 1992, S. 13.

Zehntes Kapitel

1 Siehe I. Antoniou und S. Tasaki, *International Journal of Quantum Chemistry* 46, 1993, S. 425.
2 Siehe T. Petrosky und I. Prigogine, *Physica 147 A*, 1988, S. 439; *Physica A 175*, 1991, S. 146; und *Proc. Nat. Acad. Sci. USA* [im Druck]. Ferner T. Petrosky und H. Hasegawa, *Physica A 160*, 1989, S. 351.
3 Siehe jedes Buch über Streuung, z. B. R. Newton, *Scattering Theory of Waves and Particles*, Berlin 1982.
4 T. Petrosky, I. Prigogine und S. Tasaki, *Physica A 173*, 1991, S. 175.
5 T. Petrosky und I. Prigogine, *Physica A 175*, 1991, S. 146.
6 Die Größe $H_{\psi} = < \psi \mid \tilde{\varphi}_1 > < \tilde{\varphi}_1 \mid \psi >$, wobei ψ Prüffunktion ist, ist positiv und nimmt exponentiell mit der Zeit ab.
7 E. C. G. Sudarshan, in *Symmetry Principles at High Energies*, hrsg. v. A. Perlmutter et al., San Francisco 1966, sowie E. C. G. Sudarshan, C. B. Chiu und V. Gorini, *Phys. Rev. D 18*, 1978, S. 2914.
8 T. Petrosky und I. Prigogine, *Physica A 175*, 1991, S. 146.
9 T. Petrosky und I. Prigogine, *Proc. Nat. Acad. Sci. USA* [im Druck].
10 T. Petrosky und I. Prigogine, *Proc. Nat. Acad. Sci. USA* [im Druck].
11 T. Petrosky und I. Prigogine, *Proc. Nat. Acad. Sci. USA* [im Druck].
12 Wir danken Dr. W. C. Saphir und Dr. Petrosky für die Durchführung der numerischen Berechnungen.

13 I. Prigogine und T. Petrosky, *Proceedings of the 2nd Int. Wigner Symposium*, Juli 1991, hrsg. v. H. Deobner und F. Schroeck [im Druck]; T. Petrosky und I. Prigogine, *Proc. Nat. Acad. Sci. USA* [im Druck].

Elftes Kapitel

1 Zitiert in H. Pagels, *Perfect Symmetry*, New York 1986, S. 165. Für die Entdeckung der Hintergrundstrahlung siehe dieses Buch sowie S. Weinberg, *Die ersten drei Minuten*, München 1977.
2 *Eine kurze Geschichte der Zeit*, 8. Kapitel.
3 A. Einstein, »Physik und Realität«, in *Journal Franklin Institute* 221, 1936, S. 313–347.
4 Für nähere Einzelheiten über das Standardmodell und die Geschichte seiner Formulierung siehe Weinberg, a.a.O., Pagels, a.a.O., und Hawking, a.a.O.
5 Siehe H. Bondi, *Cosmology*, Cambridge 1960.
6 R. H. Brandenberger, »Quantum Field Theory Methods and Inflationary Models« , in *Rev. Mod. Phys*. 57, 1985, S. 1, und A. D. Linde, »The Inflationary Universe«, *Rep. Progr. Phys.* 47,1984, S. 925.
7 E. P. Tryon, *Nature* 246, 1973, S. 396.
8 S. Hawking, *Comm. Math. Phys.* 43, 1975, S. 199; J. Bekenstein, *Physical Review D 12*, 1975, S. 3077.
9 E. Gunzig, J. Géheniau und I. Prigogine, »Entropy and Cosmology«, in *Nature* 330, 1987, S. 621–624; sowie I. Prigogine, J. Géheniau, E. Gunzig und P. Nardone, »Thermodynamics and Cosmology«, in *General Relativity and Gravitation* 21, 1989, S. 1, und »Thermodynamics of Cosmological Matter Creation«, in *Proc. Nat. Acad. Sci. USA* 85, 1988, S. 7428.
10 S. Hawking, »The Edge of Spacetime«, in *The New Physics*, a.a.O., S. 68.
11 Ebd.
12 R. Brout, F. Englert und E. Gunzig, *Ann. Phys.* 115, S. 78, 1978, und *Gen. Rel. Gravit.* 10, 1979, S. 1; R. Brout et al., *Nucl. Phys. B 170*, 1980, S. 228; E. Gunzig und P. Nardone, *Phys. Letter B 188*, 1982, S. 324, und *134*, 1984, S. 412, und »Self-Consistent Cosmology, the Inflatory Universe, and all that...«, in *Fundamentals of Cosmic Physics* 11, 1987, S. 311.
13 G. E. Taube, *J. Math. Phys.* 8, 1967, S. 118–123.
14 B. de Witt, *Phys. Rev.* 182, 1967, S. 1195; 162, 1967, S. 1289.
15 S. Tasaki, P. Nardone und I. Prigogine, »Resonance and Instability in a Cosmological Model«, in: *Proceedings of quantum Physics and*

the Universe«, hrsg. v. M. Namita, Waseda-Universität, Tokio 1992, S. 19–21.

16 S. Tasaki und P. Nardone [erscheint demnächst].

17 W. G. Unruh und R. M. Wald, »Time and the Interpretation of Canonical Quantum Gravity«, *Phys. Rev. D 40*, 1989, S. 2598.

18 Siehe J. D. Barrow, *Theories of Everything. The Quest for Ultimate Explanation*, London 1991.

19 W. Thirring, »Do the Laws of Nature Evolve«, Beitrag zum Symposium *Science in the Context of Human Culture II.*

Schluß

1 S. Hawking, *Eine kurze Geschichte der Zeit*, a.a.O., S. 218.

2 Konferenz am 3./4. Oktober 1989 am Gustavus Adolphus College, St. Peter, Minn.

3 I. Prigogine, »Symboles en physique«, in *Cahiers internationaux du symbolisme*, Nr. 2, 1962, S. 2.

4 R. Penrose, *The Emperor's New Mind*, London 1990, S. 4.

5 Ebd., S. 480.

6 So faßt Katherine Hayles die »Metaphysik« Nabokovs in *Ada* zusammen. Siehe N. K. Hayles, *The Cosmic Web. Scientific Field Models and Literary Strategies in the 20th Century*, Ithaca, N. Y., 1984, S. 136.

7 A. N. Whitehead, *Adventures of Ideas*, New York 1933, S. 230f.

8 R. Tarnas, *The Passion of the Western Mind*, New York 1991, S. 443.

9 A. N. Whitehead, *Process and Reality*, verbesserte Ausg., New York 1979, S. 21.

10 P. Valéry, *Cahiers*, Bd. 1, Paris 1973, S. 1303.

11 »Managing the Future. Science, the Humanities and the Myth of Omniscience«, in *World Future* [in Vorbereitung].

12 *Albert Einstein als Philosoph und Naturforscher*, hrsg. v. P. A. Schilpp, Stuttgart 1955.

13 J. L. Borges, »A New Refutation of Time«, in *Labyrinths*, New York 1970, S. 269.

14 *The Born–Einstein Letters*, hrsg. v. M. Born, New York 1971, S. 82.

15 E. Meyerson, *Identity and Reality*, London 1930.

16 Dieser Frage widmete sich Teil III unseres Buches *Dialog mit der Natur.*